数字电子与 EDA 技术

主　编　秦进平

副主编　刘海成　周正林

张凌志　马　成

科学出版社

北　京

内 容 简 介

本书以数字电子技术基本理论和基本技能为引导，以 EDA 平台和硬件描述语言为主要设计手段，以全面提升学生的课程应用能力为宗旨，将传统的"数字电子技术"课程和"EDA 技术"课程深度融合，建立传统数字电子技术设计和现代设计方法相结合的新课程体系。在电子系统设计中，突出现代设计方法；在传统设计中，有效地利用 EDA 工具加强教学。

本书可作为电子信息工程、电气工程及其自动化、测控技术与仪器、通信工程、电子科学与技术、自动化、计算机科学与技术等专业本科"数字电子技术"、"数字逻辑"或"EDA 技术"课程的教材或参考书，也可供工程技术人员参考。

图书在版编目（CIP）数据

数字电子与 EDA 技术/秦进平主编. —北京：科学出版社，2011
ISBN 978-7-03-032172-5

Ⅰ．①数… Ⅱ．①秦… Ⅲ．①数字电路－电路设计：计算机辅助设计－高等学校－教材 Ⅳ．①TN79

中国版本图书馆 CIP 数据核字（2011）第 172280 号

责任编辑：王鑫光 于 红／责任校对：陈玉凤
责任印制：张克忠／封面设计：迷底书装

科 学 出 版 社 出版
北京东黄城根北街 16 号
邮政编码：100717
http://www.sciencep.com

铁 成 印 刷 厂 印刷
科学出版社发行 各地新华书店经销

*

2011 年 8 月第 一 版 开本：787×1092 1/16
2011 年 8 月第一次印刷 印张：16 3/4
印数：1—2 500 字数：418 000

定价：38.00 元
（如有印装质量问题，我社负责调换）

前　言

现代电子和通信技术以及计算机技术的发展，归根结底是数字电子技术的发展。作为信息社会的技术基础，"数字电子技术"作为电子信息工程、电气工程及其自动化、测控技术与仪器、通信工程、自动化、计算机科学与技术等专业必修的基础课已经有几十年。传统的"数字电子技术"课程以逻辑代数的公式和定理、逻辑函数的表示方法，以及逻辑函数的简化方法作为分析与设计数字逻辑电路的数学工具，并将卡诺图作为数字逻辑电路设计中的核心工具。当进行数字逻辑系统设计时，首先要根据逻辑功能画出卡诺图，并最终得到一张线路图，这就是传统的原理图设计方法。为了能够对设计进行验证，设计者通常还要通过搭建硬件电路板，对设计进行验证，效率低下。随着电子设计自动化的出现，卡诺图的历史使命已经结束，数字逻辑电路设计的集成度、复杂度越来越高，传统的数字系统设计方法已满足不了设计的要求。同时，在传统的数字系统设计中，学生在没有逻辑分析仪等仪器的环境下，很难直观经历和感受数字系统分析与调试的过程。很多学生一直处在数字系统设计的初等水平，甚至对数字电路的设计仅仅是"纸上谈兵"，学生自然对这门课的实验毫无兴趣。

另外，以可编程器件为基础的数字系统设计早已成为工程应用的主流，所采用的方法也并非传统的卡诺图，而是硬件描述语言等。为了提升学生进行数字系统设计的能力，与工程应用接轨，"EDA 技术"课程作为数字电子技术的延伸和实训环节早已进入大学的课堂。那么什么是电子设计自动化(EDA)技术呢？

EDA 技术就是以大规模可编程逻辑器件为设计载体，以硬件描述语言为系统逻辑描述的主要表达方式，以计算机、EDA 环境及实验开发系统为设计工具，自动完成用软件方式描述的电子系统到硬件系统的逻辑编译、逻辑化简、逻辑分割、逻辑综合及优化、布局布线、逻辑仿真，直至完成对于特定目标芯片的适配编译、逻辑映射、编程下载等工作，最终形成集成电子系统或 ASIC 的一门多学科融合的综合性技术。

然而，在多年的实践中，"数字电子技术"与"EDA 技术"这两门课程的教学并没有达到预想的效果。出现这一情况的原因分析如下：

(1) "EDA 技术"课程一般安排在第 6 学期或第 7 学期，相对于"数字电子技术"课程，两门课程之间不连续，造成学习的不连贯。尤其是两门课程的教学相对孤立，不能有机融合，学生不能完全做到互促式学习，形成扎实的技能。

(2) "数字电子技术"课程具有较多的学时，甚至具有较多的实践学时和集中实践环节；而"EDA 技术"课程最多也不过 32 学时，更没有集中实践环节，相对于目前的工程实践，本末倒置。

(3) 相对于"EDA 技术"课程，"数字电子技术"课程没有方便的实践环境。"EDA 技术"课程可以在 EDA 平台上进行各种实验，学生可以方便地在个人计算机上实验；而"数字电子技术"课程大多只是按学校安排进行一些验证性实验，学生在学习"数字电子技术"课程时主动性差。

因此，本书将传统的"数字电子技术"与"EDA 技术"整合为一门课程，统筹安排教学内容，合理整合教学资源，使得学生能将数字系统设计的原理与实践紧密结合起来。由于数字系统设计相关课程是电类专业后续多门课程的基础，因此，加大对该课程理论和实践环节的改革和建设力度，对于快速提高学生的专业能力具有格外重要的意义。同时，课程整合后，集中实践环节更具工程内涵，可为学生的快速成才提供捷径。

鉴于以上考虑，作者在多年教学实践基础上编写了本书。本书以数字电子基本理论和基本技能为引导，以 EDA 平台和硬件描述语言为主要设计手段，以全面提升学生的课程应用能力为宗旨；逻辑电平由早已过时的 5V 改为 3.3V 描述，淡化电路的内部结构，强调电路的外部特性；淡化逻辑表达式的化简，由数字电子基本知识快速过渡到以 EDA 技术为核心的数字系统设计方法上来。本书将"数字电子技术"课程和"EDA 技术"课程深度融合，建立传统数字电子技术设计和现代设计方法相结合的新课程体系，而非简单拼凑：在原理图设计层面，通过 EDA 环境讲述数字逻辑基础；在可编程逻辑器件层面，基于硬件描述语言讲述数字系统设计。即在电子系统设计中，突出现代设计方法；在传统设计中，有效地利用 EDA 工具加强教学。同时，本书以注重基本概念、基本单元电路、基本方法和典型电路为出发点，促进学生基本工程能力的形成。

在"数字电子技术"的教学过程中引入 EDA 技术，不仅可以使学生形象、直观地理解电路的相关原理和工作过程，还可以通过修改电路的形式或参数，与学生一起讨论电路中出现的各种现象，找出解决问题的方法。这样不仅可以活跃课堂气氛，还可以提高学生的学习兴趣。学生普遍反映，该课程易学、新颖、有趣。同时，理论与实验紧密结合，充分发挥学生的积极性和创造性，达到了较好的教学效果。

本书由秦进平教授任主编，刘海成、周正林、张凌志和马成任副主编，并由秦进平教授统稿。秦进平编写第 1 章、第 3 章和第 8 章，刘海成编写第 6 章和第 7 章，周正林编写第 4 章和第 9 章，张凌志编写第 5 章和附录 C，马成编写第 2 章和附录 A、B、D。全书由阳昌汉教授和欧阳斌林教授主审，两位教授提出了很多宝贵意见，在此表示由衷的感谢。科学出版社的责任编辑王鑫光对本书的出版和修订始终给予具体的帮助和指导，并细致审定书稿，纠正一些错误和不妥之处，为提高书稿质量付出了艰苦劳动，在此谨向他表示衷心感谢。

作者虽然力求完美，但由于水平有限，书中不足之处在所难免，敬请读者不吝指正和赐教，不胜感激！

作　者

2011 年 5 月

目　录

第 1 章　数字电子系统基础

随着现代电子技术的发展，数字电路的发展与模拟电路一样经历了由电子管、半导体分立器件到集成电路等几个时代，但其发展比模拟电路更快。从 20 世纪 60 年代开始，数字集成器件以双极型工艺制成了小规模逻辑器件；随后发展到中规模逻辑器件；到目前为止，数字电路主要以大规模 CMOS 集成电路为主流，而且应用 EDA 技术进行数字系统设计已经成为电子工程师的必要的基本技能。

本章首先介绍数字信号与数字电路的概念、几种常用数制的概念，以及采用二进制数补码形式进行加减法运算方法；然后讨论逻辑代数的基本定义、逻辑函数的公式化简法和卡诺图化简法；最后介绍数字系统中常用的几种编码方式及其应用。

1.1　数字信号与数字电路

1.1.1　模拟信号与数字信号

自然界中存在各种各样的物理量，如温度、湿度、压力、速度、电压等。这些物理量随着时间变化的规律都可以看成是时间的函数，我们把表示承载不同信息物理量的时间函数称为信号。从时间的连续性角度可以把信号分为两类：模拟信号和数字信号。其中，在时间上和数值上的变化都是连续的物理量称为模拟量，我们把表示模拟量的信号称为模拟信号。例如，室内的温度、湿度、光强、气压等，都是模拟信号。

如果物理量的变化在时间和数值上都是离散的，即物理量在时间上和数值上都不连续，或者说它们只在一些离散的瞬间出现，而且在数值上是不连续的整数，这类物理量称为数字量，我们把表示数字量的信号称为数字信号。例如，人每分钟心跳的次数、统计路口在某一时段通过汽车的数量、学校里不同班级的人数等，都是数字量。

1.1.2　数字电路与模拟电路的区别和联系

本书讨论的信号都是电信号，而且主要研究电压信号。处理模拟电信号的电子电路称为模拟电路，而处理数字电信号的电子电路称为数字电路。

模拟电路主要包括信号放大、功率放大、模拟有源滤波、电源稳压、模拟信号产生电路等。在实际的电子设备当中，模拟电路主要出现在前端传感器和模拟数字转换器(A/D)之间，起到阻抗匹配、信号调理、放大、滤波的作用；在后端的数字模拟转换器(D/A)和传感器(如扬声器)之间，起到功率放大的作用。

数字电路是本书的主要内容，包括组合逻辑电路(编码器、译码器、数据选择器等)和时序逻辑电路(计数器、寄存器、脉冲产生与整形电路等)。其处理的直接对象就是数字信号，在现代电子设备中应用非常广泛。例如，手机、MP4、计算机、数码相机、数字电视等的主要部分都属于数字电路。数字电路负责信号的数字运算、逻辑处理、数字滤波、波形产生、数据存储等功能，是智能设备的核心。

数字电路与模拟电路相比有以下优点：

(1) 抗干扰性能好、稳定；

(2) 数字运算可重复性好、精度高，而且可以进行逻辑运算；

(3) 结构简单，便于大规模集成，成本低，速度快；

(4) 可以通过编程改变芯片的逻辑功能，便于采用计算机辅助设计。

比如利用第 6 章所讲的硬件描述语言(Hardware Description Language，HDL)，就可以通过 EDA(Electronics Design Automation)工具编写代码改变可编程逻辑器件(Programmable Logic Device，PLD)的逻辑功能，达到设计数字系统的目的。

虽然数字电路在现代电子设备中处于核心地位，可以说是电子系统的大脑和神经中枢。但是模拟电路所能实现的一些功能也是数字器件无法完成的，如放大、阻抗匹配等，模拟电路相当于电子系统的耳朵、眼睛和手。模拟电路和数字电路是相辅相成、不可分割的，是一个有机的整体。而且数字电路的基本单元——门电路，分析其工作原理、输入输出特性时还应该把它当做模拟电路对待。因此，数字电子系统离不开模拟技术，一个操作方便、功能完善、性能可靠的电子系统也离不开数字电路的支持。关于数字电路和模拟电路相关联的两个重要部件 A/D 和 D/A 的内容将在第 7 章进行详细介绍。

1.2 数字系统设计与 EDA 技术概述

由于条件的制约，过去的数字设计工作并不涉及计算机软件工具，只利用一个原始的工具，如图 1.2-1 所示的塑料模板，可以利用它手工画出原理图的逻辑符号。

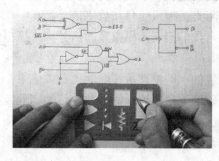
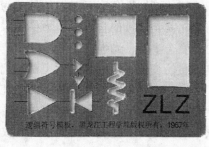

(a)   (b)

图 1.2-1 逻辑符号模板

然而在今天，计算机软件工具却成为数字设计的重要部分。的确，在过去的十几年间，HDL 的可用性和实践性，以及随之而来的电路模拟和综合工具，已经完全改变了数字设计的整个面貌。在本书的整个篇幅里，我们将广泛使用 HDL 和计算机上的数字设计软件工具。如图 1.2-2 所示为现代数字系统设计的基本流程，由于采用了 HDL，使得从系统到细节的总体设计方法成为可能。这样设计摆脱了传统搭积木式的思维束缚，即使完成一个超级复杂的数字系统的设计任务，设计者也不会陷入混乱，在以前的传统设计中实现这样复杂的系统设计是难以想象的。另外，利用 EDA 技术，各种各样的计算机软件工具提高了设计者的工作效率，并帮助提高设计的正确性和质量，让某些低级的重复性工作可以高效地自动完成，使设计者可以更多地关注逻辑功能的实现，而不是受低级的重复性工作的拖累。在竞争激烈的当今世界，往往要强制性地使用软件工具，这样才能在紧张的生产进度中获得高质量的成果。

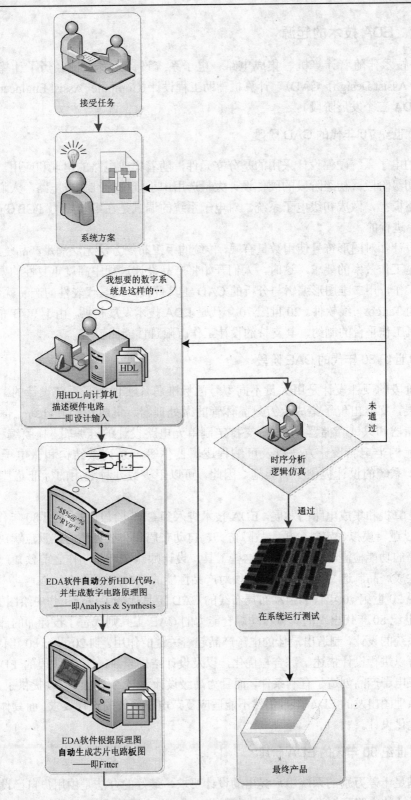

图 1.2-2　现代数字系统设计的基本流程

1.2.1 EDA技术的起源

EDA技术伴随着计算机、集成电路、电子系统设计的发展，经历了计算机辅助设计（Computer Assist Design，CAD）、计算机辅助工程设计（Computer Assist Engineering Design，CAE）和EDA三个发展阶段。

1. 20世纪70年代的CAD阶段

早期的电子系统硬件设计采用的是分立元件，随着集成电路的出现和应用，硬件设计进入发展的初级阶段。初级阶段的硬件设计大量选用中小规模标准集成电路，人们将这些器件焊接在电路板上，做成初级电子系统，对电子系统的调试是在组装好的PCB（Printed Circuit Board）板上进行的。

由于设计师对图形符号使用数量有限，传统的手工布图方法无法满足产品复杂性的要求，更不能满足工作效率的要求。这时，人们开始将产品设计过程中高度重复性的繁杂劳动，如布图布线工作，用二维图形编辑与分析的CAD工具替代，最具代表性的产品就是美国Accel公司开发的Tango布线软件。20世纪70年代是EDA技术发展初期，由于PCB布图布线工具受到计算机工作平台的制约，其支持的设计工作有限且性能比较差。

2. 20世纪80年代的CAE阶段

初级阶段的硬件设计是用大量不同型号的标准芯片实现电子系统设计的。随着微电子工艺的发展，相继出现了集成上万只晶体管的微处理器、集成几十万直到上百万储存单元的随机存储器和只读存储器。此外，支持定制单元电路设计的硅编辑、掩膜编程的门阵列，如标准单元的半定制设计方法以及可编程逻辑器件等一系列微结构和微电子学的研究成果都为电子系统的设计提供了新天地。因此，可以用少数几种通用的标准芯片实现电子系统的设计。

伴随计算机和集成电路的发展，EDA技术进入到CAE阶段。20世纪80年代初，推出的EDA工具以逻辑模拟、定时分析、故障仿真、自动布局和布线为核心，重点解决电路设计没有完成之前的功能检测等问题。利用这些工具，设计师能在产品制作之前预知产品的功能与性能，能生成产品制造文件，在设计阶段对产品性能的分析前进了一大步。

如果说20世纪70年代的自动布局布线的CAD工具代替了设计工作中绘图的重复劳动，那么，20世纪80年代出现的具有自动综合能力的CAE工具则代替了设计师的部分工作，对保证电子系统的设计，制造出最佳的电子产品起着关键的作用。到20世纪80年代后期，EDA工具已经可以进行设计描述、综合与优化，以及设计结果验证，CAE阶段的EDA工具不仅为成功开发电子产品创造了有利条件，而且为高级设计人员的创造性劳动提供了方便。但是，大部分从原理图出发的EDA工具仍然不能适应复杂电子系统的设计要求，而具体化的元件图形制约着优化设计。

3. 20世纪90年代的EDA阶段

为了满足千差万别的系统用户提出的设计要求，最好的办法是由用户自己设计芯片，让他们把想设计的电路直接设计在自己的专用芯片上。微电子技术的发展，特别是PLD的发展，使得微电子厂家可以为用户提供各种规模的PLD，使设计者通过设计芯片实现电子系统功能。

EDA 工具的发展，又为设计师提供了全线 EDA 工具。这个阶段发展起来的 EDA 工具，目的是在设计前期将设计师从事的许多高层次设计由工具来完成，如可以将用户要求转换为设计技术规范，有效地处理可用的设计资源与理想的设计目标之间的矛盾，按具体的硬件、软件和算法分解设计等。由于电子技术和 EDA 工具的发展，设计师可以在不太长的时间内使用 EDA 工具，通过一些简单标准化的设计过程，利用微电子厂家提供的设计库来完成数万门 ASIC（Application Special Integrated Circuit）和集成系统的设计与验证。

20 世纪 90 年代，设计师逐步从使用硬件转向设计硬件，从单个电子产品开发转向系统级电子产品开发，即片上系统集成（System on a Chip）。因此，EDA 工具是以系统级设计为核心，包括系统行为级描述与结构综合、系统仿真与测试验证、系统划分与指标分配、系统决策与文件生成等一整套的电子系统设计自动化工具。这时的 EDA 工具不仅具有电子系统设计的能力，而且能提供独立于工艺和厂家的系统级设计能力，具有高级抽象的设计构思手段。例如，提供方框图、状态图和流程图的编辑能力，具有适合层次描述和混合信号描述的 HDL（如 VHDL、Verilog HDL 等），同时含有各种工艺的标准元件库。只有具备上述功能的 EDA 工具，才可能使电子系统工程师在不熟悉各种半导体工艺的情况下，完成电子系统的设计。

未来的 EDA 技术将向广度和深度两个方向发展，EDA 将会超越电子设计的范畴进入其他领域，随着基于 EDA 的单片系统（SOC）设计技术的发展，软硬核功能库的建立，以及基于 VHDL 所谓自顶向下设计理念的确立，未来的电子系统的设计与规划将不再是电子工程师们的专利。有专家认为，21 世纪将是 EDA 技术快速发展的时期，并且 EDA 技术将是对 21 世纪产生重大影响的十大技术之一。

1.2.2　EDA 技术的含义

什么是 EDA 技术？由于它是一门迅速发展的新技术，涉及面广，内容丰富，理解各异，目前尚无统一的看法。当今的 EDA 技术有狭义的 EDA 技术和广义的 EDA 技术之分。狭义的 EDA 技术，就是指以大规模 PLD 为设计载体，以 HDL 为系统逻辑描述的主要表达方式，以计算机、大规模 PLD 的开发软件及实验开发系统为设计工具，自动完成数字电路设计中某些过程的一门新技术，或称为 IES/ASIC 自动设计技术。广义的 EDA 技术，除了狭义的 EDA 技术外，还包括计算机辅助分析（Computer Aided Analysis，CAA）技术（如 Spice、Matlab 等）和印刷电路板计算机辅助设计（PCB-CAD）技术（如 Altium Designer，PADS 和 ORCAD 等）。在广义的 EDA 技术中，CAA 技术和 PCB-CAD 技术不具备逻辑综合和逻辑适配的功能，因此它并不能称为真正意义上的 EDA 技术。故将广义的 EDA 技术称为现代电子设计技术更为合适。

1.2.3　EDA 技术的主要内容

EDA 技术涉及面广，内容丰富，从实用的角度看，主要应掌握如下四个方面的内容：① 大规模 PLD；② HDL；③ 软件开发工具；④ 实验开发系统。其中，大规模 PLD 是利用 EDA 技术进行电子系统设计的载体；HDL 是利用 EDA 技术进行电子系统设计的主要表达手段；软件开发工具是利用 EDA 技术进行电子系统设计的智能化自动化设计工具；实验开发系统则是利用 EDA 技术进行电子系统设计的下载工具及硬件验证工具。为了使读者对 EDA 技术有一个总体印象，下面对 EDA 技术的主要内容进行概要的介绍。

1. 大规模可编程逻辑器件

PLD 是一种由用户编程以实现某种逻辑功能的新型逻辑器件。其中，现场可编程门阵列 (Field Programmed Gate Array，FPGA)和复杂可编程逻辑器件(Complex Programmable Logic Device，CPLD)的应用已十分广泛，它们将随着 EDA 技术的发展成为电子设计领域的重要角色。国际上生产 FPGA/CPLD，并且在国内占有市场份额较大的主流公司主要是 Xilinx、Altera 和 Lattice 三家。Xilinx 公司的 FPGA 器件有 XC2000、XC3000、XC4000、XC4000E、XC4000XLA、XC5200 系列等，可用门数为 1200～18000；Altera 公司的 CPLD 有 FLEX6000、FLEX8000、FLEX10K、FLEX10KE 系列等，提供门数为 5000～25000；Lattice 公司的 ISP-PLD 有 ispLSI1000、ispLSI2000、ispLSI3000、ispLSI6000 系列等，集成度可多达 25000 个 PLD 等效门。

FPGA 在结构上主要分为三部分，即可编程逻辑单元、可编程输入/输出单元和可编程连线。CPLD 在结构上也主要包括三个部分，即可编程逻辑宏单元、可编程输入/输出单元和可编程内部连线。

高集成度、高速度和高可靠性是 FPGA/CPLD 最明显的特点，其时钟延时可小至 ns 级，结合其并行工作方式，在超高速应用领域和实时测控方面有着非常广阔的应用前景。在高可靠应用领域，如果设计得当，将不会存在类似于 MCU 的复位不可靠和 PC 可能跑飞等问题。FPGA/CPLD 的高可靠性还表现在几乎可将整个系统下载于同一芯片中，实现所谓片上系统，从而大大缩小了体积，易于管理和屏蔽。

由于 FPGA/CPLD 的集成规模非常大，因此可利用先进的 EDA 工具进行电子系统设计和产品开发。由于开发工具的通用性、设计语言的标准化以及设计过程几乎与所用器件的硬件结构无关，因而设计开发成功的各类逻辑功能块软件有很好的兼容性和可移植性。它几乎可应用于任何型号和规模的 FPGA/CPLD，从而使得产品设计效率大幅度提高，可以在很短时间内完成十分复杂的系统设计，这正是产品快速进入市场最宝贵的特征。美国 IT 公司认为，一个 ASIC 80%的功能可用于 IP 核(Intellectual Property Core)等现成逻辑合成。而未来大系统的 FPGA/CPLD 设计仅仅是各类再应用逻辑与 IP 核的拼装，其设计周期将更短。

与 ASIC 设计相比，FPGA/CPLD 显著的优势是开发周期短、投资风险小、产品上市速度快、市场适应能力强和硬件升级回旋余地大，而且当产品定型和产量扩大后，可将在生产中达到充分检验的 VHDL 设计迅速实现 ASIC 投产。

对于一个开发工程，究竟是选择 FPGA 还是选择 CPLD 呢？主要看开发工程本身的需要：对于普通规模，且产量不是很大的产品工程，通常使用 CPLD 比较好；对于大规模的逻辑设计、ASIC 设计或单片系统设计，则多采用 FPGA。另外，FPGA 掉电后将丢失原有的逻辑信息，所以在实用中需要为 FPGA 芯片配置一个专用 ROM。

2. HDL

常用 HDL 有 VHDL、Verilog HDL 和 ABEL。VHDL 起源于美国国防部的 VHSIC，Verilog HDL 起源于集成电路的设计，ABEL 则来源于 PLD 的设计。下面从使用方面将三者进行对比。

(1) 逻辑描述层次：一般的 HDL 可以在三个层次上进行电路描述，其层次由高到低依次分为行为级、RTL 级和门电路级。VHDL 是一种高级描述语言，适用于行为级和 RTL 级的描述，最适于描述电路的行为；Verilog HDL 和 ABEL 是较低级的描述语言，适用于 RTL 级和门电路级的描述，最适于描述门级电路。

(2) 设计要求：VHDL 进行电子系统设计时可以不了解电路的结构细节，设计者所做的工作较少；Verilog HDL 和 ABEL 进行电子系统设计时需了解电路的结构细节，设计者需做大量的工作。

(3) 综合过程：任何一种语言源程序，最终都要转换成门电路级才能被布线器或适配器所接受。因此，VHDL 源程序的综合通常要经过行为级→RTL 级→门电路级的转化，VHDL 几乎不能直接控制门电路的生成。而 Verilog HDL 和 ABEL 源程序的综合过程要稍简单，即经过 RTL 级→门电路级的转化，易于控制电路资源。

(4) 对综合器的要求：VHDL 描述语言层次较高，不易控制底层电路，因而对综合器的性能要求较高，Verilog HDL 和 ABEL 对综合器的性能要求较低。

(5) 支持的 EDA 工具：支持 VHDL 和 Verilog HDL 的 EDA 工具很多，但支持 ABEL 的综合器仅仅 Dataio 一家。

(6) 国际化程度：VHDL 和 Verilog HDL 已成为 IEEE(The Institute of Electrical and Electronics Engineers)标准，而 ABEL 正朝国际化标准努力。有专家认为，在 21 世纪中，VHDL 与 Verilog HDL 将承担几乎全部的数字系统设计任务。本书主要讲述 Verilog HDL。

3. 软件开发工具

1) 主流厂家的 EDA 软件工具

目前比较流行的主流厂家的 EDA 的软件工具有 Altera 公司的 Quartus II，Lattice 公司的 ispEXPERT、Xilinx 公司的 Foundation Series 和 ISE/ISE-WebPACK Series。这些软件的基本功能相同，主要差别在于面向的目标器件不一样，性能各有优劣。

(1) Quartus II：Altera 公司的新近推出的 EDA 软件工具，其设计工具完全支持 VHDL、Verilog HDL 的设计流程，内部嵌有 VHDL、Verilog HDL 逻辑综合器。第三方的综合工具，如 Leonardo Spectrum、Synplify Pro、FPGA Compiler II 有着更好的综合效果，因此通常建议使用这些工具来完成 VHDL/Verilog HDL 源程序的综合。Quartus II 可以直接调用这些第三方工具。同样，Quartus II 具备仿真功能，但也支持第三方的仿真工具，如 Modelsim。此外，Quartus II 为 Altera DSP 开发包进行系统模型设计提供了集成综合环境，它与 Matlab 和 DSP Builder 结合可以进行基于 FPGA 的 DSP 系统开发，是 DSP 硬件系统实现的关键 EDA 工具。Quartus II 还可与 SOPC Builder 结合，实现片上可编程系统(SOPC)开发。

(2) ispEXPERT：ispEXPERT System 是 ispEXPERT 的主要集成环境。通过它可以进行 VHDL、Verilog HDL 及 ABEL 的设计输入、综合、适配、仿真和在系统下载。ispEXPERT System 是目前流行的 EDA 软件中最容易掌握的设计工具之一，界面友好、操作方便、功能强大，并与第三方 EDA 工具兼容良好。

(3) Foundation Series：Xilinx 公司集成开发的 EDA 工具。它采用自动化的完整的集成设计环境。Foundation 工程管理器集成 Xilinx 公司实现工具，并包含强大的 Synopsys FPGA Express 综合系统，是业界最强大的 EDA 设计工具之一。

(4) ISE/ISE-WebPACK Series：Xilinx 公司新近推出的全球性能最高的 EDA 集成软件开发环境(Integrated Software Environment，ISE)。Xilinx ISE 6.1i 操作简易方便，其提供的各种最新改良功能可以解决以往各种设计上的瓶颈，加快设计与检验的流程。例如，Project

Navigator(先进的设计流程导向专业管理程式)让顾客能在同一设计工程中使用 Synplicity 公司与 Xilinx 公司的合成工具，混合使用 VHDL 及 Verilog HDL 源程序，让设计人员能使用固有的 IP 与 HDL 设计资源达至最佳的结果。使用者可链接与启动 Xilinx Embedded Design Kit(EDK)XPS 专用管理器，也可使用新增的 Automatic Web Update 功能来监视软件的更新状况向使用者发送通知，及时让使用者进行下载更新档案，以令其 ISE 的设定维持最佳状态。ISE 6.1i 版提供各种独特的高速设计功能，如新增的时序限制设定。先进的管脚锁定与空间配置编辑器(Pinout and Area Constraints Editor，PACE)提供操作简易的图形化界面针脚配置与管理功能。经过大幅改良后，ISE6.1i 更加入 CPLD 的支援能力。Xilinx 公司被业界公认在半导体元件与软件范畴上拥有领导优势，加速业界从 ASIC 转移至 FPGA 技术。新版套装软件配合 Xilinx 公司主打产品 Virtex-II Pro FPGA 后，能为业界提供成本最低的设计解决方案，其表现效能较其他领导竞争产品高出 31%，而逻辑资源使用率则高出 15%，让 Xilinx 公司的顾客享有比其他高密度 FPGA 多出 60%的价格优势。ISE 6.1i 支援所有 Xilinx 公司尖端产品系列，其中包括 Virtex-II Pro 系列 FPGA、Spartan-3 系列 FPGA 和 CoolRunner-II CPLD。各版本的 ISE 软件皆支持 Windows 2000、Windows XP 操作系统。

2) 第三方 EDA 工具

在基于 EDA 技术的实际开发设计中，由于所选用的 EDA 工具软件的某些性能受局限或不够好，为了使设计整体性能最佳，往往需要使用第三方工具。业界最流行的第三方 EDA 工具有逻辑综合性能最好的 Synplify 和仿真功能最强大的 ModelSim。

(1) Synplify：Synplicity 公司(该公司现在是 Cadence 的子公司)的著名产品，它是一个逻辑综合性能最好的 FPGA 和 CPLD 的逻辑综合工具。它支持工业标准的 Verilog HDL 和 VHDL，能以很高的效率将它们的文本文件转换为高性能的面向流行器件的设计网表；它在综合后还可以生成 VHDL 和 Verilog 仿真网表，以便对原设计进行功能仿真；它具有符号化的 FSM 编译器，可以实现高级的状态机转化，并有一个内置的语言敏感的编辑器；它的编辑窗口可以在 HDL 源文件高亮显示综合后的错误，可以迅速定位和纠正所出现的问题；它具有图形调试功能，在编译和综合后可以以图形方式(RTL 图、Technology 图)观察结果；它具有将 VHDL 文件转换成 RTL 图形的功能，十分有利于 VHDL 的速成学习；它能够生成针对以下公司器件的网表：Actel、Altera、Lattice、Lucent、Philips、Quicklogic、Vantis(Amd)和 Xilinx 公司；它支持 VHDL 1076-1993 标准和 Verilog 1364-1995 标准。

(2) ModelSim：Model Technology 公司(该公司现在是 Mentor Graphics 的子公司)的著名产品，支持 VHDL 和 Verilog 的混合仿真。使用它可以进行三个层次的仿真，即 RTL(寄存器传输层次)、Functional(功能)和 Gate-Level(门级)。RTL 级仿真仅验证设计的功能，没有时序信息；功能级是经过综合器逻辑综合后，针对特定目标器件生成的 VHDL 网表进行仿真；而门级仿真是经过布线器、适配器后，对生成的门级 VHDL 网表进行的仿真，此时在 VHDL 网表中含有精确的时序延迟信息，因而可以得到与硬件相对应的时序仿真结果。ModelSim VHDL 支持 IEEE 1076-1987 标准和 IEEE 1076-1993 标准。ModelSim Verilog 基于 IEEE 1364-1995 标准，在此基础上针对 Open Verilog 标准进行了扩展。此外，ModelSim 支持 SDF1.0、SDF 2.0 和 SDF 2.1，以及 VITAL 2.2b 和 VITAL'95。

4. 实验开发系统

实验开发系统提供芯片下载电路及 EDA 实验/开发的外围资源(类似于用于单片机开发的

仿真器)，以供硬件验证用。一般包括：① 实验或开发所需的各类基本信号发生模块，包括时钟、脉冲、高低电平等；② FPGA/CPLD 输出信息显示模块，包括数码显示、发光管显示、声响指示等；③ 监控程序模块，提供"电路重构软配置"；④ 目标芯片适配座以及上面的FPGA/CPLD 目标芯片和编程下载电路。

在本书的后续各个章节中，将介绍如何利用 EDA 技术通过编写硬件描述程序或者绘制原理图，在 PLD 中设计数字电路或子系统。现在可用的 PLD 都含有上百万个门电路，并且工艺性能还在不断增长。如果用 PLD 设计的电路初次不能工作，可以通过修改程序或者在物理层面上重新调整器件，不必在系统级层次上改变任何元件或连接就可以解决问题。基于 PLD 的系统易于构造数字电路的原始模型(即原型)和修改，因而也不需要在电路板级层次上进行试运行；只需要在芯片级层次的设计中进行仿真就可以完成大部分工作。

从工业发展趋势中反映的最广泛观点来看，随着芯片工艺的进步，越来越多的数字设计将会在芯片级上完成，而不是在电路板级别上完成。因此，对于数字设计者来说，进行完全和精确模拟仿真的能力，将变得越来越重要。当然，数字系统最终还要通过实践才能保证系统的正确设计。作者鼓励仿真加实践的学习方式，读者可酌情配置合适自己的实验开发系统，以加深理论的理解，同时提高数字电路设计的实用技能，为后续学习打下良好基础。

虽然 EDA 软件工具很重要，但它们并不是数字设计者成败的关键。正如一个写作者从别的地方搬过来进行模仿，就不能认为他是一名伟大的作家，因为他只是一个快速打字员或者是文字处理能手而已。在学习数字设计期间，要记住学会使用所有对你有用的 EDA 工具，如原理图输入工具、仿真器、编译器等。但同时也要记住，学会使用工具并不能保证你就能够做出好的设计来，数字电路的基本设计原理和方法才是设计与优化思想的源泉。

1.3　数制及转换

数制又称"计数制"，是指用一组固定的数码和一套统一的规则表示数值的方法。人们通常利用进位的方法来进行计数，简称进位制，在进位制中，常用"基数"来区别不同的数制。而某进位制的基数就是表示该进位制所用字符或数码的个数。例如，用 0~9 共 10 个数码表示数的大小称为十进制数；用 0~1 两个数码表示数的大小称为二进制数；用 0~9、a、b、c、d、e 和 f 共 16 个数码表示数的大小称为十六进制数；类似地还有八进制数等。二进制、八进制、十进制和十六进数分别用字母 B、O、D 和 H 表示。由于实际工程中较少使用八进制，因此，本书没有讲述八进制的相关知识。要注意，数的大小与进制表示无关。

1.3.1　十进制

十进制有 0、1、2、3、4、5、6、7、8、9 共 10 个符号，称为数码。其基数为 10，计数规则为"逢十进一"。采用十进制表示数量或大小更加直观。一个十进制数可以用若干个数码组成，每个数码和该数码所在的位置决定了该数的大小，即每个数码的位置载有该数大小的一个特定值，称为"位权"。每个位置的"位权"用"基数"的幂次来确定。例如，十进制数 321.45 可以表示成下列多项式

$$(321.45)_D = 3 \times 10^2 + 2 \times 10^1 + 1 \times 10^0 + 4 \times 10^{-1} + 5 \times 10^{-2} \tag{1.3-1}$$

式(1.3-1)称为按位权展开式。

任意一个具有 n 整数和 m 位小数的十进制数按权展开式可以表示为

$$(D)_D = d_{n-1}10^{n-1} + d_{n-2}10^{n-2} + \cdots + d_1 10^1 + d_0 10^0 + d_{-1}10^{-1} + d_{-2}10^{-2} + \cdots + d_{-m}10^{-m}$$

$$= \sum_{i=-m}^{n-1} d_i 10^i \qquad (1.3-2)$$

式中，10^i 表示各位的权值。

1.3.2 二进制

在进位计数制中二进制最简单，它只包括 0 和 1 两个数码，与数字电路的高低电平一一对应。二进制的基数为 2，计数规则为"逢二进一"。二进制数也采用位置计数法，每个位置的位权是 2 的若干次幂。

例如：二进制数 101.01 可以表示成下列多项式

$$(101.01)_B = 1 \times 2^2 + 0 \times 2^1 + 1 \times 2^0 + 0 \times 2^{-1} + 1 \times 2^{-2}$$

$$= 4 + 0 + 1 + 0 + 0.25 = (5.25)_D$$

具有 n 位整数和 m 位小数的二进制数的一般形式为

$$(N)_B = b_{n-1}2^{n-1} + b_{n-2}2^{n-2} + \cdots + b_1 2^1 + b_0 2^0 + b_{-1}2^{-1} + b_{-2}2^{-2} + \cdots + b_{-m}2^{-m} = \sum_{i=-m}^{n-1} b_i 2^i \qquad (1.3-3)$$

在数字系统中经常采用二进制数，这是因为二进制计数规则简单，和电子器件的开关状态相对应。二进制数的缺点用二进制表示相同一个数比用十进制表示位数多，尤其当表示数较大时更为明显。

1.3.3 十六进制

上面提到若用二进制表示一个比较大的数时，位数比较长且不易读写，因此在数字系统设计时，经常将其改为 2^i 进制来表达，其中最常用的是十六进制(即 2^4)。十六进制数的基数为 16，由 16 个不同的数码组成，计数规则是"逢十六进一"。十六进制数用 16 个不同的数码表示：除了 0~9 这 10 个数字外，还用大写字母 A、B、C、D、E、F 来分别表示 10、11、12、13、14、15。例如：十六进制数 8C2.1 按位展开为

$$(8C2.E6)_H = 8 \times 16^2 + 12 \times 16^1 + 2 \times 16^0 + 1 \times 16^{-1}$$

$$= 2048 + 192 + 2 + 0.875 = (2242.875)_D$$

类似地，任意一个十六进制数写成按位权展开式为

$$(N)_H = \sum_{i=-m}^{n-1} a_i 16^i \qquad (1.3-4)$$

1.3.4 不同进制之间的相互转换

1. 二进制数和十六进制数转换成十进制数

人们习惯于十进制数。将二进制数和十六进制数转换为等值的十进制数，只需将被转换的数按照相应的位权展开(二进制位权为 2，十六进制位权为 16),再按照十进制数运算规则运算，即可得到相应的十进制数。

【例 1.3-1】 将二进制数 $(1010.11)_B$ 转换成十进制数。

解：
$$(1010.11)_B = 1 \times 2^3 + 0 \times 2^2 + 1 \times 2^1 + 0 \times 2^0 + 1 \times 2^{-1} + 1 \times 2^{-2}$$
$$= 8 + 2 + 0.5 + 0.25 = (10.25)_D$$

【例 1.3-2】 将十六进制数 $(1BC.A)_H$ 转换成十进制数

解：
$$(1BC.A)_H = 1 \times 16^2 + 11 \times 16^1 + 12 \times 16^0 + 10 \times 16^{-1}$$
$$= 256 + 176 + 12 + 0.0625 = (444.0625)_D$$

2．十进制数转换成二进制和十六进制数

十进制数转换成二进制数和十六进制数，需将十进制数的整数部分和小数部分分别进行转换，然后将它们合并起来。

1）十进制整数转换成二进制数或十六进制数

将被转换的十进制整数采用逐次除以基数 2（或 16）取余数的方法，步骤如下：

(1) 将给定的十进制数除以基数 2（或 16），余数作为二进制（或十六进制）数的最低位。

(2) 把第(1)步的商再除以基数 2（或 16），余数作为次低位。

(3) 重复第(2)步，记下余数，直至最后商为 0，最后的余数作为二进制（或十六进制）数的最高位。

【例 1.3-3】 将十进制数 $(123)_D$ 转换成二进制数。

解：因为二进制数基数为 2，所以采用逐次除 2 取余法。

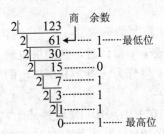

所以 $(123)_D = (1111011)_B$

【例 1.3-4】 将十进制数 $(456)_D$ 转换成十六进制数。

解：因为十六进制数基数为 16，所以采用逐次除 16 取余法。

```
       商   余数
16│ 456
16│  28 ──┐ 8 ──── 最低位
16│   1 ────── 12(C)
    0 ────── 1 ──── 最高位
```

所以 $(456)_D = (1C8)_H$

2）十进制纯小数转换成二进制数或十六进制数。

将十进制纯小数部分转换成等值的二进制（或十六进制）数时，采用将小数部分逐次乘以基数 2（或 16），然后取乘积的整数部分作为二进制（或十六进制）数的各有关位，乘积的小数部分继续乘以基数 2（或 16），如此循环，直到最后乘积为 0 或者达到一定的精度为止。

【例 1.3-5】 将十进制数 $(0.875)_D$ 转换成二进制数。

解：因为二进制数基数为 2，所以采用逐次乘 2 取整法。

$$\begin{array}{r} 0.875 \\ \times \quad 2 \\ \hline 1.750 \\ 0.750 \\ \times \quad 2 \\ \hline 1.500 \\ 0.500 \\ \times \quad 2 \\ \hline 1.0 \end{array}$$

整数部分

1 ——— 作为小数最高位

1 ———

1 ———

所以 $(0.875)_D = (0.111)_B$

【例 1.3-6】 将十进制数 $(0.90625)_D$ 转换成十六进制数。

解：十六进制数基数为 16，所以采用逐次乘 16 取整法。

$$\begin{array}{r} 0.90625 \\ \times \quad 16 \\ \hline 14.5 \\ 0.5 \\ \times \quad 16 \\ \hline 8.0 \end{array}$$

整数部分

E ——— 作为小数最高位

8 ———

所以 $(0.90625)_D = (0.E8)_H$

3. 二进制数和十六进制数之间转换

1）二–十六进制转换

将二进制数转换成等值的十六进制数称为二–十六进制转换。由于 4 位二进制数恰好有 16 个状态，而把 4 位二进制数看成一个整体时，它的进位输出正好是逢十六进一，因此只要将二进制数从小数点向左向右每 4 位分为一组，并用等值的十六进制数代替，就可以得到相应的十六进制数。

【例 1.3-7】 将二进制数 $(110101101.101011)_B$ 转换成十六进制数。

解：将二进制数 $(110101101.101011)_B$ 从小数点向左向右每 4 位分为一组得

$$(110101101.101011)_2$$
$$= \underset{1}{1}\,\underset{A}{1010}\,\underset{D}{1101}.\underset{A}{1010}\,\underset{3}{11}$$
$$= (1AD.A3)_H$$

2）十六–二进制转换

把十六进制转换成等值的二进制数称为十六–二进制转换。转换时，不论整数部分还是小数部分，把每一位十六进制数用相应的 4 为二进制数代替，即可得到等值的二进制数。

【例 1.3-8】 将十六进制数 $(FE2.B1D)_H$ 转换成二进制数。

解：把 $(FE2.B1D)_H$ 的每位用相应的 4 位二进制数代替得]

$$(FE2.B1D)_H$$
$$= \underset{1111}{F}\,\underset{1110}{E}\,\underset{0010}{2}\,\underset{1011}{B}\,\underset{0001}{1}\,\underset{1101}{D}$$
$$= (111111100010.101100011101)_B$$

1.4　二进制数的算术运算

在数字系统中，二进制数码 0 和 1 既可以表示数量信息也可以用来表示逻辑状态，相应的运算分别称为算术运算和逻辑运算。无符号二进制数没有符号位，即全部位数都表示数值信息；而有符号二进制数的第一位是符号位，符号位表示此数的正负，0 表示正数，1 表示负数。本节将讨论有符号数和无符号数的算术运算。

1.4.1　无符号二进制数的算术运算

n 位无符号二进制数的范围为 $0 \sim 2^n - 1$。无符号二进制数的算术运算和十进制数的算术运算规则基本相同，所不同的是二进制中相邻位之间的进位关系为"逢二进一"。

例如：无符号二进制数 1101 和 0110 的算术运算有

加法运算	减法运算	乘法运算	除法运算

$$
\begin{array}{r}
1101 \\
+\ 0110 \\
\hline
10011
\end{array}
\qquad
\begin{array}{r}
1101 \\
-\ 0110 \\
\hline
0111
\end{array}
\qquad
\begin{array}{r}
1101 \\
\times\ 0110 \\
\hline
0000 \\
1101 \\
1101 \\
\hline
1001110
\end{array}
\qquad
\begin{array}{r}
10.001\cdots \\
0110\,\overline{)1101} \\
0110 \\
\hline
1000 \\
0110 \\
\hline
10
\end{array}
$$

n 位无符号二进制数加减法，当运算结果超出 n 位无符号二进制数表示范围时将产生进位（不够减时称为借位）。

1.4.2　带符号二进制数的减法运算

数字器件都有一定的字长限制，超过字长表示范围则会溢出归 0。以 8 位运算为例说明如下：

若某一正数 $A = 00110101 = (53)_D$，那么其按位取反后即为 $B = 11001010$，将这两个数相加结果定为 11111111，再加 1，结果为 100000000。当然，对于 8 位运算，最高位自然舍去，结果就是 0。经过这个运算的启示，就形成了补码运算。

$(-53)_D$ 的原码为 10110101，若其符号位不变，其他位都取反就得到 11001010，即为前面的 B，若 B 再加 1，定义为 C，则 $C = 11001011$，那么根据前面推导定有 $A + C = 0$，即 $53 + (-53) = 0$。我们称 B 是 -53 的反码，C 就是 -53 的补码。

带符号二进制数的加法和减法运算可以统一归结为补码求和的方式进行运算。首先介绍一下带符号二进制数的原码、反码和补码的定义。符号位为 0 的二进制数为正的二进制数，二进制数 0 的符号位也用 0 表示；而符号位为 1 的二进制数表示负数。例如，带符号二进制数原码为 0101，则表示 +5；带符号二进制数原码为 1110，则表示 -6。可以看出，原码表示法有两个 0，正 0 和负 0。

正数和零的原码、反码和补码相同，比如 0101 的原码、反码和补码都是 0101；负数的反码是符号位（最高位）1 不动，将符号位后面的所有位都取反，即 0 变 1、1 变 0。负数的补码是符号位 1 不动，求其反码后再加 1。例如，带符号数 1110 的原码是 1110、反码是 1001、补码是 1010。反码的意义仅在于求补码。表 1.4-1 列出了 4 位有符号二进制数 -8 到 +7 的原码、反码和补码。n 位的二进制补码，其范围为 $-2^{n-1} - 1 \sim 2^{n-1}$，共 2^n 个数。

表 1.4-1 4 位有符号二进制数的原码、反码、补码对照表

十 进 制 数	二 进 制 数		
	原码(带符号数)	反　码	补　码
+7	0111	0111	0111
+6	0110	0110	0110
+5	0101	0101	0101
+4	0100	0100	0100
+3	0011	0011	0011
+2	0010	0010	0010
+1	0001	0001	0001
+0	0000	0000	0000
−1	1001	1110	1111
−2	1010	1101	1110
−3	1011	1100	1101
−4	1100	1011	1100
−5	1101	1010	1011
−6	1110	1001	1010
−7	1111	1000	1001
−8	1000	1111	1000(原码的负 0)

在表 1.4-1 中，为什么补码只有一个 0，负 0 为什么用以表示-2^{n-1}? 请读者自行分析。

采用补码的形式，可以方便地将符号数的加减法运算统一为补码的加法运算。减法运算的原理是减去一个正数相当于加上一个负数，即 $A-B=A+(-B)$，对 $(-B)$ 求补码，然后进行加法运算。进行二进制补码运算时，必须注意被加数与加数补码位数相等，即让两个二进制数补码符号位对齐。设 X 和 Y 为两个数的绝对值，则有

(1) $X+Y=[X]_{补}+[Y]_{补}=X+Y$，因为正数的补码就是其本身。

(2) $X-Y=[X]_{补}+[-Y]_{补}=X+[-Y]_{补}$。

(3) $(-X)+(-Y)=[-X]_{补}+[-Y]_{补}$。

(4) $(-X)-(-Y)=[-X]_{补}+[Y]_{补}=[-X]_{补}+Y$。

补码运算特点如下：

(1) 补码的和等于和的补码，符号位和数值位一样参加运算，不必单独处理，即$[X]_{补}+[Y]_{补}=[X+Y]_{补}$。

(2) 补码相减：$[X]_{补}-[Y]_{补}=[X]_{补}+[-Y]_{补}$。

$[Y]_{补}\rightarrow[-Y]_{补}$：$[Y]_{补}$ 的符号位连同数值位一起取反再加 1，即为$[-Y]_{补}$。

当两个符号相同的数相加时可能产生溢出现象。例如，$(6+7)_{补}=(6)_{补}+(7)_{补}= 0110+0111$ $=1101$，计算结果首位为符号位 "1"，故 1110 表示−5，而实际正确的结果应该为 13。产生错误的原因在于 4 位二进制补码中，有 3 位是数值位。而本例的结果需要 4 位数值位表示，所以产生溢出现象。解决溢出的办法是进行位扩展，本例用 5 位以上的二进制补码表示就不会产生溢出了。例如，下面的例 1.4-1 即考虑了溢出的问题。

综上，无符号数运算结果超出机器数的表示范围，称为进位；有符号数运算结果超出机器数的表示范围，称为溢出。两个无符号数相加可能会产生进位；两个同号有符号数相加可

能会产生溢出。两个无符号数相加产生进位，或者两个有符号数相加产生溢出，超出的部分将被丢弃，留下来的结果将不正确。因此，任何数字系统中都应该设置判断逻辑，包括无符号数运算溢出判断和有符号数运算溢出判断。如果产生进位或溢出，要给出进位或溢出位标志，以根据标志审视计算结果。

无符号数加法的进位称为 C。有符号数加法的溢出与无符号数加法判断有本质不同，要设立专门的硬件单元。如图 1.4-1 中，以 8 位二进制补码运算为例，有符号数运算的溢出位 OV 由 C 与 b.6 向 b.7 的进位的异或确定，即只有这两个进位且仅有一个进位时结果溢出。图 1.4-1 中的异或门将在下一节学习。这个结论有严格的证明，感兴趣读者可参阅相关文献。

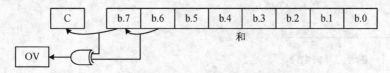

图 1.4-1　8 位二进制补码运算溢出判断

【例 1.4-1】　用二进制补码运算出 17+15、17–15、–17+15、–17–15。

解：为保证计算时不溢出，首先考虑需要二进制的位数，由于 17+15 的绝对值是 32，所以用有效数字为 6 位的二进制数表示，再加上一位符号位，就得到 7 位的二进制补码。根据上面介绍求解补码的方法，或者计算出 +17 的二进制补码为 0010001（最高位为符号位），–17 的二进制补码为 1101111，+15 的二进制补码为 0001111，–15 的二进制补码为 1110001。计算结果如下：

$$
\begin{array}{llll}
+17 \quad 0\ 010001 & +17 \quad 0\ 010001 & -17 \quad 1\ 101111 & -17 \quad 1\ 101111 \\
\underline{+15\ +0\ 001111} & \underline{-15\ +1\ 110001} & \underline{+15\ +0\ 001111} & \underline{-15\ +1\ 110001} \\
+32 \quad 0\ 100000 & +2 \quad 0\ 000010 & -2 \quad 1\ 111110 & -32 \quad 1\ 100000
\end{array}
$$

1.5　逻辑代数

逻辑代数是分析和设计数字电路的基本数学工具，逻辑代数是按一定逻辑规律进行运算的代数，又称布尔代数。逻辑代数中的变量称为逻辑变量，和普通代数变量一样，也用字母表示，在二值逻辑中，只有两种对应的逻辑状态，每个逻辑变量的取值只有 0 或者 1 两种。这里的 0 和 1 不代表数量的大小，只表示两种不同的逻辑状态，如电平的高低、开关的通断、事件的真假等。

1.5.1　逻辑代数的基本定律和基本规则

逻辑代数中的基本逻辑运算有与（AND）、或（OR）、非（NOT）三种，下面分别讨论这三种基本逻辑运算。

1. 与运算

当决定某事件的全部条件都满足时，事件才发生，这种因果关系称为逻辑与。逻辑与的概念可以用图 1.5-1 所示的电路来说明，对逻辑变量定义如下：$A=1$ 表示开关 A 接通，$A=0$ 表示开关 A 断开；$B=1$ 表示开关 B 接通，$B=0$ 表示开关 B 断开；$F=1$ 表示灯亮，$F=0$ 表示灯灭。显然当 A 和 B 同时为 1 时灯亮，否则灯灭。将上述逻辑关系列于表 1.5-1 中，这种表称为真值表(Truth Table)。为了便于运算，常用等式表示一定的逻辑关系，称为逻辑函数式。逻辑与运算也叫逻辑乘，上面的逻辑与可以用函数式(1.5-1)表示。式中"·"表示 A 和 B 之间的与运算。为了书写方便，在不引起混淆的前提下，常将"·"省略。与运算也可以用图 1.5-2 中的与门符号表示。与门是实现与运算的逻辑器件。

$$F = A \cdot B \tag{1.5-1}$$

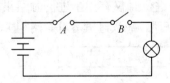

图 1.5-1 逻辑与开关电路

表 1.5-1 与逻辑真值表

A	B	F
0	0	0
0	1	0
1	0	0
1	1	1

(a) 与逻辑的 IEEE 符号   (b) 与逻辑的国标符号

图 1.5-2 与门符号

需要说明的是，由于美国两大 PLD 和 EDA 软件供应商——Altera 公司和 Xilinx 公司占据了大部分市场份额，且他们均采用 IEEE-1991 标准及其衍生表示法，为了全书符号一致，故本书各个章节中原理图表述采用 IEEE-1991 标准符号来表示。

2. 或运算

当决定某事件的全部条件中，只要任一条件具备时，事件就发生，这种因果关系称为逻辑或。逻辑或的概念可以用图 1.5-3 所示的电路来说明，当开关 A 和开关 B 任意一个接通时，灯就会亮。或逻辑运算的真值表见表 1.5-2，逻辑或运算也叫逻辑加，上面的逻辑或可以用函数式(1.5-2)表示。式中"+"表示 A 和 B 之间的或运算。

$$F = A + B \tag{1.5-2}$$

或运算也可以用图 1.5-4 中的或门符号表示。或门是实现或运算的逻辑器件。

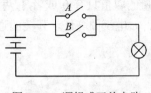

图 1.5-3 逻辑或开关电路

表 1.5-2 或逻辑真值表

A	B	F
0	0	0
0	1	1
1	0	1
1	1	1

3. 非运算

当决定事件的条件具备时，此事件不发生；而条件不具备时，此事件发生，这种因果关系称为逻辑非。非逻辑关系可用图 1.5-5 所示的电路来说明，当开关 A 接通时灯不亮；当开关 A 断开时灯亮。非运算的真值表见表 1.5-3，逻辑非可用逻辑函数式(1.5-3)表示。

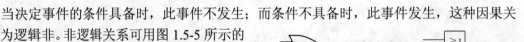

(a) 或逻辑的 IEEE 符号   (b) 或逻辑的国标符号

图 1.5-4 或门符号

$$F = \overline{A} \qquad\qquad (1.5\text{-}3)$$

在逻辑代数中，在变量上加一横线即表示该变量的非，非运算又称求反运算。非运算也可用图 1.5-6 所示的非门符号表示。非门是实现非运算的逻辑器件。

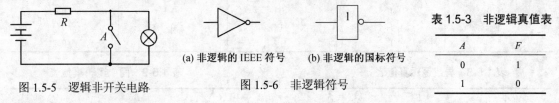

图 1.5-5 逻辑非开关电路

(a) 非逻辑的 IEEE 符号　(b) 非逻辑的国标符号

图 1.5-6 非逻辑符号

表 1.5-3 非逻辑真值表

A	F
0	1
1	0

4. 复合逻辑运算

用与、或、非运算的组合可以实现任何复杂的逻辑函数运算，称为复合逻辑运算。几种常用的复合逻辑运算有与非、或非、与或非、异或、同或等，它们的逻辑符号和逻辑函数式分别如表 1.5-4 所示。表 1.5-5～表 1.5-9 分别为上述复合逻辑运算的真值表。

表 1.5-4 复合逻辑运算电路符号

逻辑运算	与非	或非	与或非	异或	同或
逻辑函数	$F = \overline{AB}$	$F = \overline{A+B}$	$F = \overline{AB+CD}$	$F = A \oplus B$	$F = A \odot B$
逻辑符号（国标符号）	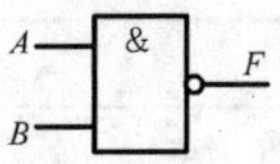	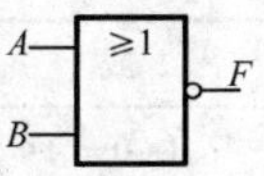	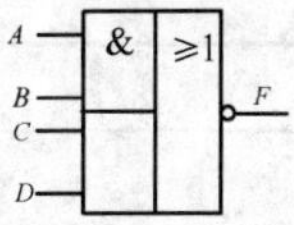	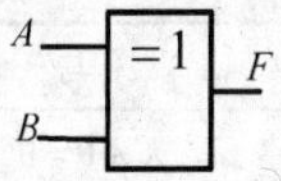	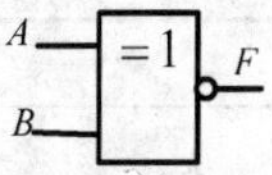
逻辑符号（IEEE 符号）	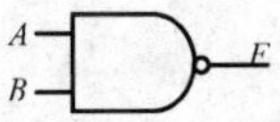	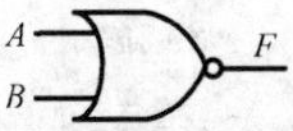	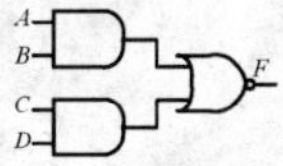	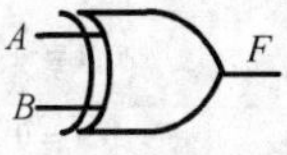	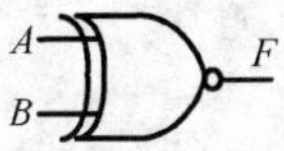

表 1.5-5 与非逻辑真值表

A	B	F
0	0	1
0	1	1
1	0	1
1	1	0

表 1.5-6 或非逻辑真值表

A	B	F
0	0	1
0	1	0
1	0	0
1	1	0

表 1.5-7 与或非逻辑真值表

A	B	C	D	F
0	0	0	0	1
0	0	0	1	1
0	0	1	0	1
0	0	1	1	0
0	1	0	0	1
0	1	0	1	1
0	1	1	0	1
0	1	1	1	0
1	0	0	0	1
1	0	0	1	1
1	0	1	0	1

续表

A	B	C	D	F
1	0	1	1	0
1	1	0	0	0
1	1	0	1	0
1	1	1	0	0
1	1	1	1	0

表 1.5-8 异或逻辑真值表

A	B	F
0	0	0
0	1	1
1	0	1
1	1	0

表 1.5-9 同或逻辑真值表

A	B	F
0	0	1
0	1	0
1	0	0
1	1	1

5. 逻辑代数的基本定律

前面介绍了逻辑代数的基本逻辑关系与、或、非以及复合逻辑关系。根据这些逻辑关系可以导出逻辑运算的基本定律，现将这些定理和定律总结如表 1.5-10 所示。

表 1.5-10 逻辑代数定律

	与	或	非
基本定理	$A \cdot 0 = 0$	$A + 0 = A$	$\overline{\overline{A}} = A$
	$A \cdot 1 = 1$	$A + 1 = 1$	
	$A \cdot A = A$	$A + A = A$	
	$A \cdot \overline{A} = 0$	$A + \overline{A} = 1$	
结合律	$(AB)C = A(BC)$	$(A+B)+C = A+(B+C)$	
交换律	$AB = BA$	$A+B = B+A$	
分配律	$A(B+C) = AB + AC$	$A + BC = (A+B)(A+C)$	
反演律	$\overline{A \cdot B} = \overline{A} + \overline{B}$.	$\overline{A+B} = \overline{A} \cdot \overline{B}$	

另外还有三个重要定理：代入定理、反演定理和对偶定理。

1）代入定理

任何一个逻辑等式，如果用同一逻辑函数代入式中某一逻辑变量，则该等式仍然成立。

例如，在等式 $A + BC = (A+B)(A+C)$ 中，将逻辑变量 B 用 $A+D$ 代替，则得到的新等式仍然成立，即 $A + (A+D)C = (A+A+D)(A+C)$。

2）反演定理

对任意逻辑函数式 Y，如果将所有的"·"换成"+"，"+"换成"·"，0换成1，1换成0，原变量换成反变量，反变量换成原变量，则得到的结果是 $\overline{Y}$。

利用反演规则，可以比较容易地求出一个函数的非函数。应用反演定理时应注意以下两点：

（1）遵守运算优先次序，即先括号，然后乘，最后加。

（2）不属于单个变量上面的非号保持不变。

例如，$Y = A(B+C) + CD$，则根据反演定理有

$$\overline{Y} = (\overline{A} + \overline{BC})(\overline{C} + \overline{D}) = \overline{AC} + \overline{BC} + \overline{AD} + \overline{BCD} = \overline{AC} + \overline{BC} + \overline{AD}$$

3) 对偶定理

对任意逻辑函数式 Y，将其中所有"·"换成"+"，"+"换成"·"，0 换成 1，1 换成 0 则所得的逻辑式叫做 Y 的对偶式。若两个逻辑函数式相等，则它们的对偶式也相等，称为对偶定理。

和反演定理相同的是，变换过程中原函数的运算先后顺序保持不变，不属于一个变量上的反号不变，不同的是对偶定理对函数中的原变量、反变量不进行变换。

例如，已知逻辑等式 $A(B+C) = AB + AC$，则等式两端的对偶式分别为 $A+BC$ 和 $(A+B)(A+C)$，根据对偶定理有等式 $A+BC = (A+B)(A+C)$。此等式也是我们前面介绍的分配律公式。

根据基本定理和定律可以推导出一些常用公式，这些常用公式在逻辑函数式的代数法化简时经常用到，如表 1.5-11 所示。

表 1.5-11 逻辑代数常用公式

序　号	公　式
1	$A + AB = A$
2	$A + \overline{A}B = A + B$
3	$AB + A\overline{B} = A$
4	$A(A + B) = A$
5	$AB + \overline{A}C + BC = AB + \overline{A}C$
6	$AB + \overline{A}C + BCD = AB + \overline{A}C$
7	$\overline{\overline{A}AB} = A\overline{B}$; $\overline{\overline{A}AB} = \overline{A}$

1.5.2 逻辑代数的代数法化简

在数字电路中，用集成电路实现逻辑函数时，一般要用逻辑函数的某种简化形式。一个逻辑函数式越简单，它所表达的逻辑关系就越明显，实现它的电路就越简单，可靠性也越高。因此，通常需要用一定的化简手段找出逻辑函数的最简形式。

化简逻辑函数通常有两种方法：代数化简法和卡诺图化简法。代数化简法是利用上面介绍的逻辑函数的基本定理和基本定律将逻辑函数式化成所需的最简形式。

逻辑函数式的最简形式有最简与或式、最简与非-与非式、最简或与式、最简或非-或非式、最简与或非式。这里只介绍最常用的最简与或式的化简方法。而其他形式的最简式可以很容易地通过最简与或式得到。

在与或逻辑函数式中，如果其中包含的乘积项已经最少，而且每个乘积项的因子也不能再减少时，此逻辑函数式称为最简与或式。代数化简法没有固定的步骤可循，下面介绍几种常用的化简方法。

1. 并项法

并项法即利用公式 $AB + A\overline{B} = A$ 将两项合并成一项，消去一个变量。

【例 1.5-1】 化简函数 $Y = \overline{A}B + ABC + AB\overline{C}$。

解：利用并项法可得 $Y = \overline{A}B + ABC + AB\overline{C} = \overline{A}B + AB = B$

2. 吸收法

吸收法即利用公式 $A + AB = A$ 消去多余的项。

【例 1.5-2】 化简函数 $Y = A\bar{B} + A\bar{B}C(D+E)$ 。

解：利用吸收法可得 $Y = A\bar{B} + A\bar{B}C(D+E) = A\bar{B}$

3. 消项法

消项法即利用公式 $AB + \bar{A}C + BC = AB + \bar{A}C$ 消去多余的项。

【例 1.5-3】 $Y = \bar{A}B + AC + A\bar{B} + \bar{B}\bar{C} + BC + \bar{A}\bar{C}$ 。

解： $Y = \bar{A}B + AC + A\bar{B} + \bar{B}\bar{C} + BC + \bar{A}\bar{C}$

$\qquad = \bar{A}B + AC + A\bar{B} + \bar{B}\bar{C} + BC + \bar{A}\bar{C}$

$\qquad = (\bar{A}B + AC + BC) + (A\bar{B} + \bar{A}\bar{C} + \bar{B}\bar{C})$

$\qquad = \bar{A}B + AC + A\bar{B} + \bar{A}\bar{C}$

4. 消因子法

消因子法即利用公式 $A + \bar{A}B = A + B$ 消去多余的因子。

【例 1.5-4】 化简函数 $Y = \overline{AB} + AC + BD$ 。

解： $Y = \overline{AB} + AC + BD$

$\qquad = \overline{AB} + AC + BD$

$\qquad = \bar{A} + \bar{B} + AC + BD$

$\qquad = \bar{A} + C + \bar{B} + D$

1.6 逻辑函数的卡诺图化简

卡诺图化简法是由美国工程师 Karnaugh 在 1952 年提出的。在数字电子技术中，卡诺图无论是在逻辑函数的设计和化简中，还是在组合逻辑电路竞争冒险现象的分析中都占有重要的地位。它是数字电路分析和设计常用的工具，并且具有循环邻接的特点。正是这个特点，使得它可以很方便地化简多变量的逻辑函数。化简的原理是逻辑相邻的最小项可以合并，消去互为非的因子。

1.6.1 逻辑函数的最小项表达式

1. 最小项的定义

在 n 变量逻辑函数中，若每个乘积项都以这 n 个变量为因子，而且这 n 个变量都是以原变量或反变量形式在各乘积项中仅出现一次，则称这些乘积项为 n 变量逻辑函数的最小项。

一个 2 变量的逻辑函数 $F(A,B)$ 有 $4(2^2)$ 个最小项，分别为 $\bar{A}\bar{B}$ 、 $\bar{A}B$ 、 $A\bar{B}$ 、 AB ，3 变量的逻辑函数 $F(A,B,C)$ 有 $8(2^3)$ 个最小项，分别为 $\bar{A}\bar{B}\bar{C}$ 、 $\bar{A}\bar{B}C$ 、 $\bar{A}B\bar{C}$ 、 $\bar{A}BC$ 、 $A\bar{B}\bar{C}$ 、 $A\bar{B}C$ 、 $AB\bar{C}$ 、 ABC 。以此类推 n 变量的逻辑函数有 2^n 个最小项。

2. 最小项的编号

为了使用方便，按照每个最小项对应的十进制数进行编号。例如，3 变量逻辑函数 $F(A,B,C)$ 中， $A\bar{B}C = 1$ 时，需要 $A = 1$ ， $B = 0$ ， $C = 1$ ，可组成一个二进制数 101，它所表示的数是 5，故 $A\bar{B}C$ 这个最小项记为 m_5 。3 变量最小项的编号见表 1.6-1。

表 1.6-1　3 变量最小项编号表

最　小　项	令最小项为 1 的变量取值			对应十进制数	编　号
	A	B	C		
$\overline{A}\overline{B}\overline{C}$	0	0	0	0	m_0
$\overline{A}\overline{B}C$	0	0	1	1	m_1
$\overline{A}B\overline{C}$	0	1	0	2	m_2
$\overline{A}BC$	0	1	1	3	m_3
$A\overline{B}\overline{C}$	1	0	0	4	m_4
$A\overline{B}C$	1	0	1	5	m_5
$AB\overline{C}$	1	1	0	6	m_6
ABC	1	1	1	7	m_7

3. 逻辑函数的最小项之和形式

利用逻辑函数基本定理和常用公式，可以把任何逻辑函数化成唯一的最小项之和的形式，这种表达式是逻辑函数的一种标准形式，称为最小项表达式。

【例 1.6-1】　将逻辑函数 $F = AB + C$ 化成最小项表达式。

解：
$$F = AB + C$$
$$= AB(C + \overline{C}) + (A + \overline{A})(B + \overline{B})C$$
$$= ABC + AB\overline{C} + ABC + \overline{A}BC + A\overline{B}C + \overline{A}\overline{B}C$$
$$= ABC + AB\overline{C} + \overline{A}BC + A\overline{B}C + \overline{A}\overline{B}C$$
$$= m_7 + m_6 + m_3 + m_5 + m_1$$

1.6.2　用卡诺图化简逻辑函数

1. 卡诺图

将 n 变量逻辑函数的全部最小项各用一个小方格表示，并使任何在逻辑上相邻的最小项在几何位置上也相邻，得到的这种方格图叫做 n 变量的卡诺图。它贯穿了数字电路的各个层面，是十分重要的基础知识。根据卡诺图的定义，图 1.6-1 给出了 2～4 变量的卡诺图画法。画卡诺图时，根据函数中变量数目 n 将图形分成 2^n 个方格。

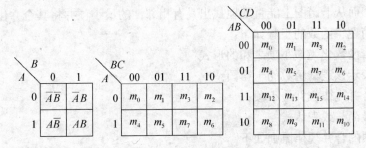

图 1.6-1　2～4 变量卡诺图

每个方格和一个最小项相对应，方格的编号和最小项的编号相同，由方格外面的行变量和列变量决定，具体约定如下：

（1）行列变量取值时遵循环码的规则，即 00、01、11、10 标注，注意码顺序，确保逻辑上相邻。

(2) 方格标号时，以行变量为高位组列变量为低位组。

2. 逻辑函数的卡诺图化简

如果将逻辑函数所包含的全部最小项填在卡诺图中相应的方格中，就得到了表示该逻辑函数的卡诺图。也就是说，任何一个逻辑函数都等于它的卡诺图中填入 1 的那些最小项之和，具体填法如图 1.6-2 所示。

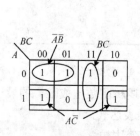

(a) 3 变量卡诺图圈法

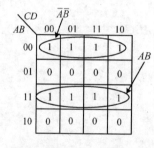

(c) 4 变量卡诺图相邻 4 个最小项圈法

(b) 4 变量卡诺图相邻 2 个最小项圈法

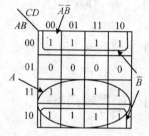

(d) 4 变量卡诺图相邻 8 个最小项圈法

图 1.6-2　最小项相邻的卡诺图圈法

利用卡诺图化简逻辑函数的方法称为卡诺图化简法。化简时依据的基本原理是具有相邻性的最小项可以合并，并消去不同的因子。由于在卡诺图上，几何位置相邻与逻辑上的相邻性是一致的，因而从卡诺图上能直观地找出具有相邻性的最小项并将其合并化简。

卡诺图化简逻辑函数的步骤如下：

(1) 将逻辑函数化为最小项之和的形式；

(2) 画出表示该逻辑函数的卡诺图；

(3) 按照合并规律合并最小项；

(4) 写出最简与或表达式。

选择乘积项的合并规律原则如下：

(1) 按最小项表达式填卡诺图，凡式中包含的最小项，其对应方格填 1，其余方格填 0。

(2) 合并最小项，即将相邻的 1 方格圈成一组 (包围圈，每一组含 2^n 个方格，n 取自然数)，对应每个包围圈写成一个乘积项。包围圈应该包含逻辑函数的所有最小项，包围圈内的 1 方格数要尽可能多，包围圈应尽可能大，即合并后的乘积项数目最少。相邻方格包括上下底相邻、左右边相邻和四角相邻。

（3）允许重复圈，但每个包围圈至少有一个最小项未被其他包围圈包围。

（4）将所有包围圈所对应的乘积项相加。

具体圈法如图 1.6-2 所示。

【例 1.6-2】　利用卡诺图化简下列 3 个逻辑函数，并画出它们的卡诺图。

$$Y_1 = AB + \overline{A}\overline{B} + \overline{A}B$$

$$Y_2 = AB\overline{C} + A\overline{B}C + \overline{A}BC + ABC$$

$$Y_3 = AB\overline{C}\overline{D} + A\overline{B}\overline{C}D + \overline{A}BCD + AB\overline{C}D + \overline{A}BC\overline{D} + ABC\overline{D}$$

解：根据 Y_1 的表达式可知 Y_1 包含最小项 m_0、m_1、m_3，画出其卡诺图，如图 1.6-3（a）所示，利用上面介绍的相邻最小项圈法原则化简得 $Y_1 = \overline{A} + B$。

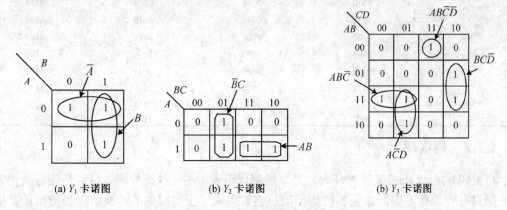

(a) Y_1 卡诺图　　　　(b) Y_2 卡诺图　　　　(b) Y_3 卡诺图

图 1.6-3　例 1.6-2 的卡诺图

根据 Y_2 的表达式可知 Y_2 包含最小项有 m_1、m_5、m_6、m_7，画出其卡诺图，如图 1.6-3（b）所示，利用上面介绍的相邻最小项圈法原则化简得 $Y_2 = AB + \overline{B}C$。

根据 Y_3 的表达式可知 Y_3 包含最小项有 m_3、m_6、m_9、m_{12}、m_{13}、m_{14}，画出其卡诺图，如图 1.6-3（c）所示，利用上面介绍的相邻最小项圈法原则化简得 $Y_3 = AB\overline{C}\overline{D} + AB\overline{C} + A\overline{C}D + BC\overline{D}$。

1.7　二进制编码

1.7.1　二–十进制码

将一定位数的数码按照一定的规则排列起来表示特定的对象称为编码。在数字系统中，常用一定位数的二进制数码来表示数字、符号、汉字等。用 4 位二进制数码来表示 1 位十进制数的编码方法，称为二进制编码的十进制数（Binary Coded Decimal），简称二-十进制码或 BCD 码。常见的 BCD 码见表 1.7-1。

8421 码和 5421 码都是有权码，有权码的每位都有固定的权，各组代码按权相加对应于各自代表的十进制数。8421 码是 BCD 码中最常用的一种代码，这种编码每位的权和自然二进制码相应位的权一致，从高到低依次为 8、4、2、1，故称为 8421BCD 码。5421 码从高到低权值依次为 5、4、2、1，类似的还有 2421BCD 码和 5211BCD 码。

余 3 码和循环余 3 码属于无权码，这种码的每位没有固定的权值，各组代码与十进制数之间的对应关系是人为规定的。余 3 码是较为常用的一种无权码,如果把余 3 码的每组代码视为 4 位二进制数,那么每组代码总是比它们所代表的十进制数多 3,因此称为余 3 码。如果用余 3 码做加法时,若两数之和为 10,正好等于 10 进制数的 16,于是便从高位自动产生进位信号,余 3 码的这个特定在数字系统设计时很有用。余 3 循环码也是一种无权码,它的特点是相邻的两个代码之间只有一位状态不同。

表 1.7-1 常用 BCD 码

十进制数	有 权 码		无 权 码	
	8421 码	5421 码	余 3 码	循环码
0	0000	0000	0011	0010
1	0001	0001	0100	0110
2	0010	0010	0101	0111
3	0011	0011	0110	0101
4	0100	0100	0111	0100
5	0101	1000	1000	1100
6	0110	1001	1001	1101
7	0111	1010	1010	1111
8	1000	1011	1011	1110
9	1001	1100	1100	1010

1.7.2 格雷码

格雷码(Gray Code)又称循环码,是二进制代码表示的一种无权码,特点是任意两相邻代码之间只有一位数不同,其余各位均相同。格雷码常用于模拟量的转换中,当模拟量发生微小变化而可能引起数字量发生变化时,格雷码仅改变 1 位,这样与其他码同时改变两位或多位的情况相比更为可靠,可减少出错的可能性,提高电路的抗干扰能力。它是一种典型的可靠性代码,这种码制在数控装置中有着广泛的应用。

4 位自然二进制码和 4 位格雷码比较如表 1.7-2 所示,从表中可以看出,在 4 位自然二进制代码中,相邻的两组代码可能有 2 位、3 位甚至 4 位不同,比如当代码由 0111 变到 1000 时,4 位代码都将发生变化。在实际的数字系统中 4 位代码的变化不可能绝对同时发生,即使时间再短也会有先有后,这样就会在极短的瞬间出现中间状态。例如,最后一位变化慢的话就会出现 1001 这个状态,这个状态将成为转换过程中出现的噪声,这种噪声可能导致数字系统产生错误响应。而在格雷码转换过程中就不会出现这种过渡噪声。第 1.7.1 小节介绍的余 3 循环码就是取 4 位格雷码中的十个代码组成,所以它也具有格雷码的这些优点。

表 1.7-2 4 位自然二进制码和格雷码比较

编码顺序	格 雷 码	自然二进制码
0	0000	0000
1	0001	0001
2	0011	0010
3	0010	0011
4	0110	0100
5	0111	0101
6	0101	0110

续表

编码顺序	格雷码	自然二进制码
7	0100	0111
8	1100	1000
9	1101	1001
10	1111	1010
11	1110	1011
12	1010	1100
13	1011	1101
14	1001	1101
15	1000	1111

卡诺图是组合逻辑电路设计和分析最常用和有效的数学工具，排列多变量的卡诺图不是易事。格雷码相邻码之间只有一位不同，这与卡诺图的循环邻接有相同之处。在工程应用中，常基于格雷码构建多变量卡诺图。

1.7.3　ASCII 码

ASCII（American Standard Code for Information Interchange）码是美国标准信息交换码的缩写，是由美国国家标准化协会制定的一种信息代码，广泛地应用到计算机和通信领域中。ASCII码已经由国际标准化组织（ISO）认定为国际通用的标准代码。

ASCII 码是用 7 位二进制数码来表示字符，对应关系如表 1.7-3 所示。它共有 128 个代码，其中，有表示阿拉伯数字 0～9 代码 10 个，表示大小写字母的 52 个，表示各种符号代码 32个，控制码 34 个。

表 1.7-3　ASCII 码（美国信息交换标准代码）

$b_4b_3b_2b_1$	$b_7b_6b_5$							
	000	001	010	011	100	101	110	111
0000	NUL	DLE	SP	0	@	P	`	p
0001	SOH	DC1	!	1	A	Q	A	q
0010	STX	DC2	"	2	B	R	B	r
0011	ETX	DC3	#	3	C	S	C	s
0100	EOT	DC4	$	4	D	T	D	t
0101	ENQ	NAK	%	5	E	U	E	u
0110	ACK	SYN	&	6	F	V	F	v
0111	BEL	ETB	'	7	G	W	G	w
1000	BS	CAN	(	8	H	X	H	x
1001	HT	EM	)	9	I	Y	I	y
1010	LF	SUB	*	:	J	Z	J	z
1011	VT	ESC	+	;	K	[	K	{
1100	FF	ES	,	<	L	\	L	|
1101	CR	GS	-	=	M	]	M	}
1101	SO	RS	.	>	N	^	N	~
1111	SI	US	/	?	O	-	O	DEL

习题与思考题

1.1 将下列二进制数和十六进制数转化成等值的十进制数。

(1) $(01101)_B$ (2) $(10100)_B$ (3) $(0.1011)_B$ (4) $(0101.1011)_B$

(5) $(4B)_H$ (6) $(BF)_H$ (7) $(0.75)_H$ (8) $(56.7C)_H$

1.2 将下列十进制数和十六进制数转化成等值的二进制数。

(1) $(357)_D$ (2) $(0.625)_D$ (3) $(255.875)_D$ (4) $(956.8125)_D$

(5) $(75.69)_H$ (6) $(B3.A7)_H$ (7) $(5AB.6D)_H$ (8) $(25.6)_H$

1.3 将下列二进制数和十进制数转化成等值的十六进制数。

(1) $(0.11011)_B$ (2) $(10100101)_B$ (3) $(101.1001)_B$ (4) $(101010.011)_B$

(5) $(0.65625)_D$ (6) $(127.255)_D$ (7) $(147.75)_D$ (8) $(34.725)_D$

1.4 完成下列十进制数和 BCD 码的转换。

(1) $(000101100101.10110101)_B = ($ $)_{8421BCD}$

(2) $(1011101001010001)_{8421BCD} = ($ $)_D$

(3) $(124)_D = ($ $)_{8421BCD}$

(4) $(654.32)_D = ($ $)_{8421BCD}$

(5) $(12.875)_D = ($ $)_{8421BCD}$

(6) $(852.483)_D = ($ $)_{8421BCD}$

1.5 写出下列二进制数的原码、反码和补码。

(1) $(+10101)_B$ (2) $(+011101)_B$ (3) $(-1011)_B$ (4) $(-00110)_B$

1.6 写出下列带符号位二进制数(最高位为符号位)的原码、反码和补码。

(1) $(00101)_B$ (2) $(0110011)_B$ (3) $(10101011)_B$ (4) $(11011011)_B$

1.7 用 8 位二进制补码表示下列十进制数。

(1) $+16$ (2) $+27$ (3) -14 (4) -46 (5) -79 (6) -121

1.8 计算下列用补码表示的二进制数的代数和。如果是负数,请求出负数的绝对值。

(1) $11111011+10001000$ (2) $10011101+01100110$

(3) $00011110+10011100$ (4) $00011101+01001100$

(5) $11100111+11011011$ (6) $11011101+01001011$

(7) $00110010+10000011$ (8) $01001101+00100110$

1.9 用 5 位二进制补码运算下列各式。(提示:所用补码的有效位数应足够表示代数和的最大绝对值,防止溢出)

(1) $6+13$ (2) $4+14$ (3) $13-8$ (4) $25-13$

(5) $7-10$ (6) $12-14$ (7) $-12-5$ (8) $-13-10$

1.10 用逻辑代数的基本公式和常用公式化简下列各式。

(1) $AC+\overline{A}D+\overline{C}D$ (2) $\overline{A}BC+(A+\overline{B})C$

(3) $(\overline{\overline{A}B}+C)ABD+AD$ (4) $\overline{E}\overline{F}+\overline{E}F+E\overline{F}+EF$

(5) $AB(A+\overline{B}C)$ (6) $A\overline{B}+AC+BC$

(7) $A\overline{B}(A+B)$ (8) $ABC+BD+A\overline{D}+1$

1.11 写出下列函数的对偶式。

(1) $\overline{AB} + A\overline{B}(AC + BD)$ (2) $\overline{(\overline{A}+B)(\overline{B}+C)} + (\overline{C}+D)(\overline{D}+\overline{A})$

(3) $\overline{(A+\overline{B})(B+D)} + \overline{ACD}$ (4) $A(B+\overline{D}) + (AC + BD)E$

1.12 求下列函数的反函数并化为最简与或形式。

(1) $(\overline{A}+B)\overline{\overline{C}} + D$ (2) $A\overline{B} + C + \overline{A}D$

(3) $\overline{\overline{A+B+C\overline{D}} + \overline{C+\overline{D}+A\overline{B}}}$ (4) $(A \oplus B)C + (B \oplus \overline{C})D$

1.13 写出如下真值表描述的逻辑函数表达式，并画出实现该逻辑函数的逻辑图。

A	B	C	F
0	0	0	1
0	0	1	1
0	1	0	0
0	1	1	0
1	0	0	1
1	0	1	1
1	1	0	0
1	1	1	1

1.14 用卡诺图化简法将下列函数化为最简与或形式。

(1) $Y = \overline{A}\overline{B} + AC + \overline{B}C$ (2) $Y = AB\overline{C} + \overline{A}BC + AB\overline{C}$

(3) $Y = ABC + \overline{A}B + \overline{B}C$ (4) $Y = A\overline{B}\overline{C} + AC + \overline{A}BC + \overline{B}C\overline{D}$

(5) $Y = \overline{A}B\overline{C} + AB\overline{C} + \overline{A}C\overline{D} + \overline{B}D$ (6) $Y(A,B,C) = \sum m(0,2,4,5,6)$

(7) $Y(A,B,C) = \sum m(0,1,2,3,5,7)$ (8) $Y(A,B,C) = \sum m(0,4,6)$

(9) $Y(A,B,C) = \sum m(0,1,2,3,4,5,8,10,11,12)$

(10) $Y(A,B,C) = \sum m(0,2,4,5,6,7,8,10,12,14,15)$

第2章 逻辑门电路

本章首先介绍如何利用电子技术手段来实现与、或、非这三种基本逻辑门以及相应的复合逻辑门与非、或非和异或门，将能够完成一定逻辑关系的门电路称为逻辑门电路;然后讨论CMOS 工艺组成的逻辑门电路的工作原理及门电路的电学性能，并对 CMOS 门电路和 TTL门电路之间的互相驱动方法加以阐述；最后阐述如何解决不同逻辑电平互相兼容的问题。

2.1 基本逻辑门逻辑

用以实现基本逻辑运算和复合逻辑运算的单元电路称为逻辑门电路，简称门电路。常用的门电路有与门、或门、非门、与非门、或非门、异或门等几种。其中，基本逻辑门主要包括与门、或门和非门。构成门电路的电子器件有半导体二极管、晶体管和场效应管。在数字电路中，这些电子器件大都工作在截止状态和饱和状态。随着半导体工艺的发展，目前广泛使用的门电路主要是由场效应管组成的互补金属氧化物半导体(Complemetary Metal Oxide Semiconductor，CMOS)门电路。

2.1.1 MOS 门电路

在半导体集成逻辑门电路中，除某些特殊应用场合采用双极型晶体管，大多数采用单极型晶体管，即场效应晶体管(FET)来构成门电路。场效应晶体管分为结型场效应晶体管和绝缘栅型场效应晶体管两种类型。目前应用最多的是绝缘栅型场效应晶体管，简称 MOS 管。MOS 管又可分为 N 沟道 MOS 管(NMOS 管)和 P 沟道 MOS 管(PMOS 管)。MOS 集成门电路是以 MOS 管作为开关器件，将具有一定逻辑功能的电路集成在一块芯片上构成的集成电路。它具有电压控制范围宽、功耗低、抗干扰能力强、电路简单、集成度高等优点。MOS 集成门电路主要包括 PMOS、NMOS 和 CMOS 三种门电路，而 CMOS 门电路是由 PMOS 管和 NMOS管按照互补对称的形式构成的门电路，故 CMOS 电路称为互补对称 MOS 电路。最常用的CMOS 门电路有 CMOS 反相器、CMOS 与非门、CMOS 或非门和 CMOS 异或门。

在集成逻辑门电路中，分别用高、低电平来表示 0 和 1 两种逻辑状态。如果用高电平表示逻辑 1，而用低电平表示逻辑 0，则称这种表示方法为正逻辑。反之，用低电平表示逻辑 1，用高电平表示逻辑 0，这种表示方法为负逻辑。本教材中一律采用正逻辑。获得高、低输出的逻辑电平可以利用 MOS 管能够导通和截止的特性来得到。

2.1.2 CMOS 反相器

1. 电路结构与工作原理

CMOS 反相器就是用 CMOS 管构成的非门电路，是构成各种 CMOS 门电路的基本单元电路，电路原理如图 2.1-1 所示。电路中 P 沟道增强型 MOS 管 TP 作为 N 沟道增强型 MOS管 TN 的有源负载，它们的漏极接在一起作为反相器的输出端 v_o，栅极接到一起作为反相器的输入端。CMOS 反相器采用正电源供电，P 沟道 MOS 管的源极接电源正极 V_{DD}，N 沟道 MOS 管源极接地，要求电源电压大于两个管子的开启电压绝对值之和

$$V_{DD} > V_{GS(th)N} + \left| V_{GS(th)P} \right| \tag{2.1-1}$$

式中，$V_{GS(th)N}$ 为 NMOS 管的开启电压，为正值；$V_{GS(th)P}$ 为 PMOS 管的开启电压，为负值。

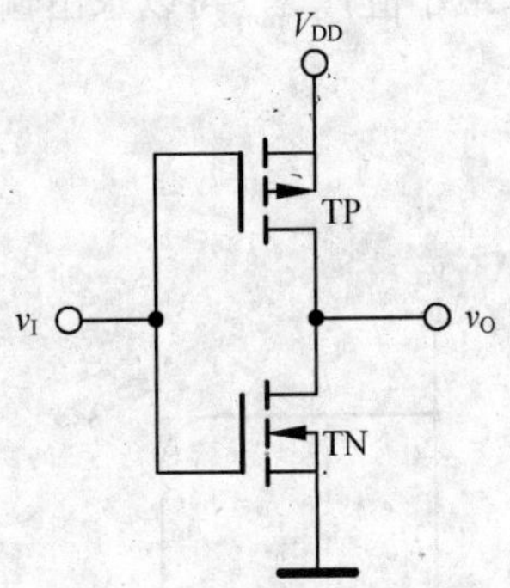

下面分析其工作原理：

(1) 当输入电源 v_I 为高电平时（$v_I = V_{IH} = V_{DD}$）时，TP 的栅源电压小于其开启电压绝对值 $\left| V_{GS(th)P} \right|$，而 TN 的栅源电压大于开启电压，所以 TN 导通，TP 截止，导通内阻（在 V_{GSN} 足够大时）可小于 1kΩ；截止管内阻高达 $10^8 \sim 10^9 \Omega$，因此反相器输出低电平 V_{OL}，$V_{OL} = 0$。

(2) 当输入电源 v_I 为低电平时（$v_I = V_{IL} = 0$）时，TP 的栅源电压绝对值大于其开启电压绝对值 $\left| V_{GS(th)P} \right|$，且 V_{GS} 为负值；而 TN 的栅源电压小于其开启电压，所以 TN 截止，TP 导通，故反相器输出高电平 V_{ON}，$V_{OL} = V_{DD}$。

图 2.1-1 CMOS 反相器原理图

由此可见，上述电路的 CMOS 反相器输入输出具有逻辑非的功能，因此也将反相器称为非门。此反相器的逻辑符号和真值表参见图 1.5-6 和表 1.5-3。

无论是高电平输入还是低电平输入，MOS 管 TN 和 TP 总有一个导通，另外一个截止，只有在两管转换瞬间，两管同时导通，而且同时导通时间极短，故 CMOS 反相器平均功耗极小。这也是 CMOS 逻辑门电路最显著的一大优点。

2. 电压传输特性

CMOS 反相器的电压传输特性是输入电压和输出电压的关系曲线，如图 2.1-2 所示。横坐标是输入电源 v_I，纵坐标是输出电压 v_O。$V_{DD} > V_{GS(th)N} + \left| V_{GS(th)P} \right|$，且 $V_{GS(th)N} = \left| V_{GS(th)P} \right|$，TN 和 TP 具有相同的导通内阻 R_{ON} 和截止内阻 R_{OFF}。

反相器工作在 AB 段时，$v_I < V_{GS(th)N}$，而 $\left| V_{GSP} \right| > \left| V_{GS(th)P} \right|$，故 TP 导通并工作在低内阻区，TN 截止，输出电压 $v_O = V_{OH} \approx V_{DD}$。

当反相器工作在 CD 段时，$v_I > V_{DD} - \left| V_{GS(th)P} \right|$，则 $\left| V_{GSP} \right| < \left| V_{GS(th)P} \right|$，故 TP 截止。而 $V_{GSN} > V_{GS(th)N}$，故 TN 导通，$v_O = V_{OL} \approx 0V$。

在 BC 段，$V_{GS(th)N} < v_I < V_{DD} - \left| V_{GS(th)P} \right|$，故 $V_{GSN} > V_{GS(th)N}$，$\left| V_{GSP} \right| > \left| V_{GS(th)P} \right|$，TN 和 TP 同时导通。设 TN 和 TP 参数完全对称，则当 $v_I = \frac{1}{2} V_{DD}$ 时两管的导通内阻相等，$v_O = \frac{1}{2} V_{DD}$，所以反相器的阈值电压为 $V_{TH} = \frac{1}{2} V_{DD}$。从图 2.1-2 中可以看出，CMOS 反相器电压传输特性曲线的转折区变化率很大，所以更接近于理想开关特性。

3. 输入噪声容限

从图 2.1-2 中可以看出，当输入电压从正常的低电平（$V_{OL} \approx 0$）逐渐升高时，输出的高电平不会立刻改变。同样，当输入电压从正常的高电平（$V_{OH} \approx V_{DD}$）逐渐降低时，输出的低电平

也不会立即改变。所以在保证输出高、低电平基本不变的条件下，允许输入信号的高、低电平的波动范围，称为输入端的噪声容限。

图 2.1-3 给出了噪声容限的计算方法。在实际应用中都是多个门电路互相连接组成系统，前一级门电路的输出接后一级门电路的输入，根据输出高电平的最小值 $V_{OH(min)}$ 和输入高电平的最小值 $V_{IH(min)}$ 可以求出输入为高电平时的噪声容限 V_{NH} 为

$$V_{NH} = V_{OH(min)} - V_{IH(min)} \tag{2.1-2}$$

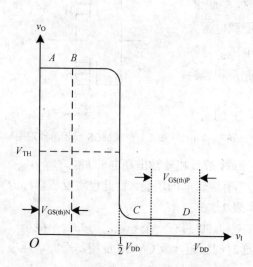

图 2.1-2 CMOS 反相器电压传输特性   图 2.1-3 CMOS 反相器输入噪声容限示意图

同理，根据输出低电平的最大值 $V_{OL(max)}$ 和输入低电平的最大值 $V_{IL(max)}$ 可以求得输入为低电平时的噪声容限 V_{NL} 为

$$V_{NL} = V_{IL(max)} - V_{OL(max)} \tag{2.1-3}$$

在 CMOS 数字系统中，由于 MOS 管为电压控制器件，基本不吸收电流。在输出的高、低电平变化小于限定的 $10\% V_{DD}$ 情况下，输入信号的高、低电平允许变化量大于 $30\% V_{DD}$，故 $V_{NL} = V_{NH} = 30\% V_{DD}$。由此可见，在 CMOS 电路中，适当的提高 V_{DD} 可以增大噪声容限。

2.2 与非门、或非门和异或门逻辑

2.2.1 与非门电路

将两个 PMOS 管 T3 和 T4 的源极和漏极分别并联，两个管 T1 和 T2 串联就构成了一个二输入 CMOS 与非门电路，如图 2.2-1 所示。其中，T1 和 T2 为驱动管，T3 和 T4 为负载管，输入端 A 和 B 分别连接到一个 NMOS 和一个 PMOS 管的栅极。从图 2.2-1 中可以看出，当输入端 A 和 B 只要有一个为低电平(逻辑 0)时，NMOS 管 T1 和 T2 均截止，而 PMOS 管 T3 和 T4 至少有一个导通，故输出端 Y 为高电平(逻辑 1)；只有当 A 和 B 全为高电平(逻辑 1)时，T1 和 T2 才全部导通，T3 和 T4 全部截止，故输出端 Y 为低电平(逻辑 0)。所以电路实现与非逻辑功能，是一个与非门电路，即 $Y = \overline{AB}$。与非门的逻辑图和真值表参见表 1.5-4 和表 1.5-5。

2.2.2　或非门电路

如图 2.2-2 所示，将两个 CMOS 反相器的开关管部分并联，负载管部分串联就构成了或非门电路。当输入端 A 和 B 有高电平(逻辑 1)时，相并联的 NMOS 管 T1 和 T2 至少有一个导通，相串联的 PMOS 管都截止，故输出端 Y 为低电平(逻辑 0)；当输入端 A 和 B 均为低电平(逻辑 0)时，NMOS 管 T1 和 T2 均截止，PMOS 管 T3 和 T4 均导通，故输出端 Y 为高电平(逻辑 1)。所以此电路实现或非逻辑功能，是一个或非门电路，即 $Y = \overline{A + B}$。或非门的逻辑符号和真值表参见表 1.5-4 和表 1.5-6。

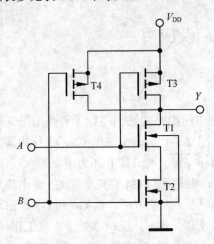

图 2.2-1　CMOS 与非门电路

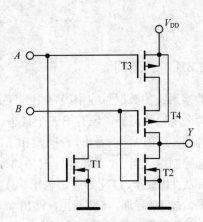

图 2.2-2　CMOS 或非门电路

2.2.3　异或门电路

图 2.2-3 所示为 CMOS 异或门电路，它由一级或非门和一级与或非门组成。或非门的输出 $X = \overline{A + B}$。而与或非门的输出 Y 即为输入 A、B 的异或：

$$Y = \overline{AB + X} = \overline{AB + \overline{A + B}} = \overline{AB + \overline{A}\,\overline{B}} = A \oplus B$$

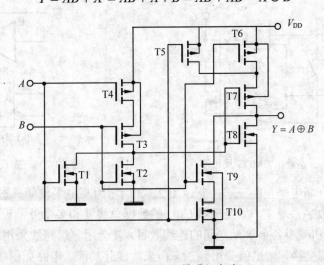

图 2.2-3　CMOS 异或门电路

其具体工作原理如下：当输入端 A 和 B 同时为低电平时，根据 2.2.2 小节内容可知 X 是 A

和 B 的或非，即 X 为高电平，故 T8 导通，而 T5、T6、T7、T9、T10 均截止，因此输出端 Y 为低电平；当 A 和 B 同时为高电平时，X 为低电平，故 T9 和 T10 导通，而 T5、T6、T7、T8 均截止，因此输出端 Y 仍为低电平；当 A 和 B 其中有一个为高电平，另外一个为低电平时，则 X 是低电平，故 T5 和 T6 有一个导通，一个截止，T7 导通，T8、T9 和 T10 均截止，所以输出端 Y 为高电平。综上所述，当输入端 A 和 B 相同（同时为高电平或者同时为低电平）时，输出端为低电平，而当输入端 A 和 B 不同时，输出端为高电平，因此 Y 为 A 和 B 的异或，即 $Y = A \oplus B$。如果在异或门的后面增加一级反相器就构成异或非门，也叫做同或门。异或门和同或门的逻辑符号参见表 1.5-4，异或门和同或门的真值表参见表 1.5-8 和表 1.5-9。

2.3 三态门、OD 门及应用

2.3.1 三态门

数字系统的数据总线中经常用到三态门电路，三态门电路的输出端除了有高电平、低电平这两个逻辑状态外，还有第三个状态——高阻态。图 2.3-1 是三态输出 CMOS 反相器的电路结构图，从图中可以看出，三态反相器的输入端有 A 和 $\overline{EN}$ 两个，其中 A 为逻辑输入端，$\overline{EN}$ 为三态控制端。当 $\overline{EN}$ 为低电平时，如果 A 为高电平，则与非门 G4 和或非门 G5 输出均为高电平，故 TP 截止，TN 导通，输出端 Y 为低电平；如果 A 为低电平，则 G4 和 G5 输出均为低电平，故 TP 导通，TN 截止，输出端 Y 为高电平。所以，$Y = \overline{A}$ 反相器处于正常工作状态。而当 $\overline{EN}$ 为高电平时，无论输入端 A 是高电平还是低电平，G4 输出高电平，而 G5 输出低电平，TP 和 TN 均处于截止状态，输出呈现高阻态。图 2.3-2 是三态反相器的逻辑符号，$\overline{EN}$ 输入端的小圆圈代表低电平有效，即当 $\overline{EN}$ 为低电平时，电路处于正常工作状态，输出端的小圆圈表示正常工作是输出 Y 和输入 A 是反相的关系。如果 $\overline{EN}$ 端没有圆圈，则表示 $\overline{EN}$ 为高电平时，电路处于正常工作状态，而当输出端 Y 处没有小圆圈时，表示正常工作时 Y 与 A 逻辑状态相同。表 2.3-1 是 CMOS 三态反相器的真值表。

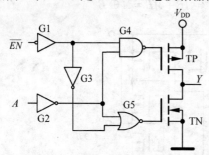

图 2.3-1 三态输出 CMOS 反相器

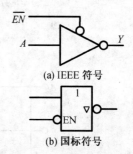

(a) IEEE 符号

(b) 国标符号

图 2.3-2 三态反相器逻辑符号

实际应用中还有高电平使能三态控制，图 2.3-3 所示为高电平使能三态反相器电路符号。

在比较复杂的数字系统中，如处理器 CPU 的数据总线要和多个外围设备连接时，为了节约 CPU 的管脚资源和减少各个单元之间的连线数目，就会用一组总线采用分时复用的方式来和多个外设进行数据交换，这里就要用到三态门来实现此功能。电路如图 2.3-4 所示，图中的 G1、G2、…、Gn 均为高电平使能三态门。

表 2.3-1 CMOS 三态反相器真值表

$\overline{EN}$	A	Y
1	×	高阻态
0	0	1
0	1	0

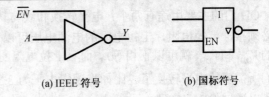

(a) IEEE 符号 (b) 国标符号

图 2.3-3 高电平使能三态反相器逻辑符号

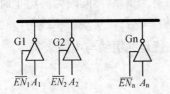

图 2.3-4 总线结构三态门反相器

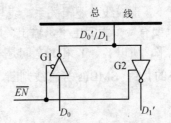

图 2.3-5 双向传输数据总线结构三态门反相器

只要工作过程中控制各个三态门的 $\overline{EN}$ 控制端轮流为 1（有效），就可以通过反相器轮流的将不同外围设备的数据传到数据总线上，并且保证互不干扰。这种连接方式称为总线结构。

如图 2.3-5 所示，三态门的这种连接方式可以实现数据的双向传输，从图中可以看出，当 $\overline{EN}$ 为高电平时，G1 工作而 G2 处于高阻态，电路内部的数据 D_0 经过 G1 传到数据总线；当 $\overline{EN}$ 为低电平时，G1 处于高阻态而 G2 工作，来自总线上的数据经过 G2 传输到电路中，从而实现数据的双向传输。

2.3.2 OD 门

上面介绍的 CMOS 门电路的输出级都是推挽结构输出。推挽输出电路是指两个参数相同类型不同（一个 PMOS 和一个 NMOS）的 MOS 三极管，源漏极串联在电源和地之间，电路工作时，两只对称的功率开关管每次只有一个导通，所以导通损耗小效率高。输出既可以向负载灌电流，也可以从负载抽取电流。如果把上面的 PMOS 三极管去掉，就形成漏极开路形式的电路，简称开漏输出（Open Drain）门，即 OD 门。开漏输出的与非门电路和逻辑符号如图 2.3-6 所示，OD 门工作时必须将输出端经外接上拉电阻接到电源上。

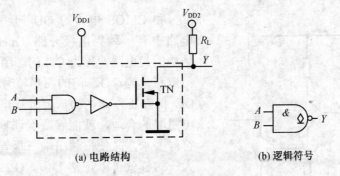

(a) 电路结构 (b) 逻辑符号

图 2.3-6 开漏输出的与非门

设 NMOS 管 TN 的导通电阻和截止电阻分别为 R_{ON} 和 R_{OFF}，只要选择上拉电阻 R_L 满足 $R_{ON} \ll R_L \ll R_{OFF}$，就可以使得 TN 导通时输出正确的低电平 $v_O = V_{OL} \approx 0$，TN 截止时输出正确的高电平 $v_O = V_{OH} \approx V_{DD2}$。

OD 门的主要用途有两个：电平转换和线与功能。由于 OD 门漏极开路，工作时漏极开路端必须接一上拉电阻，上拉电阻的电源电压可以和前级逻辑电路的电源电压不同（如图 2.3-6 中的 V_{DD1} 和 V_{DD2} 就可以不相等），而且上拉电阻的电源电压决定输出端电平，这样就可以进行我们所需要的电平转换了。比如将逻辑电平为 3.3V 数字系统驱动逻辑电平为 5V 的数字系统就可以通过 OD 门实现。

将多个开漏输出的引脚连接到一条线上，通过一只上拉电阻接到电源上，在不增加任何器件的情况下，形成线与逻辑关系。线与的接法和逻辑符号如图 2.3-7 所示。当 OD 门的输出端 Y_1 和 Y_2 只要有一个为低电平，输出 Y 即为低电平，只有当 Y_1 和 Y_2 同时为高电平时，输出端 Y 才为高电平，所以 Y_1、Y_2 和 Y 之间是与逻辑关系，即 $Y = Y_1 Y_2$，实现了"线与"功能。某些数字系统中的 I^2C，SMBus 等总线判断、总线占用状态就是利用线与电路来实现。

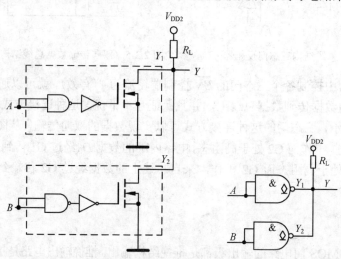

图 2.3-7　OD 门线与接法

OD 门和推挽输出 CMOS 电路相比，优点是具有电平转换和线与的功能。但是当 OD 门接容性负载时，下降延是芯片内的晶体管是有源驱动，速度较快，而上升延是无源的外接电阻，速度慢。如果要求速度高电阻选择要小，则功耗会大。所以负载电阻的选择要兼顾功耗和速度。

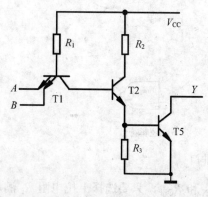

图 2.3-8　集电极开路输出 TTL 与非门电路

和 CMOS 电路的 OD 门结构类似，在 TTL 电路中有一种集电极开路（Open Collector）输出结构的门电路，称为 OC 门。图 2.3-8 给出了 OC 门电路结构，OC 门的图形符号与 OD 门相同。OC 门在工作时同样需要外接电阻和电源。只要电阻取的合适，就能够既保证输出的高、低电平符号要求，又使得输出端三极管的负载电流不过大，这样就可以正常工作。OC 门的使用方法和前面讲的 OD 门使用方法类似。利用 OC 门同样能接成线与结构，以及实现输出与输入之间的电平转换功能。

2.4 集成电路逻辑门

2.4.1 逻辑门的基本结构与工作原理

第 2.1～2.3 节介绍了各种逻辑门电路的组成和工作原理。而在实际的 CMOS 数字逻辑门芯片中，输入级还要加入输入保护电路。这是由于 CMOS 电路的栅极和衬底之间有一层 SiO_2 绝缘层，其厚度大约 $0.1\mu m$，称为栅氧化层。栅氧化层的击穿电压为 $100～200V$，其直流电阻却高达 $10^{12}\Omega$，所以当栅极存有少量的电荷时，便可在栅极上产生很高的电压，很可能造成栅氧化层永久性击穿。为了保护栅氧化层不被击穿，必须在 CMOS 电路输入端加保护电路，如图 2.4-1 所示，图中 D1 和 D2 都是双极型二极管，其正向导通压降大约为 1V，反向击穿电压约为 30V。电阻 R 通常取 $1～3k\Omega$。C1 和 C2 是 TP 和 TN 等栅极等效电容。由于二极管的电压钳位作用，当输入端的正的尖峰电压脉冲超过 V_{DD} 时，二极管 D1 导通，把 CMOS 电路的输入端电压钳位在 $V_{DD}+1V$ 以下；当输入端的负脉冲小于 0V 时，二极管 D2 导通，把 CMOS 电路输入端电压钳位在 1V 以上。最终使得 CMOS 电路在突然出现很高正负尖峰脉冲作用时不易发生损坏。

另外，在实际的 CMOS 逻辑门电路中还要带有输入和输出缓冲级，不带缓冲级的与非门和或非门等电路存在着以下缺点。

1. 输出电阻 R_O 受输入状态的影响

如图 2.2-1 所示的 CMOS 与非门电路，设所有 MOS 管的导通电阻为 R_{ON}，截止电阻为 R_{OFF}，由前面分析可知：当输入端 A 和 B 有一个为低电平时，T3 和 T4 有一个导通，输出电阻 $R_O=R_{ON}$；当输入端 A、B 均为低电平时，T3 和 T4 同时导通，输出电阻 $R_O=1/2R_{ON}$；当输入端 A 和 B 全为高电平时，T3 和 T4 截止，而 T1 和 T2 同时导通，输出电阻 $R_O=2R_{ON}$。因此可见，不同的输入状态影响其输出电阻，对于图 2.2-3 所示的或非门也有这种特点。

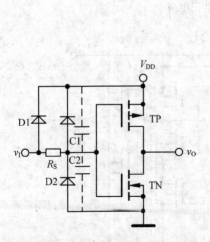

图 2.4-1 CMOS 反相器输入保护电路

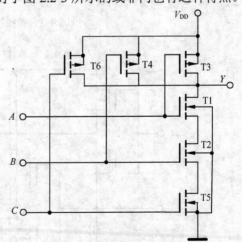

图 2.4-2 3 输入与非门电路

2. 输出的高、低电平受输入端数目的影响

如果要实现多于两个输入端的与非门，比如 3 输入与非门，就要在图 2.2-1 所示的 2 输入

与非门电路中与 NMOS 管 T1 和 T2 再串联一个 NMOS 管 T5，与 PMOS 管 T3 和 T4 再并联一个 PMOS 管 T6，如图 2.4-2 所示。此时的与非门比原来增加一个输入端，当输出端为低电平时，输出电阻就由原来的 $R_O = 2R_{ON}$ 变为 $R_O = 3R_{ON}$，可见 NMOS 管串联越多，输出电阻越大，输出低电平越高；当输出为高电平时，输出电阻由原来的 $R_O = 1/2R_{ON}$ 变为 $R_O = 1/2R_{ON}$，可见 PMOS 管并联越多，输出电阻越小，输出的高电平越高。

为了克服上述结构门电路的输出电阻 R_{ON} 和输出高、低电平受输入状态和个数的影响，目前生产的 CMOS 门电路如 CC4000 系列和 74HC 系列，均采用带缓冲级的电路结构。具体电路就是在基本逻辑门电路基础上，在每个输入端和输出端各增加一级反相器，带缓冲级的与非门和或非门电路如图 2.4-3 和图 2.4-4 所示。

这些带缓冲级的门电路的输出电阻仅取决于最后反相器的开关状态，而不受输入状态的影响，输出的高低电平也不会受输入端个数的影响。但是根据公式 $\overline{\overline{AB}} = \overline{A} + \overline{B}$ 和 $\overline{\overline{A} + \overline{B}} = \overline{AB}$ 可知，原来的与非逻辑门加上输入和输出缓冲级后变成或非门，而原来的或非门变成与非门。

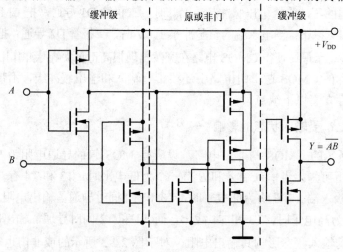

图 2.4-3　带缓冲级的与非门电路

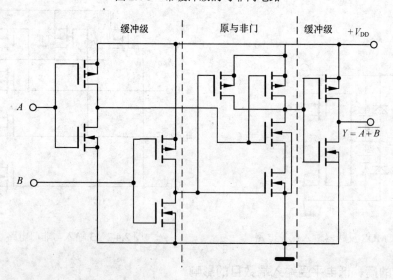

图 2.4-4　带缓冲级或非门电路

2.4.2　数字逻辑电平

前面讲过用高电平代表逻辑 1，用低电平代表逻辑 0 称为正逻辑，本书均使用正逻辑。但是电压值究竟在哪个范围表示逻辑 1，在哪个范围表示逻辑 0 呢？这就需要知道数字逻辑电平标准。现在常用的逻辑电平标准有 TTL（Transistor-Transistor Logic）电平、CMOS 电平、LVTTL 电平、LVCMOS 电平、ECL 电平、PECL 电平、RS232 电平、RS485 电平等。下面介绍一下几种最常用的数字逻辑电平标准。首先介绍几个重要的逻辑电平参数：

V_{CC} 双极型晶体管数字芯片电源供电电压；

V_{DD} MOS 管数字芯片电源供电电压；

V_{IL} 输入低电平；

V_{IH} 输入高电平；

V_{OL} 输出低电平；

V_{OH} 输出高电平。

数字逻辑电平标准就是规定数字系统内部各个数字器件输入输出的正确的高、低电平值的上面四个参数的取值范围。

1．TTL 电平

TTL 电平是双极型晶体管组成的门电路的逻辑电平。

$V_{CC} = 5V$，$V_{OH} \geq 2.4V$，$V_{OL} \leq 0.5V$，$V_{IH} \geq 2V$，$V_{IL} \leq 0.8V$。

由于 2.4V 和 5V 之间有很大的空闲空间，对改善噪声容限并没有好处，为了降低功耗和提高速度，又产生了 LVTTL 电平。

2．3.3V LVTTL（Low Voltage TTL）电平

$V_{CC} = 3.3V$，$V_{OH} \geq 2.4V$，$V_{OL} \leq 0.4V$，$V_{IH} \geq 2V$，$V_{IL} \leq 0.8V$。

3．2.5V LVTTL 电平

$V_{CC} = 2.5V$，$V_{OH} \geq 2.0V$，$V_{OL} \leq 0.2V$，$V_{IH} \geq 1.7V$，$V_{IL} \leq 0.7V$。

4．CMOS 电平

CMOS 电平是由 NMOS 和 PMOS 管组成门电路的逻辑电平。与 TTL 相比，CMOS 有更大的噪声容限，电压范围宽，输入电阻远大于 TTL 输入电阻。

$V_{DD} = 5V$，$V_{OH} \geq 4.45V$，$V_{OL} \leq 0.5V$，$V_{IH} \geq 3.5V$，$V_{IL} \leq 1.5V$。

5．3.3V LVCMOS（Low Voltage CMOS）电平

$V_{DD} = 3.3V$，$V_{OH} \geq 3.2V$，$V_{OL} \leq 0.1V$，$V_{IH} \geq 2.0V$，$V_{IL} \leq 0.7V$。

6．2.5V LVCMOS 电平

$V_{DD} = 2.5V$，$V_{OH} \geq 2V$，$V_{OL} \leq 0.1V$，$V_{IH} \geq 1.7V$，$V_{IL} \leq 0.7V$。

正 5V 逻辑电平是以前用得最多的一种逻辑电平，随着集成电路工艺技术的发展，要求实现更高的速度和更低的功耗，在数字产品中目前用得较多的是 3.3V LVTTL 电平。比 2.5V 更低的数字逻辑电平主要用在处理器内部，如 1.8V 逻辑电平和 1.2V 逻辑电平。

2.4.3 典型逻辑门集成电路器件及性能参数

要想正确地使用数字逻辑芯片，除了要了解其电源电压和输入输出逻辑电平范围之外，还需掌握集成逻辑门器件的各种电器性能参数。下面逐一介绍集成逻辑门器件的主要性能参数。

由于实际的数字集成逻辑门器件都是带有缓冲级的逻辑门电路，其输入和输出的缓冲级都是 CMOS 反相器，所以只要理解 CMOS 反相器的输入输出电性能参数，就可以知道其他各种门电路的电性能参数。

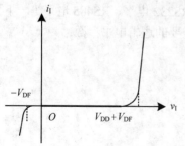

图 2.4-5　CMOS 反相器输入特性曲线

1. CMOS 反相器的输入特性

CMOD 反相器的输入特性是指输入电压和输入电流之间的关系。特性曲线如图 2.4-5 所示，可以根据图 2.4-1 所示的电路来分析此曲线。在正常工作范围内，即 $-V_{DF} \leqslant v_I \leqslant V_{DD} + V_{DF}$，输入电流 i_I 近似为 0。当 $v_I > V_{DD} + V_{DF}$ 时，保护二极管 D1 导通，电流 i_I 迅速增大，流向 V_{DD}；当 $-V_{DF} > v_I$ 时，保护二极管 D2 导通，电流 i_I 随着 v_I 的绝对值增大而迅速增大，流向输入端。

2. CMOS 反相器的输出特性

1）低电平输出特性

CMOS 反相器的低电平输出特性是指输出低电平时，输出电压和输出电流之间的关系。其等效电路和输出特性曲线如图 2.4-6 和图 2.4-7 所示。当输入电压 v_I 为高电平时，负载管截止，驱动管 TN 导通，负载电流 I_{OL} 经过负载灌入输入管 TN。由图 2.4-6 可知，低电平输出特性曲线 V_{OL} 和 I_{OL} 的关系和 NMOS 管的输出特性曲线一样，如图 2.4-7 所示。其输出电阻的大小取决于输入电压 v_I，输入电压 v_I 越大，输出电阻越小，反相器带负载能力越强。

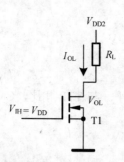

图 2.4-6　CMOS 反相器输出低电平等效电路

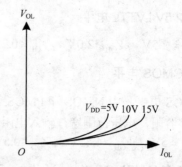

图 2.4-7　CMOS 反相器低电平输出特性

2）高电平输出特性

CMOS 反相器的高电平输出特性是指输出高电平时，输出电压和输出电流之间的关系。其等效电路和输出特性曲线如图 2.4-8 和图 2.4-9 所示。当输入电压 v_I 为低电平时，驱动管截止，负载管 TP 导通，负载电流 I_{OH} 经过 TP 流入负载 R_L。根据电路图 2.4-8 可以看出，通过 PMOS 管的输出特性曲线（I_{OH} 和 V_{DS} 之间关系）图 2.4-9 实线部分，就可以得到高电平输出特性（I_{OH} 和 $V_{DD} - V_{DS}$ 之间关系）曲线，即图 2.4-9 虚线部分。由曲线可知，当 $|v_{GSP}|$ 越大，MOS 管 TP 的导通电阻越小，负载电流的增加使 V_{OH} 的下降越小，反相器带负载能力越大。

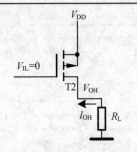

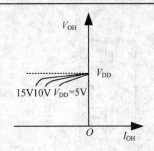

图 2.4-8　CMOS 反相器输出高电平等效电路　　　图 2.4-9　CMOS 反相器高电平输出特性

3. CMOS 反相器的电源特性

1）静态功率损耗

从图 2.4-1 可知，由于 CMOS 反相器静态时只有一个管子导通，所以其静态功耗非常小。但是输入端有二极管保护电路，这些二极管的漏电流构成了静态电源电流的主要成分。但是其静态电流也是只有几个微安的电流，所以通常 CMOS 反相器的静态功耗可以忽略不计。

2）动态功率损耗

CMOS 反相器的主要功率损耗是动态功耗，即 CMOS 反相器从一种稳定状态突然转变到另一种稳定状态过程中产生的功耗。动态功耗的主要部分是在状态转换过程中 NMOS 管和 PMOS 管同时导通的瞬间产生的功耗 P_T

$$P_T = V_{DD} I_{TAV} \tag{2.4-1}$$

式中，I_{TAV} 为 NMOS 管和 PMOS 管同时导通的平均电流。

另一部分动态功耗是对输出端的负载电容 C_L 充放电所产生的功耗 P_C

$$P_C = C_L f V_{DD}^2 \tag{2.4-2}$$

式中，f 是输入信号的重复频率。由式（2.4-2）可知，CMOS 反相器的动态功耗远大于静态功耗，尤其是随着输入信号频率升高，动态功耗随之增大。

4. CMOS 反相器的传输延迟时间 t_{PHL}、t_{PLH}

由于 CMOS 反相器内部的 MOS 管的电极之间存在寄生电容，反相器的负载也有负载电容，根据 RC 电路对交流信号具有移相的作用可知，当输入信号发生跳变时，输出信号（电容两端）一定滞后于输入信号的变化。我们把输出电压变化落后于输入电压变化的时间称为传输延迟时间，将输出电压由高电平跳变到低电平的传输延迟时间记为 t_{PHL}，把输出电压由低电平跳变到高电平的传输延迟时间记为 t_{PLH}。在 CMOS 电路中，用输出电压最多幅度的 1/2 和输入电压最大幅度的 1/2 两点间的时间间隔来定义 t_{PLH} 和 t_{PHL}，如图 2.4-10 所示。一般 t_{PLH} 和 t_{PHL} 相等，所以经常用平均传输延迟时间 t_{Pd} 来表示 t_{PLH} 和 t_{PHL}。平均传输延迟时间反映 CMOS 反相器的速度，在设计应用选用器件时必须参考这个参数。

5. CMOS 集成电路和 TTL 集成电路的分类

1）CMOS 集成电路的分类

由于微电子技术的不断发展，促使 CMOS 制造工艺水平不断改进，CMOS 电路各方面的性能也得到了迅速提高。按照其性能指标的逐步提升，使 CMOS 集成电路产生出不同的系列。

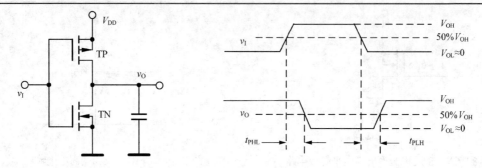

图 2.4-10　CMOS 反相器传输延迟时间

（1）标准型 4000 系列。标准型 4000 系列是最早投放市场的 CMOS 集成电路，与美国 Motorola 公司的 MC14000B 系列和 MC14500B 系列产品完全兼容。该系列产品的最大特点是工作电源电压范围宽（3～18V）、功耗小、速度较低（传输延时可达 100ns），带负载能力差，输出负载电流只有 0.5mA。目前，该系列已经被 HC/HCT 系列产品所取代。

（2）74HC/HCT 系列。74HC（High-Speed CMOS）系列和 74HCT（High-Speed CMOS,TTL Compatible）系列是高速 CMOS 标准逻辑电路系列，具有与 74LS 系列同等的工作度和 CMOS 集成电路固有的低功耗及电源电压范围宽等特点。74HC×××是 74LS×××同序号的翻版，型号最后几位数字相同，表示电路的逻辑功能、管脚排列完全兼容。由于在制造工艺上采用了硅栅自对准工艺并缩短了 MOS 管沟道长度等措施，74HC/HCT 系列产品传输延迟时间缩短到 10ns，是 4000 系列的十分之一，带负载能力也提高到 4mA 左右。74HC 系列和 74HCT 系列的区别主要是工作电压范围和输入信号电平要求，74HC 系列工作电源电压范围是 2～6V，不能与 TTL 门电路混用，而 74HCT 系列与 TTL 门电路完全兼容，可以混合使用。

（3）74AHC/AHCT 系列。74AHC（Advanced High-Speed CMOS）系列又称改进高速 CMOS 集成电路系列。该系列与 74HC/HCT 系列完全兼容，而且较 74HC 系列工作速度提高一倍，带负载能力也提高近一倍。74AHCT 系列与 74AHC 系列性能相同，并且和 TTL 门电路兼容。

（4）74LVC/ALVC 系列。74LVC 系列是 TI 公司推出的低压 CMOS（Low Voltage CMOS）逻辑系列。74LVC 系列不仅能在 1.65～3.3V 的低电压下工作，传输延迟时间也缩短到 3.8ns，负载驱动电流提高到 24mA。74ALVC（Advanced Low-Voltage CMOS）系列比 74LVC 系列在速度上又有所提高，其他方面的性能也有所改进，是目前性能最好的 CMOS 逻辑门集成电路系列。表 2.4-1 给出了不同系列 CMOS 反相器的主要性能参数。

表 2.4-1　不同系列 CMOS 反相器主要性能参数

参数名称和符号	74HC04	74HCT04	74AHC04	74AHCT04	74LVC04	74ALVC04
电源电压范围 $V_{IL(max)}$/V	2	1.8	2.8	3.8	4.8	5.8
输入高电平最小值 $V_{IH(min)}$/V	3.15	2	3.15	2	2	2
输入低电平最大值 $V_{IL(max)}$/V	1.35	0.8	1.35	0.8	0.8	0.8
输出高电平最小值 $V_{OH(min)}$/V	4.4	4.4	4.4	4.4	2.2	2
输出低电平最大值 $V_{OL(max)}$/V	0.33	0.33	0.44	0.44	0.55	0.55
高电平输出电流最大值 $I_{OH(max)}$/mA	−4	−4	−8	−8	−24	−24
低电平输出电流最大值 $I_{OL(max)}$/mA	4	4	8	8	24	24
高电平输入电流最大值 $I_{IH(max)}$/μA	0.1	0.1	0.1	0.1	5	5
低电平输入电流最大值 $V_{IL(max)}$/mA	−0.1	−0.1	−0.1	−0.1	−5	−5
平均传输延迟时间 t_{pd}/ns	9	14	5.3	5.5	3.8	2
输入电容最大值 C_I/pF	10	10	10	10	5	3.5
功耗电容 C_{pd}/pF	20	20	12	14	8	27.5

2) TTL 集成电路的分类

TTL 集成电路内部输入级和输出级都是晶体管结构，属于双极型数字集成电路。其主要系列有：

（1）74H 系列属于高速 TTL 产品，其"与非门"的平均传输延迟时间达 10ns 左右，但电路的静态功耗较大。目前，该系列产品使用越来越少，逐渐被淘汰。

（2）74S 系列是 TTL 的高速型肖特基系列。在该系列中采用了抗饱和肖特基二极管，速度较高，但品种较少。

（3）74LS 系列（Low-Power Schottky TTL）是当前 TTL 类型中的主要产品系列。该系列功耗仅为 74H 系列的十分之一，品种和生产厂家都非常多，性价比较高，目前在中小规模电路中应用非常普遍。

（4）74ALS 系列（Advanced Low-Power Schottky TTL）是"先进的低功耗肖特基"系列，属于 74LS 系列的后继产品，平均传输延迟时间为 4ns、功耗约为 1mW，其延迟–功耗积是 TTL 电路所有系列中最小的一种。

（5）74AS 系列是 74S 系列的后继产品，其速度（平均传输延迟时间典型值为 1.5ns）有显著的提高，又称"先进超高速肖特基"系列。

（6）74F 系列（Fast TTL）在速度和功耗上介于 74AS 和 74ALS 之间，为设计人员提供一种速度和功耗折中的一种选择。表 2.4-2 给出了不同系列 TTL 两输入与非门的性能参数。

表 2.4-2　不同系列 TTL 两输入与非门性能参数

参数名称和符号	系　　列					
	74	74S	74LS	74AS	74ALS	74F
输入低电平最大值 $V_{IL(max)}$/V	0.8	0.8	0.8	0.8	0.8	0.8
输入低电平最大值 $V_{IL(max)}$/V	0.4	0.5	0.5	0.5	0.5	0.5
输入高电平最小值 $V_{IH(min)}$/V	2.0	2.0	2.0	2.0	2.0	2.0
输出高电平最小值 $V_{OH(min)}$/V	2.4	2.7	2.7	2.7	2.7	2.7
低电平输入电流最大值 $V_{IL(max)}$/mA	−1.0	−2.0	−0.4	−0.5	−0.2	−0.6
低电平输出电流最大值 $I_{OL(max)}$/mA	16	20	8	20	8	20
高电平输入电流最大值 $I_{IH(max)}$/μA	40	50	20	20	20	20
高电平输出电流最大值 $I_{OH(max)}$/mA	−0.4	−1.0	−0.4	−2.0	−0.4	−1
传输延迟时间 t_{pd}/ns	9	3	9.5	1.7	4	3
每个门的功耗/mW	10	19	2	8	1.2	4
延迟–功耗积 pd/pJ	90	57	19	13.6	4.8	12

2.5　逻辑电平接口转换及负载能力设计

2.5.1　逻辑门之间相互驱动的条件

1. 不同逻辑电平转换方法

在同一个数字系统中，有时不同的模块使用不同的逻辑电平。当不同逻辑电平的模块之间进行连接时，就需要进行电平转换，电路才能正常工作。一般的高速数字信号处理器利用

2.5 V 逻辑电平或者更低(如 1.8V),当处理器把运算结果送到外围设备时,外设通常使用 3.3 V 逻辑电平,此时就会产生如何利用 2.5V 逻辑电平系统驱动 3.3V 逻辑电平系统的问题。当需要转换的接口线比较多时,可以采用 CPLD 完成逻辑电平转换的功能;如果电路比较简单(如转换 1 根信号线),可以采取 2.3 节讲到的利用 OC 门或者 OD 门的方法。

2. 扇入数与扇出数

门电路的扇入数为此门电路输入端的个数。例如,一个 4 输入或非门,其扇入数 $N_I = 4$。

门电路的扇出数是指其在正常工作情况下,所能带动同类门电路的最大数目。计算扇出数时要考虑两种情况:一种情况是指负载电流从驱动门流向外电路,称为拉电流负载;另外一种情况是负载电流从外电路流入驱动门,称为灌电流负载,如图 2.5-1 所示。

1)拉电流负载

如图 2.5-1(a)所示为拉电流负载情况,图中 G1 为驱动门,G2 和 G3 为负载门。当驱动门 G1 的输出端为高电平时,将有电流 I_{OH} 从驱动门拉出而流入负载门,负载门的输入电流为 I_{IH}。当负载门的个数增加时,总的拉电流增加,导致输出的高电平降低。但不能低于输出高电平的下限值 $V_{OH(min)}$,这样就限制了负载门的个数。因此,输出为高电平时的扇出数可表示如下:

$$N_{OH} = \frac{I_{OH}(驱动门)}{I_{IH}(负载门)} \tag{2.5-1}$$

根据式(2.5-1)可以求出拉电流负载时,最大驱动门的个数 n。

2)灌电流负载

如图 2.5-1(b)所示为灌电流负载情况。当驱动门 G1 的输出端为低电平时,将有电流 I_{OL} 从负载流入驱动门,它是所有负载门输入端电流 I_{IL} 之和。当负载门的个数增加时,总的灌电流 I_{OL} 增加,同时会引起驱动门输出端低电压的升高。但不能低于输出低电平的上限值 $V_{OL(max)}$,这样也限制了负载门的个数。因此,输出为低电平时的扇出数可表示如下:

$$N_{OL} = \frac{I_{OL}(驱动门)}{I_{IL}(负载门)} \tag{2.5-2}$$

根据式(2.5-2)可以求出灌电流负载时,最大驱动门的个数 m。

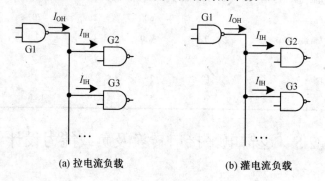

(a) 拉电流负载　　　　(b) 灌电流负载

图 2.5-1　拉电流与灌电流

在实际的数字系统中,逻辑门之间互相驱动的问题主要考虑上面介绍的两个条件。现总结如下:

(1)驱动门电路的输出逻辑电平满足负载门电路输入逻辑电平的要求(如果不满足时需要电平转换)。

(2) 驱动门在输出高、低电平时的驱动电流大于所有负载门电路拉电流和灌电流。即

$$V_{OH(min)} \geq V_{IH(min)} \tag{2.5-3}$$

$$V_{OL(max)} \leq V_{IL(max)} \tag{2.5-4}$$

$$|I_{OH(max)}| \geq nI_{IH(max)} \tag{2.5-5}$$

$$I_{OL(max)} \leq m|I_{IL(max)}| \tag{2.5-6}$$

式中，m 和 n 分别为负载电流中 I_{IL} 和 I_{IH} 的个数。

2.5.2　TTL 逻辑门与 CMOS 逻辑门接口

具有相同的逻辑电平标准，但是逻辑门的类型不同，也需要考虑接口的问题。最常见的就是 TTL 门电路和 CMOS 门电路的互相驱动问题。当 TTL 电路和 CMOS 电路并存时，只需满足上面提到的接口转换原则，即式(2.5-3)～式(2.5-6)所描述的逻辑电平条件和驱动电流条件。

1. TTL 电路驱动 CMOS 电路

首先考虑驱动电流条件，根据表 2.4-2 和表 2.4-1 可知，TTL 逻辑门电路的高电平最多输出电流都大于 0.4mA，低电平最大吸收电流都大于 8mA，而 CMOS 逻辑门电路的高低电平输入电流都在 1μA 以下，所以用任何一种 TTL 电路驱动 CMOS 电路都可以满足在 m 和 n 大于 1 的情况下式(2.4-1)和式(2.4-2)。并且根据式(2.4-1)和式(2.4-2)可以求出 m 和 n 的最大允许值。

然后考虑逻辑电平条件，从表 2.4-1 和表 2.4-2 可知，CMOS 电路 74HCT 和 74AHCT 系列与 TTL 门电路完全兼容，满足式(2.5-3)～式(2.5-6)。因此，在设计电路时可以将 TTL 电路的输出端直接接到 74HCT 和 74AHCT 系列电路的输入端。

当用 TTL 电路驱动 74HC 和 74AHC 系列电路时，TTL 电路的 $V_{OL(max)}$ 均低于 74HC 和 74AHC 系列的 $V_{IL(max)}$，所以满足式(2.5-4)的要求，但是 TTL 系列的 $V_{OH(min)}$ 均低于 74HC 和 74AHC 系列的 $V_{IH(min)}$，因此达不到式(2.5-3)的要求。为了使 TTL 的 $V_{OH(min)}$ 高于 HC 和 AHC 系列的 $V_{IH(min)}$，通常采用将 TTL 的输出端接上拉电阻的方法来提高其 $V_{OH(min)}$，使其大于 CMOS 的 $V_{IH(min)}$，电路如图 2.5-2 所示。只要选择合适的 R_U，就可以使 TTL 的输出高电平提高至 CMOS 的供电电压 V_{DD}，从而达到式(2.5-3)的要求。

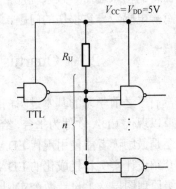

图 2.5-2　用接入上拉电阻提高
TTL 电路输出的高电平

2. CMOS 电路驱动 TTL 电路

从表 2.4-1 和表 2.4-2 可知，74HC/74HCT 系列的 $I_{OH(max)}$ 和 $I_{OL(max)}$ 为 4mA，而 74AHC/74AHCT 系列的 $I_{OH(max)}$ 和 $I_{OL(max)}$ 均为 8mA。而所有 TTL 系列的 $I_{IH(max)}$ 和 $I_{IL(max)}$ 都小于 2mA，所以用 74HC/74HCT 系列和 74AHC/74AHCT 系列的 CMOS 电路驱动任何系列的 TTL 电路，都能在一定数目的 m、n 范围内满足式(2.5-5)和式(2.5-6)的要求，所以满足驱动电流条件。同时也可以看出用 74HC/74HCT 系列和 74AHC/74AHCT 系列的 CMOS 电路驱动任何系列的 TTL 电路都满足式(2.5-3)和式(2.5-4)的逻辑电平的要求。综上所述，可以用 CMOS 电路直接驱动所有系列的 TTL 电路。

2.6　逻辑门电路的抗干扰措施

在利用 TTL 或 CMOS 逻辑门电路作具体的设计时，除了能够正确地实现其逻辑功能外，还应当对实际逻辑芯片采取一定的抗干扰措施。

1. 多余输入端的处理措施

集成逻辑门电路在使用时，一般不让多余的输入端悬空，尤其对于 CMOS 逻辑门，以防止干扰信号引入。对多余输入端的处理在不改变电路工作状态的条件下，对于 TTL 与非门，将多余的输入端通过上拉电阻($1\sim 5k\Omega$)接电源正极，或者将一个反相器的输入端接地，把反相器输出端的高电平接到多余的输入端。对于 CMOS 逻辑门电路，多余输入端可根据需要(在不改变原始逻辑功能的前提下)使之接地或者接电源正极 V_{DD}。

2. 电源滤波

数字电子系统往往由多片逻辑门电路构成，它们由一公共的直流电源供电。由于电源一般是由整流稳压电路供电，因此具有一定的内阻抗。为了保证电路的稳定性，供电电源的质量一定要好。在电源的引线端并联大的滤波电容，如 $10\sim 100\mu F$ 的电解电容或者钽电容，以避免由于电源通断的瞬间产生冲击电压。而且，要在每个集成芯片的电源和地之间接一个 $0.1\mu F$ 的电容器以滤除高频开关噪声，更要注意不要将电源的极性接反，否则将会损坏器件。

3. 接地和安装工艺

在设计印刷线路板时，应避免引线过长，以防止窜扰和对信号传输延迟。此外要把电源线设计的宽些，地线要进行大面积接地，这样可减少接地噪声干扰。正确的接地技术对于降低电路噪声是很重要的。在这方面可将电源地与信号地分开，先将信号地汇集在一点，然后将二者用最短的导线连在一起，以避免将含有多种脉冲波形(含尖峰电流)的大电流引到某数字器件的输入端而导致系统正常的逻辑功能失效。此外，CMOS 器件在使用和储藏过程中要注意静电感应导致损伤的问题，静电屏蔽是常用的比较有效的防护措施。

2.7　Quartus II 的原理图 EDA 设计环境及实例

有了之前学习的基本逻辑门之后，读者就可以付诸实践——去完成一些简单的逻辑设计。本节以现代 EDA 软件为平台，给出两个设计实例。虽然这两个实例可以用传统的方法去设计，但还是鼓励读者能使用现代 EDA 技术手段去实践，这样才能紧跟技术发展的最新水平。首先，会介绍设计实例和集成化的 EDA 软件 Quartus II 及其使用方法，然后，利用这款软件在逻辑门级原理图层次上设计两个实例，并在软件里进行时序和功能的仿真。

提示: 本书使用的 Quartus II 版本为 9.1，如果采用更高版本的 Quartus II 软件可能导致某些案例无法完成。读者可以在 Altera 公司的网站获取免费的试用版软件，其下载网址如下:

http://download.Altera.com/akdlm/software/Quartus2/91/91_Quartus_windows.exe

由于学时的限制，本书并不能对 Quartus II 软件进行详尽的讲解，建议读者参考该软件的使用手册，下载网址如下:

http://www.Altera.com.cn/literAture/hb/qts/Quartusii_handbook.pdf

如果你是一名在校的学生，更可以获取大学计划所支持的免费软件使用许可，申请网址如下：

http://www.Altera.com.cn/education/univ/enroll_form/unv-license_request.jsp

2.7.1 设计任务介绍及原理分析

【例2.7-1】 飞机起落架状态监测电路。

作为飞机功能监测系统的一部分，需要一个电路来指示着陆之前起落架的状态。准备着陆时将"放慢速度"开关激活，如果所有的三个起落架都正确展开的话，绿色LED显示就会点亮。如果着陆之前有任何一个起落架没有正确展开，红色LED显示就会点亮。当起落架展开时，它的传感器就会产生低电压。当起落架收回时，传感器就会产生高电压。用PLD实现一个电路来满足这个需求。

分析：只有在"放慢速度"开关被激活时，电力才会供给PLD逻辑电路。如图2.7-1所示，图中虚线框内的逻辑电路即需要在PLD内实现的逻辑功能。一个非与门用以检测三个起落架传感器的低电压。当所有三个门的输入都是低电压，也就是这三个起落架都被正确展开时，那么来自非与门的结果高电压输出就会打开绿色LED显示。另一个或非门执行或运算，用以检测当"放慢速度"被激活时，是否有一个或者多个起落架仍然处于收回状态。当一个或者多个起落架仍然处于收回状态时，来自传感器的高电压就会被或非门检测到，从而产生一个低电压输出来打开红色LED警告显示。

提示：当用PLD来驱动诸如LED之类的电流型负载时，可以参阅生产商的数据表以找到合适的驱动电路。普通的芯片逻辑门可能不能处理诸如某些LED之类的负载所需的电流，而具有缓冲输出的逻辑电路，如集电极开路(OC)或者漏极开路(OD)输出，可以在某种程度上提高逻辑电路的驱动能力。典型芯片逻辑门的输出电流能力限制在μA级或者相对较低的mA级范围内。例如，本案采用的Altera公司PLD的输入输出端口可以处理达到25mA的电流，直接满足大多数LED所需的在10～20mA的电流。

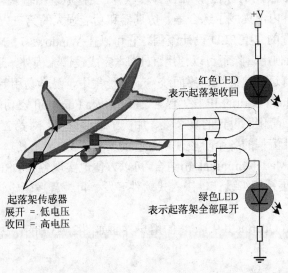

图2.7-1 飞机起落架状态监测电路

【例2.7-2】 化工厂储存罐液位监测电路。

在一个化工厂中，一种液体化学物质被应用在加工生产过程中。这种化学物质储存在三个不同的储罐中，当储罐中化学物质的液位降低至某个特定点时，液位传感器产生一个高电压。设计一个电路用以监测每个储罐中的化学物质液位，并指示任意两个储罐中的液位降低至特定点以下。

分析：图 2.7-2 中所示的与或电路具有来自储罐 A、B、C 传感器的输入，与门 G1 监测储罐 A 和 B 中的液位，与门 G2 监测储罐 A 和 C，与门 G3 监测储罐 B 和 C。当任意两个储罐中的化学物质液位过低时，某个与门额两个输入就会同时具有高电压电位，从而使得它的输出也是高电压，所以来自或门的输出 X 也是高电压。这个高电压输出随后被应用于激活诸如灯泡或者音频报警之类的指示器。

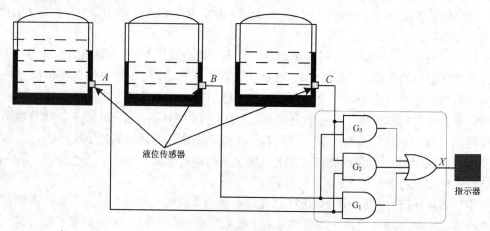

图 2.7-2　化工厂储存罐液位监测电路

2.7.2　Quartus II 简介及用户界面

Quartus II 是 Altera 公司的综合性 PLD 开发软件，支持原理图输入、VHDL 和 Verilog HDL 等多种设计输入形式，内部集成了综合器、仿真器和功能强大的第三方 EDA 工具，可以完成从设计输入到硬件配置的完整 PLD 设计流程。它可以在 Windows 7、Windows XP、Linux 以及 Unix 等操作系统上使用，除了可以使用 Tcl 脚本完成设计流程外，还提供了完善的用户图形界面设计方式，具有运行速度快、界面统一、功能集中、易学易用等特点。

Quartus II 支持 Altera 公司的 IP 核，包含 LPM/Mega Function 宏功能模块库，使用户可以充分利用成熟的模块，简化了设计的复杂性、加快了设计速度。对第三方 EDA 工具的良好支持也使用户可以在设计流程的各个阶段使用熟悉的第三方 EDA 工具。 此外，Quartus II 通过和 DSP Builder 工具与 Matlab/Simulink 相结合，可以方便地实现各种 DSP 应用系统；支持 Altera 公司的 SOPC 开发，集系统级设计、嵌入式软件开发、可编程逻辑设计于一体，是一种综合性的开发平台。

本节介绍的版本是 Quartus II 9.1，它的用户界面如图 2.7-3 所示，从图中可以看出共有以下几个子栏目。

1. Project Navigator 栏

即工程导航栏，包括三个可以切换的标签：Hierarchy 标签用于层次显示，提供逻辑单元、寄存器、存储器使用等信息；File 和 Design Units 标签提供工程文件和设计单元的列表。

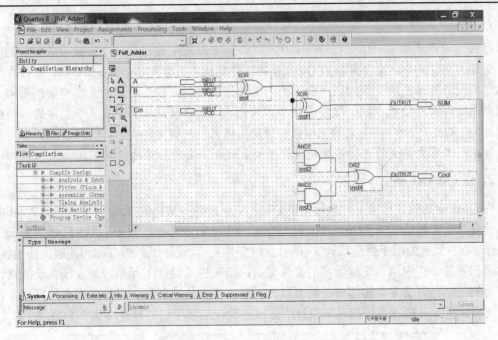

图 2.7-3　Quartus II 9.1 软件用户界面

2. 工作区

在工作区里，设计者可以完成设计输入(包括原理图和 HDL 输入)、时序分析、功能仿真、RTL 级电路查看、资源分配、引脚分配和编程配置等操作。

3. Tasks 栏

即任务栏，用于显示设计中各个任务环节的进度。

4. Messages 栏

即消息栏，实时提供系统消息、警告、错误、进程等消息。

提示：Quartus II 10.0 及以上版本取消了以往自带的波形仿真工具 Simulator，因为第三方仿真工具 ModelSim(由 Mentor 公司出品，业界最优秀的 HDL 仿真工具)的功能较前者更强大，Altera 公司决定放弃开发者很少使用的 Simulator。ModelSim 只支持描述语言仿真，这样，作为没有 HDL 语言基础的初学者是无法利用 Quartus II 10.0 及以上版本完成本节任务的。当然，如果读者具有一定的 HDL 语言基础，就推荐使用 ModelSim-Altera 进行仿真，这是实际工作中应用最多的工具。

2.7.3　原理图编辑输入

用 Quartus II 的原理图输入设计法进行数字系统设计时，不需要任何硬件描述语言知识，在具有数字逻辑电路基本知识的基础上，就能使用 Quartus II 提供的 EDA 平台，设计数字电路或系统。在 Quartus II 平台上，使用图形编辑输入法设计电路的操作流程包括设计输入、编译、仿真、编程下载、硬件测试等基本过程。

下面就介绍用图形编辑输入法进行 2.7.1 小节中提到的第一个实例——飞机起落架监测电路，首先需要做两项准备工作：建立工作库文件夹和建立设计工程。

1. 建立工作库

任何一项设计都是一项工程（Project），都必须先为此工程建立一个放置与之相关的所有设计文件的文件夹，此文件夹将被 Quartus II 软件默认为工作库（Work Library），工作库与软件自带的元器件库的地位相同。一般，不同的设计工程最好放在不同的文件夹中，而同一工程的所有文件都必须放在同一文件夹内。本实例在 D 盘根目录下建立一个文件夹，路径为 D:\Landing_Gear_Test，接下来的工程名和顶层实体名也与该文件夹名称保持一致。

注意：工程文件夹的名称不要使用汉字，最好也不要使用单纯的数字。

2. 建立设计工程

在 Quartus II 软件环境下，执行菜单 File > New Project Wizard 命令，弹出如图 2.7-4 所示的新建设计工程对话框的 "New Project Wizard: Directory, Name, TOP-Level Entity [page 1 of 5]" 对话框。此页面用于登记设计文件的地址（文件夹）、设计工程的名称和顶层文件实体名。在对话框的第一栏中填入工程所在的文件夹名；第二栏是设计工程名，需要填入新的设计工程名；第三栏是顶层文件实体名，需要填入顶层文件实体的名称。设计工程名和顶层文件实体名可以相同，一般在多层次系统设计中，以与设计工程同名的设计实体作为顶层文件名。

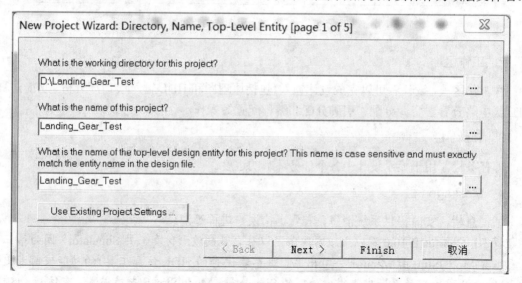

图 2.7-4 工程建立向导第 1 页面：路径、名称和顶层文件实体

用鼠标左键点击新建设计工程对话框第 1 页面下方的 "Next" 按钮，进入如图 2.7-5 所示的新建工程对话框第 2 页面。第 2 页面用于增加设计文件，包括顶层设计文件和其他底层设计文件。如果顶层设计文件和其他底层设计文件已经包含在工程文件夹中，则在此页面中将这些设计文件增加到新建工程中。

用鼠标左键点击新建设计工程对话框第 2 页面下方的 "Next" 按钮，进入如图 2.7-6 所示的新建工程对话框第 3 页面。第 3 页面用于设置编程下载的目标芯片的类型与型号。在编译设计文件前，应先选择下载的目标芯片，否则系统将以默认的目标芯片为基础完成设计文件的编译。目标芯片选择应根据支持硬件开发和验证的开发板或试验开发系统上提供的 PLD 来决定。本例选择 MAX II 系列器件来示范，目标器件（Target Device）区域选项选择由适配器自动选择合适的器件（Auto Device Selected by Fitter）。

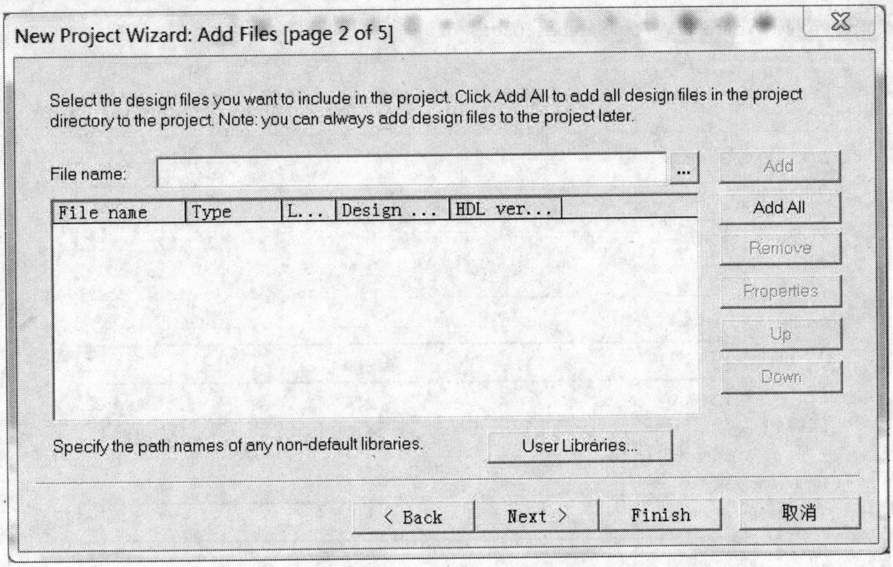

New Project Wizard: Add Files [page 2 of 5]

Select the design files you want to include in the project. Click Add All to add all design files in the project directory to the project. Note: you can always add design files to the project later.

File name: [   ] [...]   Add

File name	Type	L...	Design ...	HDL ver...

Add All
Remove
Properties
Up
Down

Specify the path names of any non-default libraries.   User Libraries...

< Back   Next >   Finish   取消

图 2.7-5 工程建立向导第 2 页面：添加文件

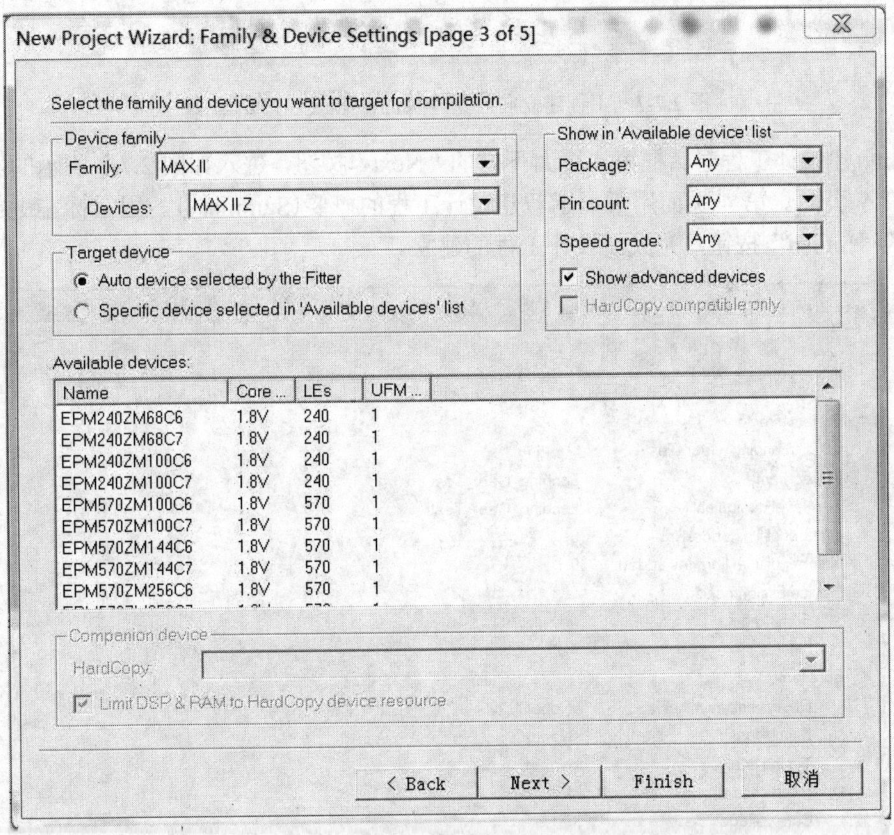

New Project Wizard: Family & Device Settings [page 3 of 5]

Select the family and device you want to target for compilation.

Device family
Family: MAX II
Devices: MAX II Z

Target device
◉ Auto device selected by the Fitter
○ Specific device selected in 'Available devices' list

Show in 'Available device' list
Package: Any
Pin count: Any
Speed grade: Any
☑ Show advanced devices
☐ HardCopy compatible only

Available devices:

Name	Core ...	LEs	UFM ...
EPM240ZM68C6	1.8V	240	1
EPM240ZM68C7	1.8V	240	1
EPM240ZM100C6	1.8V	240	1
EPM240ZM100C7	1.8V	240	1
EPM570ZM100C6	1.8V	570	1
EPM570ZM100C7	1.8V	570	1
EPM570ZM144C6	1.8V	570	1
EPM570ZM144C7	1.8V	570	1
EPM570ZM256C6	1.8V	570	1

Companion device
HardCopy:
☑ Limit DSP & RAM to HardCopy device resource

< Back   Next >   Finish   取消

图 2.7-6 工程建立向导第 3 页面：器件系列和型号选择

　　用鼠标左键点击新建设计工程对话框第 3 页面下方的"Next"按钮，进入如图 2.7-7 所示的新建工程对话框第 4 页面。第 4 页面用于设置第三方 EDA 工具软件的使用，一般情况下可以设置为"不使用"（在第三方工具软件选择框不出现"√"）。

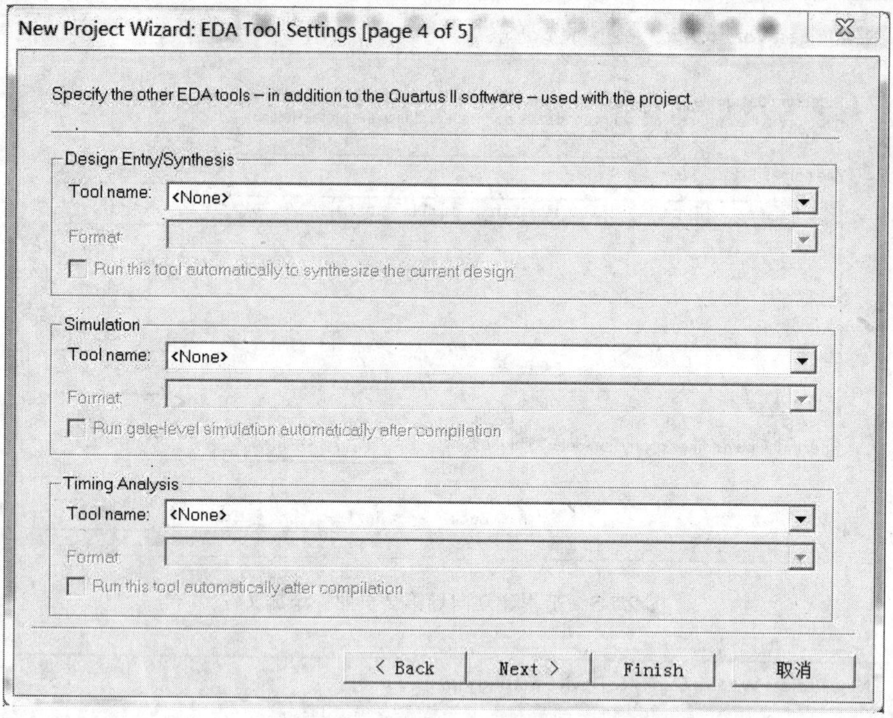

New Project Wizard: EDA Tool Settings [page 4 of 5]

Specify the other EDA tools – in addition to the Quartus II software – used with the project.

Design Entry/Synthesis

Tool name: <None>

Format:

☐ Run this tool automatically to synthesize the current design

Simulation

Tool name: <None>

Format:

☐ Run gate-level simulation automatically after compilation

Timing Analysis

Tool name: <None>

Format:

☐ Run this tool automatically after compilation

< Back   Next >   Finish   取消

图 2.7-7   工程建立向导第 4 页面：第三方 EDA 工具

单击新建设计工程对话框第 4 页面下方的 "Next" 按钮，进入如图 2.7-8 所示的新建工程对话框第 5 页面。第 4 页面用于显示新建设计工程的概要（Summary）。用鼠标左键点击此页面下方的 "Finish" 按钮，完成新设计工程的建立。

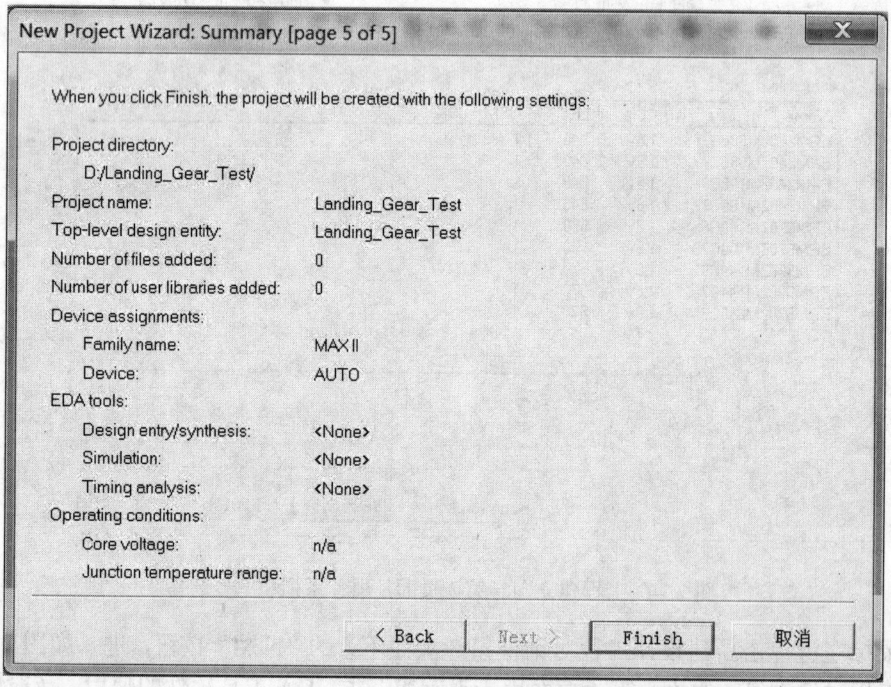

New Project Wizard: Summary [page 5 of 5]

When you click Finish, the project will be created with the following settings:

Project directory:
    D:/Landing_Gear_Test/
Project name: Landing_Gear_Test
Top-level design entity: Landing_Gear_Test
Number of files added: 0
Number of user libraries added: 0
Device assignments:
    Family name: MAX II
    Device: AUTO
EDA tools:
    Design entry/synthesis: <None>
    Simulation: <None>
    Timing analysis: <None>
Operating conditions:
    Core voltage: n/a
    Junction temperature range: n/a

< Back   Next >   Finish   取消

图 2.7-8   工程建立向导第 5 页面：概要

新的工程建立后，便可进行电路系统设计。在 Quartus II 集成环境下，执行"File>New…"命令，弹出如图 2.7-9 所示的新建文件类型选择对话框，单击选择"Block Diagram/Schematic File"类型后用鼠标左键点击"OK"按钮，进入 Quartus II 图形编辑方式的窗口界面。

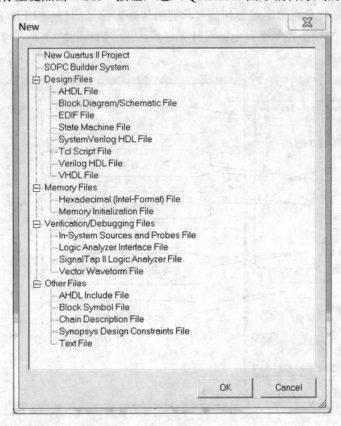

图 2.7-9　新建文件类型选择对话框

双击原理图编辑窗中的任何一个位置，将弹出一个如图 2.7-10 所示的元件选择窗。或者在编辑窗点击鼠标右键，在弹出的选择对话框，选择"Insert"的"Symbol as Block…"项，也可以弹出元件选择窗。在元件选择窗中，Quartus II 列出了存放在\Quartus\Libraries 文件夹中的各种元件库。其中，Megafuctions 是参数可设置的宏功能元件库；Others 是 MAX+plus II（Quartus II 的前身）老式宏函数库，包括加法器、编码器、译码器、计数器、移位寄存器等 74 系列器件；Primitives 是基本元件库，包括缓冲器和基本逻辑门，如门电路、触发器、电源、输入、输出等。

在元件选择窗口的符号库"Libraries"栏目中，用鼠标选择基本逻辑元件库（Primitives）文件夹中的逻辑库（Logic）后，该库的基本元件的元件名将出现在"Libraries"栏目中，如 And2（2 输入端的与门）、xor（异或门）、vcc（电源）、input（输入）、output（输出）等。在元件选择窗"Name"栏目内直接输入元件名，或者在"Libraries"栏目中，用鼠标左键点击元件名，可得到相应的元件符号。元件选中后点击"OK"键，选中的元件符号将出现在原理图编辑窗口中。

在本节实例的设计中，用上述方法将电路设计需要的元件调入图形编辑框中，包括一个 3 输入或非门（元件名称 nor3）、一个反向 3 输入与门（元件名称 band3）以及输入（Input）、输出

（Output）元件符号，根据分析的原理图，用鼠标完成电路内部的连接以及与输入、输出元件的连接，并将相应的输入元件符号名分别别更改为"LG_L"、"LG_R"和"LG_F"，把输出元件的名称分别更改为"LED_R"和"LED_G"，如图 2.7-11 所示。其中，"LG_L"、"LG_R"和"LG_F"分别是来自左翼、右翼和前起落架的传感器信号端口，"LED_R"和"LED_G"是红色/绿色 LED 的输出控制端。电路设计完成后，用"Landing_Gear_Test.bdf"将文件名保存在工程目录中。

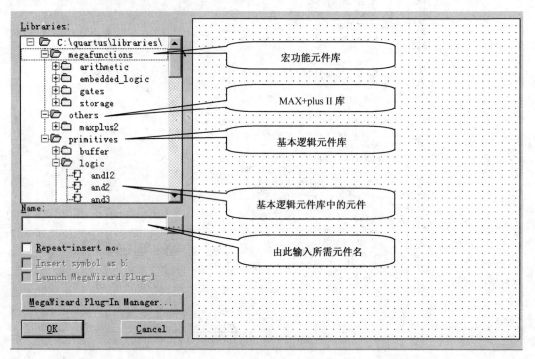

图 2.7-10　元件选择窗

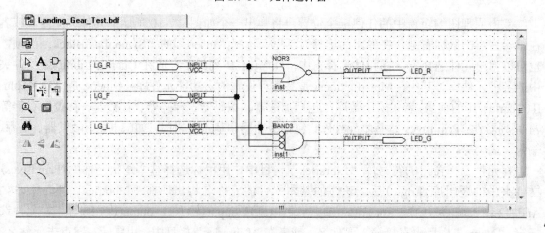

图 2.7-11　原理图编辑

2.7.4　编译

执行 Quartus II 主窗口"Processing"菜单的"Start Compilation"命令，或者在主窗口上直接用鼠标左键点击"开始编译"命令按钮，开始对 Landing_Gear_Test.bdf 文件进行编译。

编译工具的编译进程在任务栏显示，如图 2.7-12 所示，编译过程包括分析与综合 (Analysis & Synthesis)、适配器 (Fitter)、组译器 (Assembler) 和时序分析 (Timing Analyzer) 四个环节。

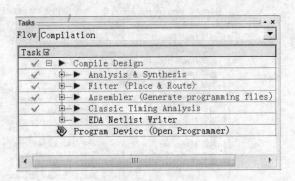

图 2.7-12　编译进程指示

1．分析与综合

在编译过程中，首先对设计文件进行分析和检查，如检查原理图的信号线有无漏接、信号有无双重来源、文本输入文件中有无语法错误等，如果设计文件存在错误，则报告出错信息并标出错误的位置，供设计者修改。如果设计文件不存在错误，接着进行综合。通过综合完成设计逻辑到器件资源的技术映射。

2．适配器

适配是编译的第二个环节，只有在分析与综合成功完成之后才能进行。在适配过程中，完成设计逻辑在器件中的布局和布线、选择适当的内部互连路径、引脚分配、逻辑元件分配等操作。

3．组译器

成功完成适配之后，才能进入组译器环节。在组译过程中，软件将组合语言程序翻译成机器码 (Machine Code)，除此之外它还必须给编程器提供所需要的信息，以及给编程者提供参考报表，最终会产生多种形式的器件编程映像文件，如可以通过 Master Blaster 或 Byte Blaster 电缆将设计逻辑下载到目标芯片中的编程文件。对 CPLD 来说，是产生熔丝图文件，即 JEDEC 文件 (电子器件工程联合会制定的标准格式，简称 JED 文件)；对于 FPGA 来说，是生成位流数据文件 (Bit-stream Generation，BG)。

4．时序分析

成功完成适配之后，设计编译还要进入时序分析环节。在时序分析中，计算给定设计与器件上的延时，完成设计分析的时序分析和所有逻辑的性能分析。

当编译完成后，在工作区自动弹出如图 2.7-13 所示的编译结果概要报告框，报告工程文件编译的相关信息，如下载目标芯片的型号名称、占用目标芯片中逻辑元件 (Logic Elements，LE) 的数目、占用芯片的引脚数目等。

2.7.5　时序功能仿真

本实例利用 Quartus II 9.0 自带的 Simulator 进行仿真，一般需要经过建立波形文件、输入信号节点、设置波形参量、编辑输入信号、波形文件存盘、运行仿真器、分析仿真波形等过程。仿真的目的是为了让设计出来的电路尽可能地其错误的状态，以便设计者分析并更正，避免电路在实际工作环境中造成失误。

1．建立波形文件

执行 "File>New…" 菜单命令，在弹出编辑文件类型对话框中选择 "Verification/Debugging Files" 中的 "Vector Waveform File" 方式后按 "OK" 按钮，进入 Quartus II 波形编辑方式，弹出如图 2.7-14 所示的新建波形文件编辑窗口界面。

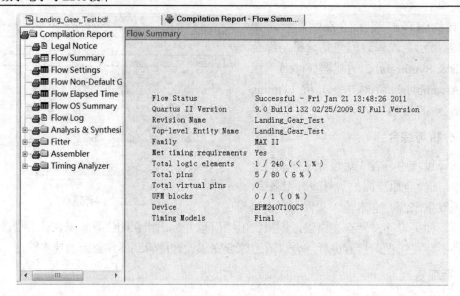

图 2.7-13 编译结果概要报告框

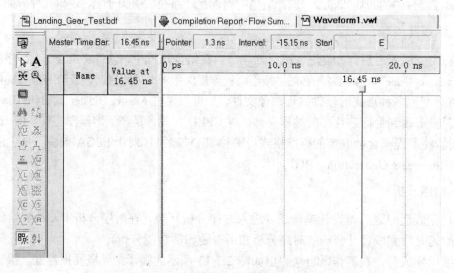

图 2.7-14 新建波形文件编辑窗口界面

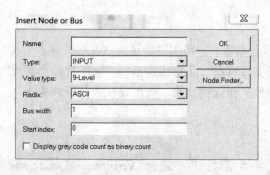

图 2.7-15 插入节点或总线对话框

2. 输入信号节点

在波形编辑方式下，执行 "Edit>Insert Node or Bus…" 菜单命令，或在波形文件编辑窗口的 "Name" 栏中点击鼠标右键，在弹出的快捷菜单中选择 "Insert Node or Bus…" 命令，弹出如图 2.7-15 所示的插入节点或总线(Insert Node or Bus…)对话框。在 "Insert Node or Bus" 对话窗口中首先点击 "Node Finder…" 键，弹出如图 2.7-16 所示的节点查找器(Node Finder)对话框。

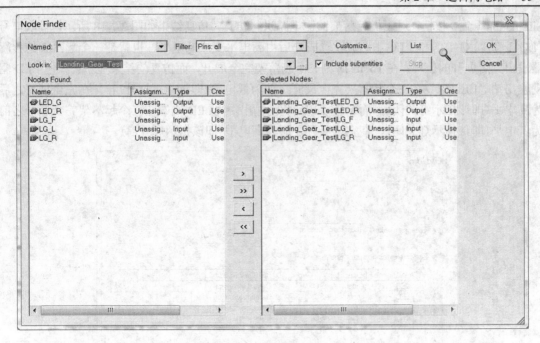

图 2.7-16　节点查找器对话框

在"Node Finder"对话框的"Filter"栏中，用鼠标左键选择"Pins:all"项后，再点击"List"按钮，这时在窗口左边的"Nodes Found:"（节点建立）框中将列出该设计工程的全部信号节点。若在仿真中需要观察全部信号的波形，则点击窗口中间的">>"按钮；若在仿真中只需要观察部分信号的波形，则首先用鼠标左键将信号名点黑选中，然后点击窗口中间的">"按钮，选中的信号即进入到窗口右边的"Selected Nodes:"（被选择的节点）框中。如果需要删除"Selected Nodes:"框中的节点信号，也可以用鼠标将其选中，然后点击窗口中间的"<"按钮。节点信号选择完毕后，点击"OK"按钮即可。在本例设计中，选择全部信号即可。

3．设置波形参量

Quartus II 默认的仿真时间域是 1μs，如果需要更长时间观察仿真结果，可执行"Edit"命令菜单中的"End Time…"选项，在弹出的如图 2.7-17 所示的"End Time"（设置仿真时间域）对话框中，输入适当的仿真时间域（如 10μs）后，点击"OK"按钮完成设置。

4．编辑输入信号

按照仿真的需要，利用工具栏中的相关工具按钮为输入信号"LG_L"、"LG_R"和"LG_F"编辑输入测试波形。

5．波形文件存盘

执行"File>Save As…"菜单命令，在弹出的"Save As"对话框中用鼠标左键点击"OK"按钮，完成波形文件的存盘。在波形文件存盘操中，系统自动将波形文件名设置得与设计文件名同名，但文件类型是.vwf。

6．运行仿真器

执行"Processing>Start Simulation"菜单命令，或用鼠标左键点击主工具栏中"Start

Simulation"命令按钮，对飞机起落架监测电路进行仿真，仿真结果如图 2.7-18 所示。输入信号"LG_L"、"LG_R"和"LG_F"被设置成先后由高电平变成低电平，也就是三个起落架的传感器发出先后展开的信号，在 160ns 时刻三个起落架完全展开，而仿真的结果显示：红色 LED 驱动输出端"LED_R"在三个起落架完全展开之前为低电平(即该指示灯开启)，在完全展开之后为高电平(即该指示灯关闭)；而绿色 LED 驱动输出端"LED_G"在三个起落架完全展开之前为低电平(即该指示灯关闭)，在完全展开之后为高电平(即该指示灯开启)。

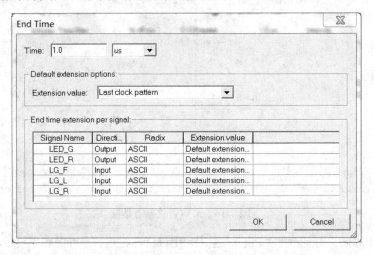

图 2.7-17　设置仿真时间域对话框

经仿真分析得出结论：所设计的电路功能满足了任务需求。

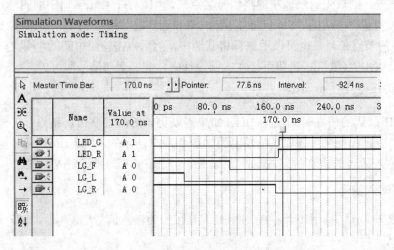

图 2.7-18　仿真结果

实际上，如果最终要在 PLD 芯片上实现这个实例，还需要进行引脚分配、编程下载、在系统测试等操作，这些要求读者具备相关知识、系统电路板和专用下载电缆，本书的后续章节会陆续出现这些内容。现在，读者可以试着独立完成本章的习题与思考题和第二个实例——化工厂储存罐液位监测电路，或者试着解决一些现实生活中遇到的简单数字设计问题，以掌握 Quartus II 软件的原理图设计方法。本书第 3 章和第 4 章所涉及的数字电路也可以用此方法来验证学习。

习题与思考题

2.1　试画出题 2.1(a)逻辑图中各逻辑门电路输出端的波形，输入端 A、B 的电压波形如题 2.1(b)波形图所示。

2.2　试分析题 2.2 图中各 CMOS 电路的逻辑功能。

2.3　用三个漏极开路与非门 74HC03 和一个 TTL 与非门 74LS00 实现如题 2.3 图所示的电路，假设 CMOS 截止漏电流为 $I_{OZ} = 5\mu A$，试计算外接负载电路 R_L 的取值范围 $R_{L(min)}$ 和 $R_{L(max)}$。

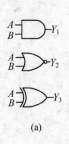

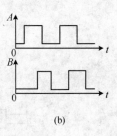

(a)　　　　　　　　(b)

题 2.1 图

2.4　题 2.4 图中，G1、G2 是两个集电极开路与非门，接成线与形式，每个门在输出低电平时允许灌入的最大电流为 $I_{OL(max)} = 13mA$，输出高电平时的输出电流 $I_{OH} < 25\mu A$。G3、G4、G5、G6 是四个 TTL 与非门，它们的输入低电平电流 $I_{IL} = 1.6mA$，输入高电平电流 $I_{IH} < 50\mu A$，$V_{CC} = 5V$。试计算外接负载电路 R_L 的取值范围 $R_{L(min)}$ 和 $R_{L(max)}$。

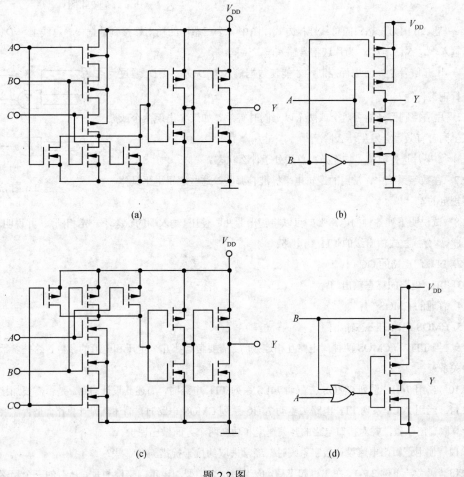

(a)　　　　　　　　(b)

(c)　　　　　　　　(d)

题 2.2 图

2.5　某一 74 系列与非门输出低电平时，最大允许的灌电流 $I_{OL(max)} = 16mA$，输出高电平时最大允许拉

电流 $I_{OH(max)} = 400\mu A$，测得其输入低电平电流为 $I_{IL} = 0.8mA$，输入高电平电流 $I_{IH} = 1.5\mu A$，试问：若不考虑余量，此与非门的扇出是多少？

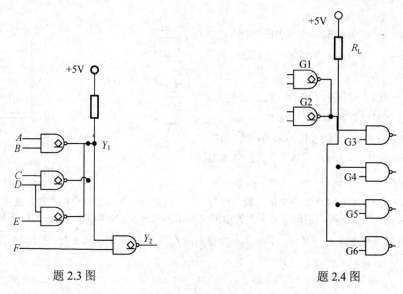

题 2.3 图   题 2.4 图

2.6　题 2.6 图为三态门的总线连接方式，图中 n 个三态门的输出端接到数据传输总线上，$D_1, D_2, \cdots, D_n$ 为数据输入端，$S_1, S_2, \cdots, S_n$ 为片选信号输入端。试问：

（1）片选信号 S 如何进行控制，才能使数据输入端 $D_1, D_2, \cdots, D_n$ 通过总线进行正常传输？

（2）片选控制信号能否两个或两个以上同时有效？如果 S 出现两个或两个以上同时有效，会发生什么情况？

（3）如果片选控制信号均无效，总线处于什么状态？

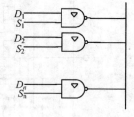

题 2.6 图

2.7　在数字系统中，常用的逻辑电平标准有哪些？这些逻辑电平具体是怎样规定的？

2.8　试说明下列各种门电路哪些可以将输出端并联使用(输入端的状态不一定相同)，并说明理由。

（1）具有推拉式输出级的 TTL 门电路；

（2）TTL 门电路的 OC 门；

（3）TTL 电路的三态输出门；

（4）普通的 CMOS 门；

（5）CMOS 电路的三态输出门。

2.9　当 TTL 和 CMOS 两种门电路互相连接时，需要考虑哪几个电压和电流的参数？这些参数应该满足怎样的关系？

2.10　当用 74HC 系列 CMOS 去驱动 74LS 系列 TTL 电路时，简述其设计思路。是否需要加接口电路？

2.11　当用 74LS 系列 TTL 电路去驱动 74HC 系列 CMOS 电路时，简述其设计思路。是否需要加接口电路？计算取扇出系数，并对接口电路的开关速度和功耗两个方面做出评价。

2.12　使用逻辑门电路设计数字系统时，经常采取的抗干扰措施有哪些？

2.13　思考一下例 2.7-1，在飞机起飞后，应当用什么类型的逻辑门来检测是否所有的三个起落架都被收回？假设需要低电压输出来激活 LED 显示，请思考之后用 Quartus II 软件设计出原理图并完成功能仿真。

第3章 组合逻辑电路分析与设计

数字系统根据逻辑功能和组成结构可以分为两类，组合逻辑电路和时序逻辑电路。组合逻辑电路中任意时刻的输出仅仅取决于该时刻的输入，与电路原来的状态无关。本章首先介绍组合逻辑电路的分析方法和设计方法，然后介绍常用组合逻辑单元电路编码器、译码器、数据选择器、加法器的工作原理，并着重介绍中规模常用组合逻辑电路芯片的应用设计方法。

3.1 组合逻辑电路的分析

组合逻辑电路可以具有一个或多个输入端，也可以具有一个或多个输出端。图 3.1-1 给出了其一般示意框图。在组合电路中，数字信号是单向传递的，其输出和输入端之间没有反馈环节，且电路中不含记忆单元。因此组合电路的各输出端只与各输入端的即时状态有关，可以用逻辑函数式 (3.1-1) 表示其输出输入关系：

$$\begin{cases} Y_1 = f_1(X_1, X_2, \cdots, X_n) \\ Y_2 = f_2(X_1, X_2, \cdots, X_n) \\ \vdots \\ Y_m = f_m(X_1, X_2, \cdots, X_n) \end{cases} \tag{3.1-1}$$

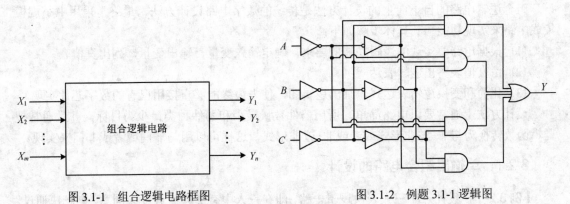

图 3.1-1 组合逻辑电路框图　　　　图 3.1-2 例题 3.1-1 逻辑图

组合逻辑电路分析是根据已知逻辑电路图求出其逻辑功能的过程，是设计组合电路的基础，可以对设计完成的组合电路进行检验，找出不足，以便改进。其步骤大致如下：

(1) 由逻辑电路图写出各输出端的表达式；

(2) 化简并变换各逻辑表达式，使之变为最简形式；

(3) 根据逻辑表达式列出真值表；

(4) 由真值表或者逻辑表达式分析判断逻辑电路的功能。

以上过程并非固定不变，应根据实际情况和疑难程度进行取舍。

【例 3.1-1】 试分析图 3.1-2 所示电路的逻辑功能。

解：(1) 写出输出端的逻辑表达式：

$$Y = A\overline{B}\overline{C} + \overline{A}B\overline{C} + \overline{A}\overline{B}C + ABC$$

（2）列出真值表，如表 3.1-1 所示。

（3）由表 3.1-1 可知，当输入变量 A、B、C 只有一个为 1 或者三个同时为 1 时，输出端 Y = 1，否则 $Y = 0$。即输入端是奇数个 1 时，输出为 1，所以，该逻辑电路为三位奇数检验器。

表 3.1-1　例 3.1-1 真值表

A	B	C	Y
0	0	0	0
0	0	1	1
0	1	0	1
0	1	1	0
1	0	0	1
1	0	1	0
1	1	0	0
1	1	1	1

3.2　组合逻辑电路的设计

组合逻辑电路设计是组合逻辑电路分析的逆过程，已知设计所要完成的任务，最终画出能够完成该任务并且满足要求的组合逻辑电路图，并且用相应的数字芯片实现之。目前组合逻辑电路的设计方法主要有两种：自下向上的设计方法（即传统的基于中小规模集成电路的数字电路设计方法）和自上向下的设计方法（基于 EDA 工具和 PLD 进行数字电路设计的方法）。这里介绍自下向上的设计方法，自上向下的设计方法在第 6 章和第 8 章中详细阐述。

组合逻辑电路的自下向上的设计方法是传统的数字电路设计方法，最终常采用中小规模集成电路来实现功能。其具体步骤如下：

（1）根据电路要实现的逻辑功能的要求，确定输入变量、输出变量，列出真值表；

（2）由真值表写出逻辑表达式；

（3）化简和变换逻辑表达式，画出逻辑图，使之最终能够直接用已有的数字芯片实现。

设计方法上通常要以电路简单、所用器件数量最少和器件种类最少为目标，并且通常把逻辑函数转换为与非-与非形式或者或非-或非形式，这样可以用与非门或者或非门来实现。

3.2.1　单输出组合电路的设计

【例 3.2-1】设计一个三人表决逻辑电路，即在三人中有 2 人或者 3 人同意，则表决通过，否则不通过。

解：（1）用三个逻辑变量 A、B、C 作为输入变量，表示三个表决人的判断，变量为 1 表示同意，变量为 0 表示不同意；输出用逻辑变量 Y 表示，$Y = 1$ 表示通过，$Y = 0$ 表示不通过。

（2）根据题意列写真值表，如表 3.2-1 所示。

（3）根据真值表列写表达式：

$$Y = \overline{A}BC + A\overline{B}C + AB\overline{C} + ABC$$

（4）化简逻辑表达式（用公式法或卡诺图化简）：

$$Y = AB + AC + BC$$

表 3.2-1 例 3.2-1 真值表

A	B	C	Y
0	0	0	0
0	0	1	0
0	1	0	0
0	1	1	1
1	0	0	0
1	0	1	1
1	1	0	1
1	1	1	1

(5) 用与非门来实现，则

$$Y = AB + AC + BC = \overline{\overline{AB + AC + BC}} = \overline{\overline{AB}\,\overline{AC}\,\overline{BC}}$$

(6) 画出逻辑图，如图 3.2-1 所示。

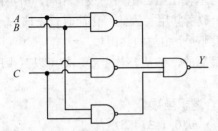

图 3.2-1 例 3.2-1 逻辑图

表 3.2-2 例 3.2-2 真值表

X_8	X_4	X_2	X_1	F
0	0	0	0	0
0	0	0	1	1
0	0	1	0	0
0	0	1	1	1
0	1	0	0	0
0	1	0	1	1
0	1	1	0	0
0	1	1	1	1
1	0	0	0	0
1	0	0	1	1
1	0	1	0	×
1	0	1	1	×
1	1	0	0	×
1	1	0	1	×
1	1	1	0	×
1	1	1	1	×

【例 3.2-2】 在大城市里为了缓解交通拥挤，常对某些重要街道规定汽车牌照的单双号与单双日吻合者方能行驶。试用与非门设计判别汽车能否行驶的组合电路。

解：(1) 分析命题，建立真值表：

汽车牌号是十进制数，必须要变换成系统能识别的二进制代码。现用 8421BCD 码表示汽车牌号的最末一位数。

输入变量为 $X_8 X_4 X_2 X_1$。输出函数 $F = 1$ 为单日行驶的单号车，$F = 0$ 为双日行驶的双号车。根据题意建立的真值表如表 3.2-2 所示。1010～1111 在 8421BCD 码中是不可能出现的取值组合，称"伪码"。

(2) 填卡诺图，如图 3.2-2 所示。

(3) 化为最简与或式：$F = X_1$，并画逻辑图。其实，直接将 X_1 引出作为输出即可。关键是当输入 $X_8 X_4 X_2 X_1 = 1011$、1101、1111 时，F 也等于 1。这种设计方法叫"不拒绝伪码"电路。如果把无关项当 0 处理，则得到拒绝伪码的电路，对应卡诺图如图 3.2-3 所示，确定出逻辑表达式如下，电路如图 3.2-4 所示。

$$F = \overline{X}_8 X_1 + \overline{X}_4 \overline{X}_2 X_1 = \overline{\overline{X}_8 X_1 \cdot \overline{X}_4 \overline{X}_2 X_1}$$

图 3.2-2 例 3.2-2 卡诺图 1

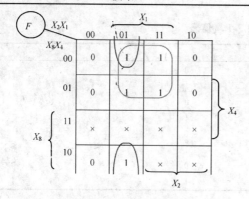

图 3.2-3　例 3.2-2 卡诺图 2

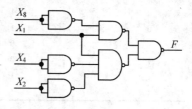

图 3.2-4　例 3.2-2 之拒绝伪码的电路

3.2.2　多输出组合电路的设计

设计多输出组合电路的方法、步骤大致与单输出组合电路的设计相同，所不同的只是化简时应考虑同一个逻辑门尽可能为多个输出函数所共用。因此，化简时首先选 N 个函数的共用项，其次选 $(N-1)$ 个函数的共用项……一直到两个相与的共用项。

这样做的结果，分别看各输出函数不是最简的，但从整体上看，却可以减少所需要的门电路总数。

【例 3.2-3】　试用最少门电路实现下列组合逻辑函数。

$$F_1(A, B, C) = \sum m(0, 1, 3, 4, 5)$$

$$F_2(A, B, C) = \sum m(0, 4, 5)$$

$$F_3(A, B, C) = \sum m(0, 1, 3, 4)$$

解：如图 3.2-5 所示，先圈 $F_1F_2F_3$ 的卡诺图，F_1、F_2、F_3 中都含 $\overline{B}\overline{C}$ 项，再圈 F_1F_2 的卡诺图，F_1、F_2 应共含 $A\overline{B}$ 项，F_1、F_3 应共含 $\overline{A}C$ 项。

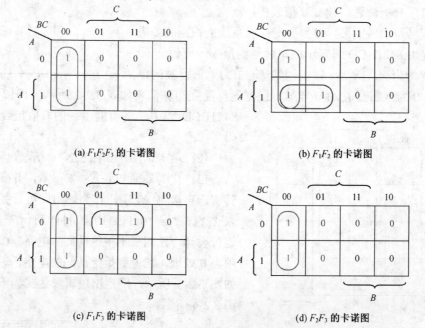

(a) $F_1F_2F_3$ 的卡诺图　　　　(b) F_1F_2 的卡诺图

(c) F_1F_3 的卡诺图　　　　(d) F_2F_3 的卡诺图

图 3.2-5　例 3.2-3 卡诺图

函数 F_1、F_2、F_3 的与或表达式为

$$F_1 = \overline{B}\,\overline{C} + A\overline{B} + \overline{A}C$$

$$F_2 = \overline{B}\,\overline{C} + A\overline{B}$$

$$F_3 = \overline{B}\,\overline{C} + \overline{A}C$$

逻辑图如图 3.2-6 所示。

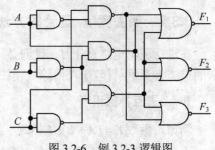

图 3.2-6　例 3.2-3 逻辑图

3.3　组合逻辑电路中的竞争–冒险

在组合逻辑电路当中，电路从一个稳定状态转换到另一个稳定状态的过程中，某个门电路输入端的两个信号同时向相反的方向变化(一个从 0 变为 1，另一个从 1 变为 0)，不同的门电路有着不同的延迟时间，输入信号经过不同的途径进行传输，到达输出端的时间有早有迟，状态变化有先有后，存在时差，这两个输入的变化有先后这种现象称为"竞争"。如果竞争结果是使稳态输出的逻辑关系受到短暂破坏，出现不应有的尖峰脉冲，形成系统的噪声，这种现象就叫做"冒险"。电路中有竞争现象时容易产生尖峰脉冲，这就称为竞争–冒险。冒险可能使电路产生暂时或永久的逻辑错误。竞争–冒险是数字电路中一种特有的现象。

3.3.1　产生竞争–冒险的原因

如图 3.3-1(a)所示的与门电路中，输入端 A 和 B 无论是 $A=1$，$B=0$ 还是 $A=0$，$B=1$，输出端皆为 $Y=1$。但是假如当输入端 A 从 0 变到 1 超前于输入端 B 从 1 变到 0 时，此与门的输入端会出现输入端 A 和 B 同时为 1 的瞬间，则输出端会出现一个极窄的尖峰脉冲，如图 3.3-1(b)所示。这个尖峰脉冲作为噪声会对整个系统进行干扰，是设计者不希望出现的。其实不单单是逻辑与门存在竞争–冒险现象，或门、与非门、或非门等当其两个输入端出现同时向相反方向变化时，都会出现竞争–冒险现象，从而产生尖峰脉冲。

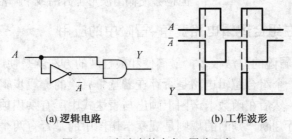

(a) 逻辑电路　　　　　　(b) 工作波形

图 3.3-1　电路中的竞争–冒险现象

在组合逻辑电路中，当输出端门电路的两个输入信号 A 和 $\overline{A}$ 是输入变量 A 经过两个不同的传输路径得来时，则当 A 变化时输出端便可能产生尖峰脉冲。即此逻辑函数在一定条件下可以化成 $Y = A + \overline{A}$ 或者 $Y = A\overline{A}$ 时，电路存在竞争–冒险现象。这个原则可以作为检查组合逻辑电路是否存在竞争–冒险现象的一种方法。

【例 3.3-1】　判断逻辑函数式 $Y = AB + \overline{A}C$ 是否存在竞争–冒险现象。

解：当 $B = C = 1$ 时，上式将变为 $Y = A + \overline{A}$，故此函数式存在竞争–冒险现象。

3.3.2 消去竞争–冒险的方法

在进行逻辑电路设计时，我们必须应发现和判别出产生竞争–冒险的可能，并采取积极有效的措施将竞争–冒险予以消除。消去竞争–冒险现象主要采用下面几种方法。

1. 消去互补乘积项

例如，函数 $Y = (A + B)(\overline{A} + C)$，当 $B = C = 0$ 时，$Y = A\overline{A}$。如果直接按照这个逻辑表达式组成逻辑电路，可能出现竞争–冒险。如果将该式变换为

$$Y = (A + B)(\overline{A} + C) = A\overline{A} + AC + \overline{A}B + BC = AC + \overline{A}B + BC$$

此时将互补乘积项 $A\overline{A}$ 已经消掉，根据这个逻辑表达式设计逻辑电路就不会出现竞争–冒险现象。

2. 消去互补相加项

例如，函数 $Y = AB + \overline{B}C$，当 $A = C = 1$ 时，$Y = B + \overline{B}$，出现了互补项相加，如果按照这个表达式组成逻辑电路，可能出现竞争–冒险现象。但是把该式变换为

$$Y = AB + \overline{B}C = AB + \overline{B}C + AC$$

这样当 $A = C = 1$ 时，$Y = B + \overline{B} + 1$，不会只出现互补项相加的情况，根据这个逻辑表达式设计电路就不会出现竞争–冒险现象。

3. 输出端并联电容器

当电路在较慢的速度下工作时，可以采取在门电路的输出端并联一滤波电容的方法来消除竞争–冒险现象。电容器的容量可以根据电路的工作频率来确定，通常可以采用小于 20pF 的瓷片电容。图 3.3-2 为输出端并联电容来消去竞争–冒险现象的电路图和波形图，图中 R_O 是逻辑门电路的输出电阻。若在图 3.3-2(a) 所示电路的输出端并联电容 C，由于电容对窄脉冲起到平波作用，使得输出端不会出现逻辑错误，但也会使输出波形上升沿或下降沿变得缓慢。

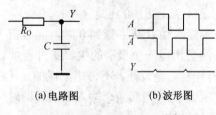

(a) 电路图　　　　　(b) 波形图

图 3.3-2　并联电容消去竞争–冒险现象

3.3.3 卡诺图在组合逻辑电路竞争–冒险中的应用

判断和消除竞争–冒险的方法很多，最简便和最直观的方法就是使用卡诺图。

使用卡诺图判断一个组合逻辑电路是否存在着竞争冒险的一般步骤是：首先，画出该电路逻辑函数的卡诺图，然后在函数卡诺图上画出与表达式中所有乘积项相对应的卡诺圈；然后，利用卡诺图法进行判断，判断的规则是观察卡诺图中的是否有两个圈相切但不相交，如有则存在竞争–冒险现象，如图 3.3-3 所示的两幅图都有相切但不相交的卡诺圈。

那么，只要使函数的卡诺图中消除相切但不相交的卡诺圈，即可消除竞争–冒险现象。在卡诺图上，加上一个与两相切卡诺圈相交的一个圈(一项)，破坏卡诺圈的单独相切性，加上此圈后，逻辑函数多了一个冗余项，冗余项的加入并不改变原逻辑函数的逻辑值，但冗余项的加入却可以有效地消除冒险。

【例 3.3-2】 如图 3.3-4 所示的卡诺图中，有两处存在卡诺圈相切现象，故其表示的逻辑函数式 $F = \overline{A}\overline{B}\overline{C} + \overline{A}BD + A\overline{D}$ 存在冒险。可加两个卡诺圈(虚线圈)破坏其相切性，也即增加两

个冗余项 BCD 和 ACD，消除竞争-冒险后，该逻辑函数的表达式如下所示：

$$F = \overline{AB}\,\overline{C} + \overline{A}BD + A\overline{D} + \overline{B}C\overline{D} + \overline{A}CD$$

由此可见，使用卡诺图判断和消除数字电路中的竞争冒险，简便直观，易于操作。

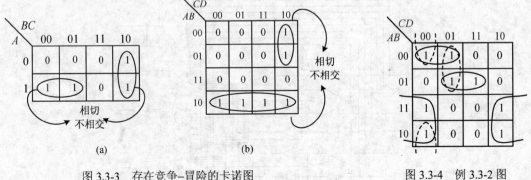

图 3.3-3　存在竞争-冒险的卡诺图　　　　　　　图 3.3-4　例 3.3-2 图

另外利用计算机辅助分析手段，可以从原理上检查复杂电路的竞争-冒险现象。通过运行计算机上的数字电路模拟程序，能够迅速检查出电路是否存在竞争-冒险现象。

在实际电路设计中，比较可靠的方法是用实验的方法来检查电路的输出端是否因为竞争-冒险现象而产生了尖峰脉冲。此时加到输入端的信号波形应该包含输入端变量所有可能发生的状态变化。

3.4　编码器与译码器

3.4.1　编码器

把具有特定意义的信息用相应的二进制代码来表示的过程，称为编码。用来实现编码的电路叫做编码器(Encoder)。编码器可以分为二进制编码器、二-十进制编码器、优先编码器等。

在实际应用中，经常会出现几个输入端同时加输入信号的情况，编码器能够按照一定的优先次序，对优先级最高的输入信号进行编码，而不理睬级别低的信号，这样根据优先顺序进行编码的电路称为优先编码器。本节将以优先编码器为例说明编码过程。

3 位二进制优先编码器是将 $I_0, I_1, \cdots, I_7$ 共 8 个输入信号编码成二进制代码，也称 8 线-3 线编码器。某一时刻，该编码器只能对一个输入信号进行编码，即编码器的输入端同一时刻只能有一个输入信号有效，也就是 $I_0, I_1, \cdots, I_7$ 互相排斥。图 3.4-1 给出了 8 线-3 线优先编码器 74HC148 的内部原理图。

如图 3.4-1 所示，$\overline{S}$ 为片选输入端，$\overline{I}_0, \overline{I}_1, \cdots, \overline{I}_7$ 为编码输入端，$\overline{Y}_2\overline{Y}_1\overline{Y}_0$ 为编码器的输出端，$\overline{Y}_S$ 为选通输出端，$\overline{Y}_{EX}$ 为优先扩展输出端。其真值表如表 3.4-1 所示。根据其真值表，当输入端 $S = 1$ 时编码器不工作，输出端全为 1；而当输入端 $S = 0$ 时，编码器进行优先编码，此时又分为两种情况：

(1) 当所有输入端 $\overline{I}_0, \overline{I}_1, \cdots, \overline{I}_7$ 全为 1 时，即无输入编码信号(编码器输入端低电平有效)，输出端 $\overline{Y}_2\overline{Y}_1\overline{Y}_0 = 111$，且 $\overline{Y}_{EX} = 1$，$\overline{Y}_S = 0$，表示无编码输入。

(2) 当输入端 $\overline{I}_0, \overline{I}_1, \cdots, \overline{I}_7$ 至少有一个为 0 时，即编码器有输入信号。$\overline{I}_7$ 的输入优先级最

高，$\bar{I}_0$ 的输入优先级最低。当 $\bar{I}_7=0$ 时，无论其他输入端有无信号（表中用×表示无信号），则输出端给出 $\bar{I}_7$ 的编码 $\bar{Y}_2\bar{Y}_1\bar{Y}_0=000$ ；当 $\bar{I}_7=1,\bar{I}_6=0$ 时，无论其他输入端有无信号，只对 $\bar{I}_6$ 编码，$\bar{Y}_2\bar{Y}_1\bar{Y}_0=001$ ；其余输入情况以此类推。

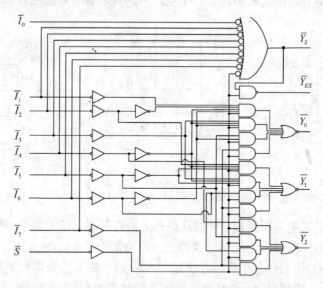

图 3.4-1　8 线-3 线优先编码器 74HC148 内部原理图

表 3.4-1　8 线-3 线优先编码器真值表

				输　入							输　出		
$\bar{S}$	$\bar{I}_0$	$\bar{I}_1$	$\bar{I}_2$	$\bar{I}_3$	$\bar{I}_4$	$\bar{I}_5$	$\bar{I}_6$	$\bar{I}_7$	$\bar{Y}_2$	$\bar{Y}_1$	$\bar{Y}_0$	$\bar{Y}_{EX}$	$\bar{Y}_S$
1	×	×	×	×	×	×	×	×	1	1	1	1	1
0	1	1	1	1	1	1	1	1	1	1	1	1	0
0	×	×	×	×	×	×	×	0	0	0	0	0	1
0	×	×	×	×	×	×	0	1	0	0	1	0	1
0	×	×	×	×	×	0	1	1	0	1	0	0	1
0	×	×	×	×	0	1	1	1	0	1	1	0	1
0	×	×	×	0	1	1	1	1	1	0	0	0	1
0	×	×	0	1	1	1	1	1	1	0	1	0	1
0	×	0	1	1	1	1	1	1	1	1	0	0	1
0	0	1	1	1	1	1	1	1	1	1	1	0	1

利用 $\bar{Y}_{EX}$ 和 $\bar{Y}_S$ 可以实现电路的扩展功能。例如，可采用 74HC148 组成一个 16 线-4 线的优先编码器。设编码输入为 $\bar{A}_0\sim\bar{A}_{15}$ ，$\bar{A}_{15}$ 级别最高，$\bar{A}_0$ 级别最低。编码输出为 $Z_3\,Z_2\,Z_1\,Z_0$ 。分析如下：

（1）一片 74LS148 有 8 个编码输入端，所以需用两片。级别高的输入 $\bar{A}_8\sim\bar{A}_{15}$ 接片Ⅱ，级别低的输入 $\bar{A}_0\sim\bar{A}_7$ 接片Ⅰ。

（2）按照优先顺序要求，只有在 $\bar{A}_{15}\sim\bar{A}_8$ 均无信号时，才允许对 $\bar{A}_7\sim\bar{A}_0$ 编码，所以只要把高位的 Y_S 接到低位的 $\bar{S}$ 就行了，因为高位无编码信号时，$Y_S=0$ 。

（3）当高位 $\bar{A}_8\sim\bar{A}_{15}$ 有编码输入时，它的 $\bar{Y}_{ES}=0$ ，高位无编码输入时，$\bar{Y}_{ES}=1$ ，正好可

以用高位的 Y_{ES} 产生编码输出的第四位 Z_3。（$\overline{A}_{15} \rightarrow 0000$，…，$\overline{A}_8 \rightarrow 0111$；$\overline{A}_7 \rightarrow 1000$，…，$\overline{A}_0 \rightarrow 1111$）

　　（4）高位无编码输入时，高位片 II 输出全 "1"，输出与低位片 I 的输出一样；高位有编码输入时，低位片 I 被封锁而输出全 "1"，输出与高位片 II 的输出一样。因此，把两片的对应输出端与运算作为 Z_2、Z_1、Z_0。电路如图 3.4-2 所示。

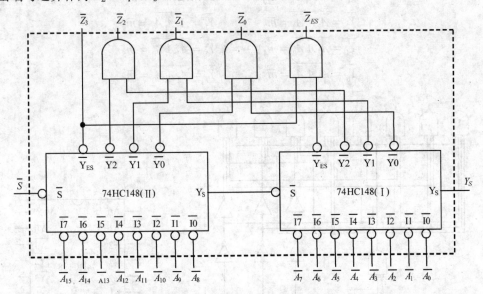

图 3.4-2　采用 74HC148 组成一个 16 线-4 线的优先编码器

3.4.2　译码器

　　译码是编码的逆过程，是将给定的二进制代码翻译成编码时赋予的含义，完成这种功能的组合逻辑电路称为译码器。译码器是使用比较广泛的器件，按功能可把常用的译码器主要分为两类，即通用译码器和显示译码器，下面分别予以介绍。

1. 通用译码器

　　通用译码器包括变量译码器和代码变换译码器。变量译码器时 n 线-2^n 线译码器，即在有 n 个输入变量的情况下，有 2^n 个不同的组合状态作为输出。常用的有 3 线-8 线译码器 74HC138 和 4 线-16 线译码器 74HC154 等。代码变换译码器常用的有二-十进制译码器，它是将二-十进制代码译成十进制数。

　　通用译码器主要任务是将输入的二进制代码变换成与之对应的一组高、低电平信号作为输出。通用译码器可以用二极管与门来实现，但由于其输入阻抗低、输出阻抗高、输出电平易发生偏移、驱动能力弱等缺点，目前已经很少采用。通用译码器的常用实现方式是采用前面介绍的集成逻辑门电路，包括 CMOS 逻辑门电路译码器和 TTL 集成逻辑门译码器，集成逻辑门组成的译码器称为中规模通用译码器集成电路。下面介绍最常用的中规模通用译码器 3 线-8 线译码器 74HC138，其逻辑原理图如图 3.4-3 所示，其符号图如图 3.4-4 所示。它除了有三个代码输入端外，还有三个控制端 E_1、$\overline{E_2}$ 和 $\overline{E_3}$，这三个输入端作为扩展功能，在多片译码器级联时使用。74HC138 功能表如表 3.4-2 所示，此译码器输出为低电平有效。根据原理图和真值表可以看出，只有当输入控制端 $E_1 = 1$，$\overline{E_2} = \overline{E_3} = 0$ 时，译码器处于工作状态。否则译码器不工作(被禁止),此时无论译码器输入端 $A_2A_1A_0$ 为何状态,译码器输出全为 1,表示无译码输出(输出端低电平有效)。当译码器正常工作时,其输出端和输入端的逻辑关系可以用式(3.4-1)来表达,可以看出其每个输出端都对应输入端的一个最小项,利用这个特点可以利用 3 段–8 线译码器和一些与非门实现任意一个三变量的组合逻辑电路。

$$\overline{Y_0} = \overline{\overline{A_2}\,\overline{A_1}\,\overline{A_0}} = \overline{m_0} \qquad \overline{Y_1} = \overline{\overline{A_2}\,\overline{A_1}\,A_0} = \overline{m_1}$$

$$\overline{Y_2} = \overline{\overline{A_2}\,A_1\,\overline{A_0}} = \overline{m_2} \qquad \overline{Y_3} = \overline{\overline{A_2}\,A_1\,A_0} = \overline{m_3}$$

$$\overline{Y_4} = \overline{A_2\,\overline{A_1}\,\overline{A_0}} = \overline{m_4} \qquad \overline{Y_5} = \overline{A_2\,\overline{A_1}\,A_0} = \overline{m_5} \tag{3.4-1}$$

$$\overline{Y_6} = \overline{A_2\,A_1\,\overline{A_0}} = \overline{m_6} \qquad \overline{Y_7} = \overline{A_2\,A_1\,A_0} = \overline{m_7}$$

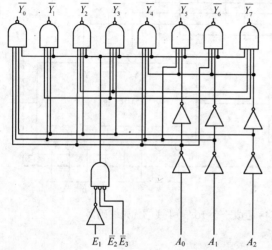

图 3.4-3　74HC138 译码器逻辑原理图

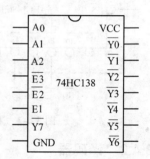

图 3.4-4　74HC138 引脚图

表 3.4-2　74HC138 译码器功能表

	输		入				输			出			
E_1	$\overline{E_2}$	$\overline{E_3}$	A_2	A_1	A_0	$\overline{Y_0}$	$\overline{Y_1}$	$\overline{Y_2}$	$\overline{Y_3}$	$\overline{Y_4}$	$\overline{Y_5}$	$\overline{Y_6}$	$\overline{Y_7}$
0	×	×	×	×	×	1	1	1	1	1	1	1	1
1	1	1	×	×	×	1	1	1	1	1	1	1	1
1	0	0	0	0	0	0	1	1	1	1	1	1	1
1	0	0	0	0	1	1	0	1	1	1	1	1	1
1	0	0	0	1	0	1	1	0	1	1	1	1	1
1	0	0	0	1	1	1	1	1	0	1	1	1	1
1	0	0	1	0	0	1	1	1	1	0	1	1	1
1	0	0	1	0	1	1	1	1	1	1	0	1	1
1	0	0	1	1	0	1	1	1	1	1	1	0	1
1	0	0	1	1	1	1	1	1	1	1	1	1	0

利用 3 个控制端为 74HC138 的灵活应用提供了方便,如可以用两片 74HC138 扩展成一个 4 线–16 线译码器,如图 3.4-5 所示。图中将两片 74HC138 的 3 个输入端 A_2、A_1、A_0 分别连到一起,作为译码器的输入端 A_2、A_1、A_0,令第一片的 $\overline{E_2} = \overline{E_3} = 0$,令第二片的 $E_1 = 1$,再把第一片的 E_1 和第二片的 $\overline{E_2}$、$\overline{E_3}$ 三个控制端连到一起作为译码器的输入端 A_3。当 $A_3 = 0$ 时,第一片译码器被禁止,第二片译码器工作,将 $A_3A_2A_1A_0$ 对应的 0000~0111 这 8 个二进制

代码分别译为 $\overline{Y_0} \sim \overline{Y_7}$ 8 个低电平信号；当 $A_3 = 1$ 时，第一片译码器被工作，第二片译码器被禁止，将 $A_3 A_2 A_1 A_0$ 对应的 1000~1111 这 8 个二进制代码分别译为 $\overline{Y_8} \sim \overline{Y_{15}}$ 8 个低电平信号，从而实现了 4 线–16 线译码的功能。

利用译码器可以进行组合逻辑电路设计。一个二进制译码器，也称为最小项产生器，它可以提供 n 个输入变量的 $2n$ 个最小项输出，而任何逻辑函数式都可以用最小项之和的形式来表示。因此，我们可以先利用一个译码器产生最小项，另外再用一个或门取得最小项之和。按照这一想法：

任何一个具有 n 个输入、m 个输出的组合电路，都可以用一个 n 线–$2n$ 线译码器和 m 个或门来实现。

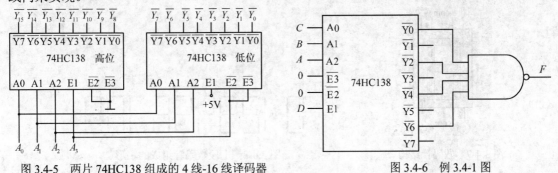

图 3.4-5　两片 74HC138 组成的 4 线-16 线译码器　　　　图 3.4-6　例 3.4-1 图

【例 3.4-1】 试用一片 74HC138 和与非门实现逻辑函数

$$f(A,B,C,D) = \sum m(1,5,9,13)$$

解：首先观察真值表 3.4-3。只有 $D = 1$ 时，函数的最小项才存在，所以，可以将 D 当做控制端接到 74HC138 的高电平使能端 E_1。而函数变为

$$f(A,B,C) = \sum m(0,2,4,6) = \overline{\overline{m_0 + m_2 + m_4 + m_6}} = \overline{\overline{m_0} \cdot \overline{m_2} \cdot \overline{m_4} \cdot \overline{m_6}}$$

从而得到设计图，如图 3.4-6 所示。

表 3.4-3　例 3.4-1 真值表

A	B	C	D	F
0	0	0	0	0
0	0	0	1	1(1)
0	0	1	0	0
0	0	1	1	0
0	1	0	0	0
0	1	0	1	1(5)
0	1	1	0	0
0	1	1	1	0
1	0	0	0	0
1	0	0	1	1(9)
1	0	1	0	0
1	0	1	1	0
1	1	0	0	0
1	1	0	1	1(13)
1	1	1	0	0
1	1	1	1	0

2. BCD 七段显示译码器

在数字系统中，经常需要将被测量或数值运算结果用十进制码显示出来。这就需要专门的译码电路把二进制数译成需要显示的十进制字符，通过驱动电路由数码显示器显示出来。在中规模电路中，常把译码和驱动电路集于一体，用来驱动数码管。完成这种功能的集成电路称为 BCD 七段显示译码器。

数码显示器分为荧光数码管、液晶显示器、气体放电显示器、半导体数码管等。七段数码显示器将 $0 \sim 9$ 十进制字符通过七段笔画亮灭的不同组合来实现。常用的七段数码管用半导体发光二极管来实现，也称 LED 数码管，其结构如图 3.4-7 所示，它有七个发光段（a、b、c、d、e、f、g），七段字划组成的字形符号如图 3.4-8 所示。

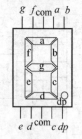

图 3.4-7　数码管结构

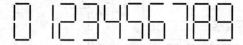

图 3.4-8　七段数码管组成的字形

LED 数码管的每段为一个发光二极管，加上适当的电压后对应段就会发光。七段 LED 数码管分为共阳极结构和共阴极结构。图 3.4-9（a）为共阴极数码管接法，此时内部发光二极管的阴极接到地上。当某个发光二极管的阳极通过限流电阻 R 接高电平时，该段亮；如果接在低电平上，该段灭。这样通过控制某些段同时接高电平使其点亮，就可以显示一个十进制数码。共阳极接法的数码管则是阳极共同接高电平，阴极通过限流电阻接低电平，使相应段发光来显示十进制数码，如图 3.4-9（b）所示。

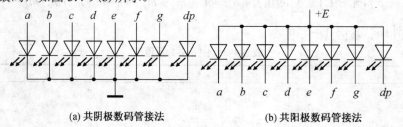

(a) 共阴极数码管接法　　　　　　(b) 共阳极数码管接法

图 3.4-9　数码管内部接法

与七段 LED 数码管配合的译码器有 $a \sim g$ 7 个输出端和 4 个输入端，共阴极数码管译码驱动电路如图 3.4-10 所示。

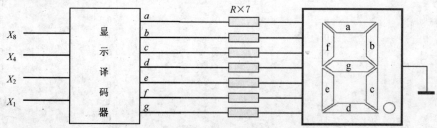

图 3.4-10　共阴极数码管译码驱动电路

为了便于灵活应用，在许多集成译码器上还增加了灭灯控制、灭零控制、测试灯等附加功能的控制端，比如 74HC48 七段显示译码器就可以控制共阴极数码管。74HC48 译码器真值表如表 3.4-4 所示，其逻辑符号如图 3.4-11 所示。

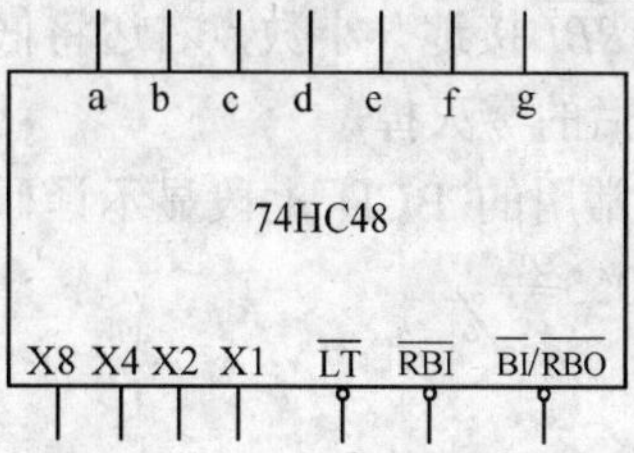

74HC48 译码器附加功能控制端有：

（1）灭零输入 $\overline{RBI}$，用来熄灭不需要的 0；

（2）灯测试输入端 $\overline{LT}$，是为测试数码管发光好坏而设置的，当 $\overline{LT}=0$ 时，$a \sim g$ 全部为 1，数码管全部都亮，说明数码管正常工作；

（3）消隐输入端 $\overline{BI}$，是熄灭信号输入，可控制数码管是否显示。$\overline{RBO}$ 是灭灯输出。$\overline{RBO}$ 和 $\overline{BI}$ 在内部接到一起，公用一根管脚。

图 3.4-11　74HC48 符号图

表 3.4-4　74HC48 译码器真值表

十进制数	输入						$\overline{BI}$ / $\overline{RBO}$	输出							字形
	$\overline{LT}$	$\overline{RBI}$	X_8	X_4	X_2	X_1		a	b	c	d	e	f	g	
0	1	1	0	0	0	0	1	1	1	1	1	1	1	0	
1	1	×	0	0	0	1	1	0	1	1	0	0	0	0	
2	1	×	0	0	1	0	1	1	1	0	1	1	0	1	
3	1	×	0	0	1	1	1	1	1	1	1	0	0	1	
4	1	×	0	1	0	0	1	0	1	1	0	0	1	1	
5	1	×	0	1	0	1	1	1	0	1	1	0	1	1	
6	1	×	0	1	1	0	1	0	0	1	1	1	1	1	
7	1	×	0	1	1	1	1	1	1	1	0	0	0	0	
8	1	×	1	0	0	0	1	1	1	1	1	1	1	1	
9	1	×	1	0	0	1	1	1	1	1	0	0	1	1	
10	1	×	1	0	1	0	1	0	0	0	1	1	0	1	
11	1	×	1	0	1	1	1	0	0	1	1	0	0	1	
12	1	×	1	1	0	0	1	0	1	0	0	0	1	1	
13	1	×	1	1	0	1	1	1	0	0	1	0	1	1	
14	1	×	1	1	1	0	1	0	0	0	1	1	1	1	
15	1	×	1	1	1	1	1	0	0	0	0	0	0	0	
$\overline{BI}$	×	×	×	×	×	×	0	0	0	0	0	0	0	0	
$\overline{RBI}$	1	0	0	0	0	0	0	0	0	0	0	0	0	0	
$\overline{LT}$	0	×	×	×	×	×	1	1	1	1	1	1	1	1	

当 $\overline{LT}=1$，$\overline{RBI}=0$，且 $X_8 X_4 X_2 X_1 = 0000$ 时，数码管不显示，$\overline{RBO}$ 输出为 0。在多位数显示系统中，在显示数据的小数点左边，将高位的 $\overline{RBO}/\overline{BI}$ 连到相邻低位的 $\overline{RBI}$ 上，最高

位的 $\overline{RBI}$ 接地，小数点右边将低位的 $\overline{RBO}/\overline{BI}$ 接到相邻高位的 $\overline{RBI}$ 上，这样就可以将有效数字前后的零灭掉。

常用的 BCD 七段显示译码器还有很多，如 74HC46、74HC47、CD4056B、CD4513、CD4055 等。

3.5　数据选择器

3.5.1　数据选择器的工作原理

在数字系统中有时需要从一组输入数据中选出某一个来，这时就需要数据选择器(简称 MUX，或称多路开关)这种逻辑电路。数据选择是指经过选择电路将多路数据中的某一路数据传送到公共数据线上，能够实现数据选择功能的逻辑电路称为数据选择器。现以 4 选 1 数据选择器为例，说明其工作原理和功能表。其逻辑电路如图 3.5-1 所示，功能表如表 3.5-1 所示。

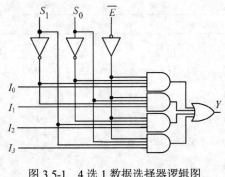

图 3.5-1　4 选 1 数据选择器逻辑图

表 3.5-1　4 选 1 数据选择器功能表

输　入			输　出
使　能	地　址		
$\overline{E}$	S_1	S_0	Y
1	×	×	0
0	0	0	I_0
0	0	1	I_1
0	1	0	I_2
0	1	1	I_3

这里使用 2 位地址输入码 S_1S_0 来对四个数据源进行选择，S_1S_0 的四个地址信号 00、10、10、11 分别控制 4 个与门的开闭。任何时候 S_1S_0 只有一种可能的取值，故只有一个与门打开，则对应的那一路数据可以通过，送给输出端 Y。使能输入端 $\overline{E}$ 是低电平有效，当 $\overline{E}$ 为高电平 1 时，所有与门输出都为 0，即被封锁，此时无论地址码是什么，Y 总是等于 0；当 $\overline{E}$ 为低电平 0，所有与门封锁解除，此时由地址码决定哪一个与门打开。被选择数据源越多，所需地址码的位数也越多，若地址输入端为 n 位，可选输入通道位 2^n。

3.5.2　常用集成电路数据选择器

常用的集成电路数据选择器分为 CMOS 和 TTL 两种产品，并且有多种类型，比如 74HC157 为四 2 选 1 数据选择器、74HC151 为 8 选 1 数据选择器、74HC153 为双 4 选 1 数据选择器。有时为了应用方便，将多数据选择器的输出端接在一起，实现线与功能。这样就需要具有三态输出功能的数据选择器。具有三态输出功能的数据选择器有 74HC257、74HC251、74HC253 等，这些数据选择器除了有正常的 0 和 1 输出之外，当使能端 $\overline{E}=1$ 时，输出为高阻状态。

1. 集成数据选择器 74HC151

图 3.5-2 是集成电路选择器 74HC151 的逻辑电路图，表 3.5-2 是集成数据选择器 74HC151 的功能表。74HC151 有 3 个地址输入端 S_2、S_1、S_0，因此可以选择 8 路数据，其输出端有两

个，同相输出端 Y 和反相输出端 $\overline{Y}$。根据逻辑图和功能表可以得出输出端

$$Y = \sum_{k=0}^{7} m_k D_k \tag{3.5-1}$$

式中，m_k 是 $S_2S_1S_0$ 的最小项，此式在下面利用数据选择器设计组合逻辑电路时要用到。

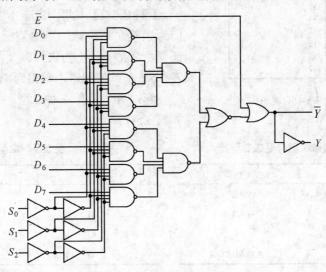

图 3.5-2　74HC151 逻辑电路图

表 3.5-2　74HC151 功能表

输入				输出	
使能	选择			Y	$\overline{Y}$
$\overline{E}$	S_2	S_1	S_0		
1	×	×	×	0	1
0	0	0	0	D_0	$\overline{D_0}$
0	0	0	1	D_1	$\overline{D_1}$
0	0	1	0	D_2	$\overline{D_2}$
0	0	1	1	D_3	$\overline{D_3}$
0	1	0	0	D_4	$\overline{D_4}$
0	1	0	1	D_5	$\overline{D_5}$
0	1	1	0	D_6	$\overline{D_6}$
0	1	1	1	D_7	$\overline{D_7}$

2. 用数据选择器设计组合逻辑电路

将函数的变量输入作为控制信号送到地址端，由 8 选 1 数据选择器输出与输入的关系式 (3.4-1) 可知，当 $D_k = 1$ 时，数据选择器对应的最小项 m_k 在表达式中出现，当 $D_k = 0$ 时，对应的最小项就不出现。利用这一点将函数变换成最小项表达式，函数的变量接入地址选择器的输入端，就可以实现相应的组合逻辑函数。

【例 3.5-1】 使用 8 选 1 数据选择器 74HC151 产生逻辑函数 $Y = \overline{A}BC + A B\overline{C} + AC$。

解：把函数式变换为最小项表达式形式

$$Y = \overline{A}BC + AB\overline{C} + AC = \overline{A}BC + AB\overline{C} + A\overline{B}C + ABC$$

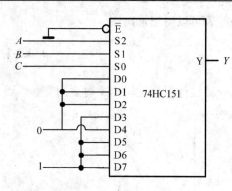

图 3.5-3 例 3.5-1 的逻辑图

将上式写成如下形式

$$Y = m_3 D_3 + m_5 D_5 + m_6 D_6 + m_7 D_7$$

令 $D_3 = D_5 = D_6 = D_7 = 1$，由此可以画出产生该逻辑函数式的电路图，如图 3.5-3 所示。

【例 3.5-2】 试用 8 选 1 数据选择器和与非门为医院血站设计一个血型配对指示器，用以保证受血者的安全。当供血血型与受血血型不符合表 3.5-3 所列情况时，输出为 1，报警指示灯亮。

解：（1）因有 4 种血型，用 2 位编码表示，如表 3.5-4 所示。

表 3.5-3 供血血型与受血血型

供血血型	受血血型
A	A,AB
B	B,AB
AB	AB
O	A,B,AB,O

表 3.5-4 血型编码表

血型	编码
A	00
B	10
AB	10
O	11

表 3.5-5 配血型真值表

X_1	X_0	Y_1	Y_0	F	
0	0	0	0	0	
0	0	0	1	1	
0	0	1	0	0	
0	0	1	1	1	
0	1	0	0	1	
0	1	0	1	0	
0	1	1	0	1	两两降维
0	1	1	1	1	
1	0	0	0	1	
1	0	0	1	1	
1	0	1	0	0	
1	0	1	1	1	
1	1	0	0	0	
1	1	0	1	0	
1	1	1	0	0	
1	1	1	1	0	

表 3.5-6 降维真值表

X_1	X_0	Y_1	F
0	0	0	Y_0
0	0	1	Y_0
0	1	0	$\overline{Y_0}$
0	1	1	Y_0
1	0	0	1
1	0	1	Y_0
1	1	0	0
1	1	1	0

（2）设供血者血型为 $X(X_1、X_0)$，受血者血型为 $Y(Y_1、Y_0)$，依题意列如表 3.5-5 所示真值表。

（3）因要求用 8 选 1 数据选择器，所以必须降维到 3 个变量，如表 3.5-6 所示真值表。

（4）由表 3.5-6 得到逻辑图，如图 3.5-4 所示。

3. 用数据选择器进行位扩展

位扩展：在实际应用中很多时候需要对一组数据（多位数据，如 8 位）进行选择，此时可以利用几个 1 位数据选择器输入端并联组成，即将它们的使能端连在一起，相应的选择器输入端连在一起。可以实现 2 位数据选择的 8 选 1 数据选择器的连接方法如图 3.5-5 所示。当使能端 $\overline{E}$ 有效，即 $\overline{E} = 0$ 时，输出端 Y_1、Y_0 会随着输入选择端 S_2、S_1、S_0 的不同状态，将输入 2 位数据 D_{1k}、D_{0k} 选择出来，这里 $k = 0,1,\cdots,7$。这就实现了 2 位数据的选择功能，如果需要更多位数据的选择，只需相应地增加器件的数目。

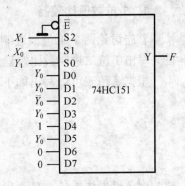

图 3.5-4　例 3.5-2 的逻辑图

4. 利用数据选择器进行并行数据到串行数据的转换

如图 3.5-6 所示为 8 选 1 数据选择器构成的 8 位数据的并–串行转换的电路图。选择器地址输入端 S_2、S_1、S_0 的变化，按照图中所给波形从 000 到 111 依次进行，则选择器的输出 Y 随之接通 $D_0 \sim D_7$。当选择器的数据输入端 $D_0 \sim D_7$ 与一个并行 8 位数 01001110 相连接时，输出端得到的数据依次为 0-1-0-0-1-1-1-0，即串行数据输出。

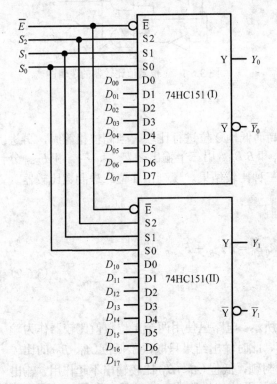

图 3.5-5　2 片 8 选 1 数据选择器的连接方法

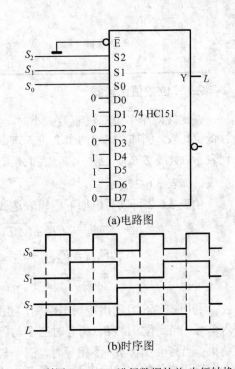

(a)电路图

(b)时序图

图 3.5-6　利用 74HC151 进行数据的并-串行转换

3.6　数值比较器

3.6.1　数值比较器的工作原理

数字系统中，经常要求比较两个数字的大小。为完成这一功能所设计的逻辑电路称为数值比较器。

1. 1 位数值比较器

首先讨论两个 1 位二进制数 A 和 B 相比较的情况，1 位数值比较是多位比较器的基础。首先写出 1 位二进制数比较器的真值表，如表 3.6-1 所示。

根据真值表可以写出如下表达式

$$
\begin{cases}
F_{A>B} = A\overline{B} \\
F_{A<B} = \overline{A}B \\
F_{A=B} = \overline{A\overline{B} + AB}
\end{cases}
\tag{3.6-1}
$$

由逻辑表达式(3.6-1)画出如图 3.6-1 所示的逻辑电路。

表 3.6-1　1 位数值比较器真值表

输　　入		输　　　出		
A	B	$F_{A>B}$	$F_{A<B}$	$F_{A=B}$
0	0	0	0	1
0	1	0	1	0
1	0	1	0	0
1	1	0	0	1

图 3.6-1　1 位数值比较器的逻辑图

2. 多位数值比较器

在比较两个多位二进制数大小时，必须自高而低地逐位进行比较，当高位相等时，再进行低位比较。例如，比较两个 2 位二进制数 A_1A_0 和 B_1B_0，用三个输出端 $F_{A>B}$、$F_{A<B}$ 和 $F_{A=B}$ 分别表示 $A_1A_0 > B_1B_0$、$A_1A_0 < B_1B_0$ 和 $A_1A_0 = B_1B_0$ 三种比较结果。现列出 2 位二进制数比较器真值表，如表 3.6-2 所示。

由表 3.6-2 可以写出如下逻辑表达式

$$
\begin{cases}
F_{A>B} = A_1\overline{B_1} + (\overline{A_1B_1} + A_1B_1)A_0\overline{B_0} = F_{A_1>B_1} + F_{A_1=B_1} \cdot F_{A_0>B_0} \\
F_{A<B} = F_{A_1<B_1} + F_{A_1=B_1} \cdot F_{A_0<B_0} \\
F_{A=B} = F_{A_1=B_1} \cdot F_{A_0=B_0}
\end{cases}
\tag{3.6-2}
$$

利用式(3.6-2)画出逻辑电路图，如图 3.6-2 所示。电路里使用两个 1 位数值比较器作为输入单元，当高位(A_1、B_1)相等时三个与门都打开，此时输出结果只取决于低位(A_0、B_0)的比较结果；当高位(A_1、B_1)不相等时，三个与门都被封锁，低位(A_0、B_0)比较输出不起作用，输出端取决于高位的比较输出 $F_{A_1>B_1}$ 和 $F_{A_1<B_1}$，最终实现两位二进制比较的功能。利用这种原理可以构成更多多位数数值比较器。

表 3.6-2　2 位数值比较器真值表

输　　入				输　　　出		
A_1	B_1	A_0	B_0	$F_{A>B}$	$F_{A<B}$	$F_{A=B}$
$A_1 > B_1$		×		1	0	0
$A_1 < B_1$		×		0	1	0
$A_1 = B_1$		$A_0 > B_0$		1	0	0
$A_1 = B_1$		$A_0 < B_0$		0	1	0
$A_1 = B_1$		$A_0 = B_0$		0	0	1

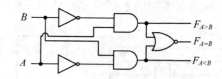

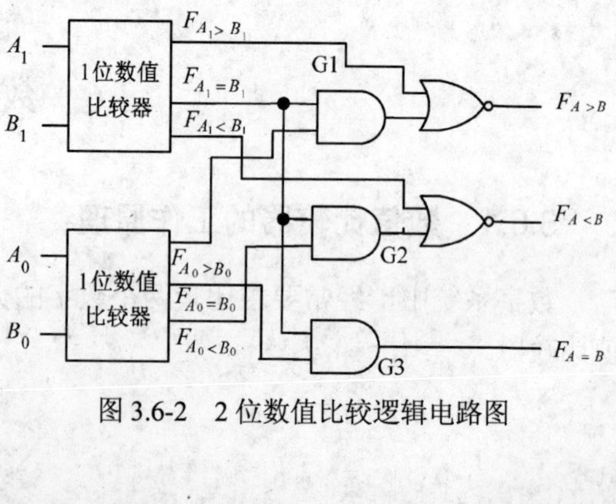

图 3.6-2　2 位数值比较逻辑电路图

3.6.2 集成数值比较器

常用的集成数值比较器有很多种，比如 CC14585、74HC85 等。下面以 4 位数值比较器 74HC85 为例，介绍它的逻辑功能。集成 4 位数值比较器 74HC85 功能如表 3.6-3 所示，其中 $I_{A>B}$、$I_{A<B}$、$I_{A=B}$ 是扩展端，在用多片数值比较器级联组成更多位比较器时使用。

表 3.6-3 4 位数值比较器 74HC85 的功能表

输			入				输		出
A_3B_3	A_2B_2	A_1B_1	A_0B_0	$I_{A>B}$	$I_{A<B}$	$I_{A=B}$	$F_{A>B}$	$F_{A<B}$	$F_{A=B}$
$A_3>B_3$	×	×	×	×	×	×	1	0	0
$A_3<B_3$	×	×	×	×	×	×	0	1	0
$A_3=B_3$	$A_2>B_2$	×	×	×	×	×	1	0	0
$A_3=B_3$	$A_2<B_2$	×	×	×	×	×	0	1	0
$A_3=B_3$	$A_2=B_2$	$A_1>B_1$	×	×	×	×	1	0	0
$A_3=B_3$	$A_2=B_2$	$A_1<B_1$	×	×	×	×	0	1	0
$A_3=B_3$	$A_2=B_2$	$A_1=B_1$	$A_0>B_0$	×	×	×	1	0	0
$A_3=B_3$	$A_2=B_2$	$A_1=B_1$	$A_0<B_0$	×	×	×	0	1	0
$A_3=B_3$	$A_2=B_2$	$A_1=B_1$	$A_0=B_0$	1	0	0	1	0	0
$A_3=B_3$	$A_2=B_2$	$A_1=B_1$	$A_0=B_0$	0	1	0	0	1	0
$A_3=B_3$	$A_2=B_2$	$A_1=B_1$	$A_0=B_0$	×	×	1	0	0	1
$A_3=B_3$	$A_2=B_2$	$A_1=B_1$	$A_0=B_0$	1	1	0	0	0	0
$A_3=B_3$	$A_2=B_2$	$A_1=B_1$	$A_0=B_0$	0	0	0	1	1	0

【例 3.6-1】利用两片 4 位比较器实现两个 8 位二进制数比较电路。

解：根据多位二进制数比较，要从高位到低位逐位进行比较的原理。若高 4 位相同，它们的大小则由低 4 位的比较器结果确定。所以低 4 位的比较结果应作为高 4 位的条件，即低 4 位比较器的输出端应分别与高 4 位比较器的 $I_{A>B}$、$I_{A<B}$、$I_{A=B}$ 端连接。画出由两片 74HC85 的级联构成的两个 8 位二进制数比较器电路图，如图 3.6-3 所示。

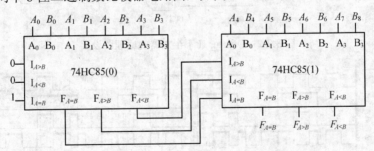

图 3.6-3 串联方式扩展数值比较器的位数

3.7 算术运算电路

算术运算单元和逻辑运算单元即 ALU 是所有 CPU 的核心部件。因此，算术运算电路是数字系统不可缺少的组成单元，下面介绍加法运算电路和减法运算电路。

3.7.1 加法运算电路

1. 1 位加法器

1 位加法器包括 1 位半加器和 1 位全加器。如果只考虑两个加数本身，而没有考虑低位的加法运算，称为半加运算。实现半加运算的逻辑电路称为半加器。两个 1 位二进制数的半加运算可用表 3.7-1 所示的真值表表示，其中，A、B 是两个加数，S 表示和数，CO 表示进位数。由真值表可得逻辑表达式

$$S = \overline{A}B + A\overline{B} \tag{3.7-1}$$

$$CO = AB$$

由上述表达式可以得出异或门和与门组成的半加器，图 3.7-1 所示为半加器的图形符号。如图 3.7-2 是 Quartus II 下输入的原理图设计，文件名为 half_adder，仿真图如图 3.7-3 所示。

表 3.7-1 半加器真值表

输	入	输	出
A	B	CO	S
0	0	0	0
0	1	0	1
1	0	0	1
1	1	1	0

图 3.7-1 半加器符号

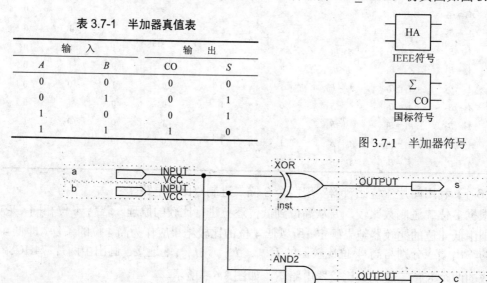

图 3.7-2 Quartus II 下半加器的原理图设计

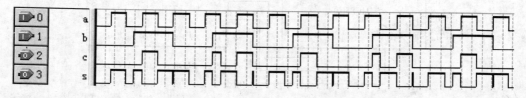

图 3.7-3 Quartus II 下半加器的仿真图

两个 1 位二进制数相加，并考虑低位的进位 CI 的加法器称为全加器（Full Adder）。全加器的逻辑符号如图 3.7-4(b) 所示。根据全加器的功能，可列其真值表如表 3.7-2 所示。其中，A 和 B 分别是两个加数，CI 为低位进位信号，S 为本位信号和数（也称为全加和），CO 为向高位的进位信号。根据真值表 3.7-2 可以画出全加器的两个输出信号的逻辑表达式如下：

$$S = \overline{AB}C_i + \overline{A}B\overline{C_i} + A\overline{B}\,\overline{C_i} + ABC_i = A \oplus B \oplus C_i$$

$$CO = AB + A\overline{B}C_i + \overline{A}BC_i = AB + (A \oplus B)C_i \tag{3.7-2}$$

根据式(3.7-2)画出由半加器和逻辑门构成全加器的逻辑图，如图 3.7-4(a)所示。

表 3.7-2　全加器真值表

输入			输出	
A	B	CI	CO	S
0	0	0	0	0
0	0	1	0	1
0	1	0	0	1
0	1	1	1	0
1	0	0	0	1
1	0	1	1	0
1	1	0	1	0
1	1	1	1	1

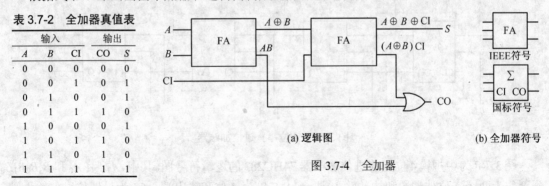

(a) 逻辑图　　　　　　　　　　　　　(b) 全加器符号

图 3.7-4　全加器

新建一个工程文件夹 addr，把 half_adder.bdf 和 half_adder.bsf(可以通过点击菜单"File->Create/Update->Creat Symbol Files for Current File"来生成)文件放入其中。新建一个原理图文件，使用插入符号命令，出现选择符号的界面，选择 half_adder.bsf 将它放置于原理图编辑区中，以 addr 命名并保存到 addr 文件夹中。以此文件新建工程。按图 3.7-5 调出有关其他元件并按图连线，保存、编译并通过仿真，仿真时序如图 3.7-6 所示。

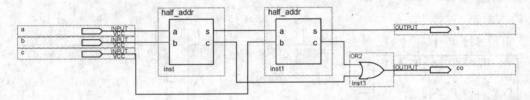

图 3.7-5　Quartus II 下全加器的原理图设计

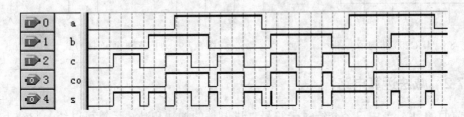

图 3.7-6　Quartus II 下全加器的仿真时序图

2. 多位数加法器

若将 n 个全加器级联，即把低位进位输出端接到相邻高位进位输入端，可以得到一个 n 位二进制数相加的电路。图 3.7-7 给出了一个由四个 1 位全加器组成的 4 位二进制数加法器，其中，$A_3A_2A_1A_0$ 和 $B_3B_2B_1B_0$ 作为两个加数，$C_3S_3S_2S_1S_0$ 作为输出的和。

上面这种结构的加法器称为串行进位加法器。由于串行进位加法器高位相加的结果只有等到低位进位产生后才能建立起来，所以串行进位加法器的缺点是运算速度慢。

为了提高运算速度，设计了一种超前进位加法逻辑电路，使得每位的进位只由两个加数和最低位进位信号直接决定，与低位的进位无关。即进位信号不再是逐级传递，而是采用超前进位技术。超前进位加法器的内部进位信号可以用下式表达：

$$C_i = f_i(A_1, A_2, \cdots, B_1, B_2, \cdots, C_i) \tag{3.7-3}$$

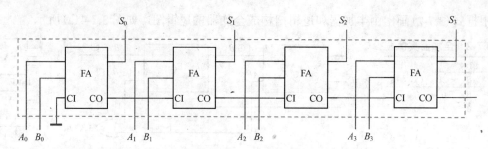

图 3.7-7   4 位串行进位加法器

图 3.7-8 为中规模 4 位超前进位加法器 74HC283 的逻辑符号图。其中，$A_3A_2A_1A_0$ 和 $B_3B_2B_1B_0$ 分别作为两个 4 位被加数和加数输入端，$S_3S_2S_1S_0$ 为 4 位和输出端；CI 为最低位进位输入端，CO 为进位输出端。

和上面讲到的串行进位加法器类似，利用多片 4 位加法器级联，就可以扩展成更多位的二进制数加法器。图 3.7-9 就是利用两片 74HC238 扩展成 8 位二进制数加法器的逻辑电路图。该电路的级联是串行进位方式，低位(0)的进位输出连接到高位片(1)的进位输入。当级联数目增加时，也会影响运算速度。

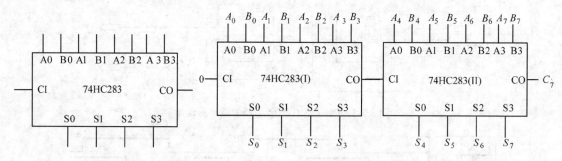

图 3.7-8   74HC283 结构示意图   图 3.7-9   加法器扩展连接方式

3.7.2   减法运算电路

在前面的 1.4 节中已经介绍过带符号二进制数的加法和减法运算可以统一归结为补码求和的方式进行运算。也就是当进行两个二进制数减法时，被减数不变，把减数变为其相反数的补码，然后进行相加，得到的和为求得两个二进制数差的补码，最后再把补码转换成原码，即得到我们所要求的差。

而负数的补码是令其符号位 1 保持不变，逐位求反加 1 得到。当 N 为负数时，则

$$N_{补} = N_{反} + 1 \tag{3.7-4}$$

根据上面的原理，可以得到两个 4 位二进制数相减的电路，如图 3.7-10 所示。其中，$A_3A_2A_1A_0$ 是被减数的输入端，$B_3B_2B_1B_0$ 是减数的输入端，$D_3D_2D_1D_0$ 是差的输出端。

图 3.7-10(a) 部分是将减数 $B_3B_2B_1B_0$ 求反加 1，得到其补码，再将此补码和被减数 $A_3A_2A_1A_0$ 相加。得到的中间结果通过图 3.7-10(b) 部分进行求补运算，进而得到所要求的差的原码形式。图 3.7-10(b) 部分的求补运算单元是通过上级图 3.7-10(a) 部分的进位信号求反后进行控制的，利用整数的补码、原码和反码都相等，而负数的补码可以利用求反加 1 的方法得到的原理。

算术运算还包括乘法运算和除法运算，由于篇幅关系这里不作介绍。

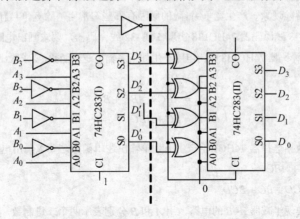

(a) 4 位减法运算逻辑图　　　　(b) 输出求补逻辑图

图 3.7-10　输出为原码的 4 位减法运算逻辑图

习题与思考题

3.1　组合逻辑电路有什么特点？分析组合逻辑电路的方法步骤是什么？

3.2　什么是编码和译码？编码和译码各有什么作用？

3.3　分析题 3.3 图所示各组合逻辑电路的逻辑功能。

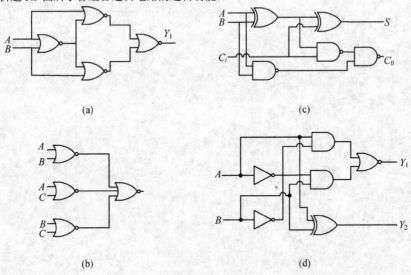

题 3.3 图

3.4　逻辑电路如题 3.4 图所示，当 $M=0$ 时该电路实现何种功能？当 $M=1$ 时又实现什么功能？并说明工作原理。

3.5　在举重比赛中有 A、B、C 三名裁判，A 为主裁判，当有两名以上裁判(必须包括主裁判 A 在内)认为运动员举杠铃合格，按动电铃可发出裁决合格信号，设计该逻辑电路。

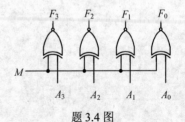

题 3.4 图

3.6　设计一个 4 输入奇偶校验逻辑电路，要求四个输入逻辑变量中有奇数个 1 时输出为 1，否则输出为 0。

3.7　什么是竞争–冒险现象？产生竞争–冒险的原因有哪些？常用消除竞争–冒险现象的方法是什么？

3.8　试用四片 3 线–8 线译码器 74HC138 实现 5 线–32 线译码器，要求画出电路图并说明工作原理。

3.9　试用 3 线–8 线译码器 74HC138 和门电路产生如下多输出逻辑函数，要求画出电路图并写出求解过程。

$$
\begin{cases}
Y_1 = AC \\
Y_2 = \overline{A}\,\overline{B}C + A\overline{B}\,\overline{C} + BC \\
Y_3 = \overline{B}\,\overline{C} + AB\overline{C}
\end{cases}
$$

3.10　试用 8 选 1 数据选择器 74HC151 产生下列单输出逻辑函数，要求画出电路图并写出求解过程。

（1）　$Y = AC + \overline{A}B\overline{C} + \overline{A}\,\overline{B}C$

（2）　$Y = A\overline{C}D + \overline{A}BCD + BC + B\overline{C}\overline{D}$

3.11　试设计一个实现半减器 $A{-}B$ 的电路，用 A 和 B 分别表示两个二进制数，用 D 和 B_i 分别表示本位差和借位，写出相关的真值表和表达式，画出逻辑电路图。

3.12　试设计一个实现全减器 $A{-}B{-}B_{i-1}$ 的电路，用 A 和 B 分别表示两个二进制数，用 B_{i-1} 表示低位的借位信号，用 D 和 B_i 分别表示本位差和借位，写出相关的真值表和表达式，画出逻辑电路图。

3.13　用 Quartus II 软件原理图输入法设计 4 线–16 线译码器，并完成功能仿真。

3.14　用 Quartus II 软件原理图输入法设计 4 位减法器，并完成功能仿真。

第 4 章　时序逻辑电路基础

在数字电子系统中，除了需要具有逻辑运算和算术运算功能的组合逻辑电路外，还需要具有存储功能的电路。将组合电路与存储电路相结合就可以构成时序逻辑电路，简称时序电路。触发器(Flip-Flop)是构成各种时序电路的基本存储单元，其与时序逻辑电路具有的共同特点是都具有 0 和 1 两种稳定状态，一旦状态确定，就能自行保持，即长期存储 1 位二进制数，直到有外部信号作用时才有可能改变。

本章介绍触发器和各种时序逻辑电路的基本概念，着重介绍它们的电路结构及工作原理，重点讨论时序逻辑电路的分析及设计方式，以实现不同的逻辑功能。

4.1　双稳态触发器

通常，具有两个不同稳定的二进制存储单元，用于记忆 0 或 1 两个稳定状态的电路称为双稳态触发器，简称触发器。如将两个非门 G1 和 G2 接成如图 4.1-1 所示的交叉耦合形式，即构成最基本的双稳态电路。下面将从逻辑角度对其特性进行分析。

对图 4.1-1 所示的逻辑状态分析如下：从电路的逻辑关系可知，若 $Q=0$，由于非门 G2 的作用，则使 $\overline{Q}=1$，$\overline{Q}$ 反馈到 G1 输入端，又保证了 $Q=0$。由于两个非门首尾相接的逻辑锁定，因而电路能自行保持在 $Q=0$，$\overline{Q}=1$ 的状态，形成第一种稳定状态。反之，若 $Q=1$，$\overline{Q}=0$，形成第二种稳定状态。在两种稳定状态中，输出端 Q 和 $\overline{Q}$ 总是互补

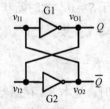

图 4.1-1　双稳态存储单元电路

的。由于电路只存在这两种可以长期保持的稳定状态，故为双稳态电路。定义 $Q=0$ 为电路的 0 状态，而当 $Q=1$ 时则为 1 状态。电路接通后，可能随机进入其中一种状态，并能长期保持不变。因此，电路具有存储或记忆 1 位二进制数据的功能。但是，因为没有控制信号输入，所以无法确定图 4.1-1 所示电路在上电时究竟进入哪一种状态。

若在双稳态电路的一个非门输入端输入脉冲信号，电路将从一种状态转换到另一种状态，实现对逻辑状态的控制。4.2 节将利用这个原理讨论基本 RS 触发器。

4.2　RS 触 发 器

4.2.1　基本 RS 触发器

最基本的 RS 触发器电路是由两个"与非"门交叉直接耦合而成的，如图 4.2-1 所示。

同样，基本 RS 触发器有两个输出端，一个标为 Q，另一个标为 $\overline{Q}$。在正常情况下，这两个输出端总是逻辑互补的，当 $Q=1$，$\overline{Q}=0$ 时，称为"1"状态；当 $Q=0$，$\overline{Q}=1$ 时，称为"0"状态。

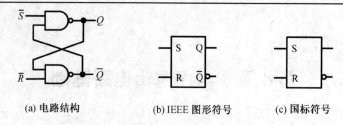

(a) 电路结构　　　　(b) IEEE 图形符号　　　(c) 国标符号

图 4.2-1　用"与非"门组成的基本 RS 存储器

基本 RS 触发器有两个输入端 $\overline{S}$ 和 $\overline{R}$，是用来加入触发信号的端子。基本 RS 触发器根据输入不同，分为如下 4 种情况。

1. $\overline{R}=0$，$\overline{S}=1$

所谓 $\overline{S}=1$，就是将 $\overline{S}$ 保持高电位；而 $\overline{R}=0$，就是在 $\overline{R}$ 端加一低电平。由于 $\overline{R}=0$，所以新状态 $\overline{Q}=1$，$Q=0$。

基本 RS 存储器处于"0"状态，称为置"0"或复位状态。其实，基本 RS 存储器的字母 R 就是英文 Reset 的简写。由于 $\overline{R}$ 为"0"时，可使基本 RS 锁存器为"0"状态，因此，R 端称为直接复位端或直接置"0"端。

2. $\overline{R}=1$，$\overline{S}=0$

由于 $\overline{S}=0$，此时新状态 $Q=1$，$\overline{Q}=0$，基本 RS 存储器为"1"状态，所以 S 端也称为直接置位端或直接置"1"端。基本 RS 存储器的字母 S 就是英文 Set 的简写。

3. $\overline{R}=\overline{S}=1$

此时，基本 RS 存储器的输出状态取决于原来的状态。即无论基本 RS 存储器原来的状态为"0"状态还是"1"状态，基本 RS 存储器将保持原来的状态不变，这就是具有存储或记忆功能。

4. $\overline{R}=\overline{S}=0$

当 $\overline{S}$ 端和 $\overline{R}$ 端同时输入低电平时，两个"与非"门输出端都为"1"，就达不到 Q 与 $\overline{Q}$ 的状态应该相反的逻辑要求。但当把该状态撤销(不同为低电平)后，基本 RS 存储器将由各种偶然因素决定最终状态。因此，必须禁止 $\overline{R}=\overline{S}=0$。允许的 $\overline{R}$、$\overline{S}$ 输入信号满足下述约束条件：

$$\overline{R}+\overline{S}=1 \tag{4.2-1}$$

与非门组成基本 RS 存储器的真值表如表 4.2-1 所示。

表 4.2-1　与非门组成基本 RS 存储器的真值表

$\overline{R}$	$\overline{S}$	Q	功能说明
0	0	不定	禁止
0	1	0	置0
1	0	1	置1
1	1	不变	保持

用时序图来描述器件的逻辑功能是数字逻辑电路功能分析的重要手段。对于触发器，一般先设初始状态 Q 为 0(也可以设为 1)，然后根据给定输入信号波形，相应画出输出端 Q 的波形，这种波形图称为时序图，可直观地显示基本 RS 存储器的工作情况。

【例 4.2-1】 在图 4.2-2(a)的基本 RS 触发器电路中，已知 $\overline{R}$ 和 $\overline{S}$ 端的波形如图 4.2-2(b)所示，试画出 Q 和 $\overline{Q}$ 的波形。

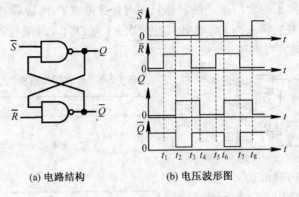

(a) 电路结构　　　　(b) 电压波形图

图 4.2-2　例 4.2-1 的电路和电压波形

解：这是一个用已知的 $\overline{R}$ 和 $\overline{S}$ 的状态确定 Q 和 $\overline{Q}$ 状态的问题。只要根据每个时间区间里 $\overline{R}$ 和 $\overline{S}$ 的状态去查基本 RS 存储器的特性表，即可找出 Q 和 $\overline{Q}$ 的相应状态，并画出它们的波形图，如图 4.2-2(b)所示。从图 4.2-2 (b)的波形图上可以看出，虽然在 $t_3 \sim t_4$ 和 $t_7 \sim t_8$ 期间输入端出现了 $\overline{R} = \overline{S} = 0$ 的状态，但由于 $\overline{S}$ 首先回到了高电平，所以触发器的次态仍是可以确定的。

实际上，具有"非"逻辑关系的两个门交叉耦合都可以构成基本 RS 存储器。如图 4.2-3 所示就是用两个"或非"门构成的基本 RS 双稳态存储器。它具有图 4.2-1 所示电路同样的功能，只不过输入端需要用高电平来触发，其真值表列于表 4.2-2 中。其实，只要将表 4.2-1 中输入变量取"非"，就可得到表 4.2-2。

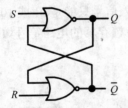

图 4.2-3　用"或非"门组成的
基本 RS 触发器电路结构

表 4.2-2　或非门组成基本 RS 存储器的真值表

R	S	Q^{n+1}	功能说明
0	0	不变	保持
0	1	1	置 1
1	0	0	置 0
1	1	不定	禁止

上述基本 RS 触发器，又称为直接触发 RS 触发器，它有线路简单、操作方便等特点，广泛地用于键盘输入、开关消噪声等。

4.2.2　同步 RS 触发器

在数字系统中，常常要求 RS 触发器的状态改变不是在 $\overline{R}$ 和 $\overline{S}$ 输入变化时完成，这就需要对触发器的翻转时刻进行控制，因此要求有一个时钟脉冲来控制触发器，使其只能在时钟脉冲到来时才更新状态，而在其他时间触发器只能保持原来状态不变，即构成同步触发器，这个控制脉冲即为同步脉冲，称为时钟脉冲(Clock Pulse)，习惯上写为 CP。也就是要在基本 RS 存储器基础上引入一个时钟引脚 CK，加到这个引脚上的时钟信号称为时钟脉冲 CP。对于时钟脉冲，当其由 0 变为 1 称为正边沿(或上升沿)，当 CP 由 1 变为 0 称为负边沿(或下降沿)。

为增加时钟控制端，克服 $\overline{R}$、$\overline{S}$ 变化，Q 和 $\overline{Q}$ 就随之立刻变化的现象，需要对基本 RS 出发器电路作进一步改进。由与非门构成的同步 RS 触发器电路如图 4.2-4 所示，在基本 RS 出发器电路基础上增加了两个门，使触发器只在时钟脉冲 CP 出现（高电平）时才能接收输入更新状态。触发器原来的状态为 Q^n，新的状态（次态）为 Q^{n+1}。对照与非门基本 RS 触发器可得到与非门同步 RS 触发器真值表，如表 4.2-3 所示。

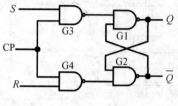

图 4.2-4　与非门构成的同
步 RS 触发器电路

表 4.2-3　与非门构成的同步 RS 触发器真值表

S^n	R^n	Q^{n+1}	说明
0	0	Q^n	保持
0	1	0	清 0
1	0	1	置 1
1	1	×	不允许

4.3　D 锁存器与 D 触发器

4.3.1　D 锁存器及应用

1. D 锁存器

为了从根本上避免同步 RS 触发器 R、S 同时为 1 的情况出现，可以在 R 和 S 之间形成非逻辑。如图 4.3-1(a) 所示，形成 D 和 CP 两个新的输入引脚，这样就成为只有一个输入端的 D 锁存器。D 锁存器在时钟脉冲作用期间（CP = 1 时），将输入信号 D 转换成一对互补信号，送到基本 RS 触发器的两个输入端，使基本 RS 触发器的两个输入信号只能是 01 或 10 两种组合，从而消除了状态不确定的现象，解决了对输入的约束问题。D 锁存器的电路符号如图 4.3-1(b) 和 4.3-1(c) 所示。

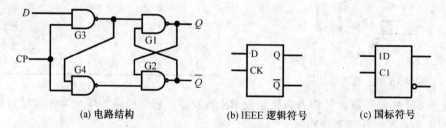

(a) 电路结构　　　　(b) IEEE 逻辑符号　　　　(c) 国标符号

图 4.3-1　D 锁存器的电路结构与逻辑符号

很明显，在时钟脉冲 CP = 1 时，D 锁存器是"透明的"，即 $Q = D$；而 CP = 0 时，D 锁存器保持原数据。这与与门的开关作用很类似。D 锁存器的工作时序波形图如图 4.3-2 所示，真值表如表 4.3-1 所示。D 锁存器的特性方程为

$$\begin{cases} Q^{n+1} = D, & CP = 1 \\ Q^{n+1} 保持原 Q^n 值不变, & CP = 0 \end{cases} \tag{4.3-1}$$

行业里，称时钟脉冲 CP = 1 时 D 锁存器的"透明"特性为空翻现象。

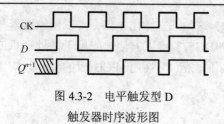

图 4.3-2 电平触发型 D
触发器时序波形图

表 4.3-1 电平触发型 D 锁存器的真值表

D	Q	$\overline{Q}$	功能
×	不变	不变	保持
0	0	1	置0
1	1	0	置1

实现 D 锁存器的电路很多，不止如图 4.3-1 所示一种方法。由于逻辑上我们只关心外特性，因此其他方法不作介绍。

2. D 锁存器应用之地址锁存器

由于 D 锁存器是在 CP = 1 时控制 D 触发器的状态变化。工作中，当 CK = 0 时，触发器被禁止，输入信号不起任何作用，其状态始终保持不变；而当 CP = 1 时，其新状态 Q^{n+1} 始终与 D 输入一致，因此，D 锁存器常用作为锁存器。多个 D 锁存器可组成计算机中常用的地址锁存器，如常见的锁存器型号有 74HC373、74HC573 等。

如图 4.3-3 所示为中规模集成电路 CMOS 8 位锁存器 74HC373 和 74HC573 的内部逻辑电路图，其核心是 8 个 D 锁存器。其中，LE 即为前面所述的 CK。当接至 LE 的 CP 为高电平时允许所有 D 锁存器动作，更新它们的状态；而 CP 低电平时则保持 8 位数据不变。8 个 D 锁存器输出端都带有三态门，当输出三态门使能信号 $\overline{OE}$ 为低电平时，三态门有效，输出

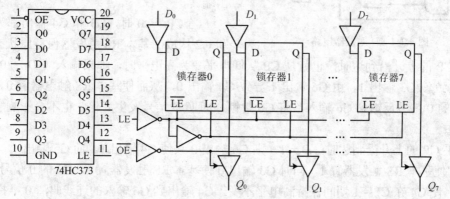

(a) 74H373 的引脚及内部结构图

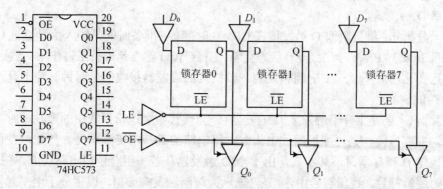

(b) 74HC573 的引脚及内部结构图

图 4.3-3 8 位锁存器 74HC373 和 74HC573 的内部逻辑电路图

锁存的信号；当 $\overline{OE}$ 为高电平时，输出处于高阻状态。这种三态输出电路，可以使锁存器与输出负载得到有效隔离，更重要的是使 74HC373 和 74HC573 可以方便地应用于微处理机或计算机的总线传输电路。不过鉴于 74HC373 引脚排列不规范，不利于 PCB 板的设计，实际应用中多采用 74HC573 作为锁存器。

4.3.2 D 触发器及应用

若触发器的次态 (Q^{n+1}) 在 CP 高电平 (或低电平) 期间随输入变化，而在 CP 低电平 (或高电平) 期间保持 CP 由高变低 (或由低变高电平) 时刻的状态，输入信号状态的变化对输出状态不产生影响，这类触发器称为锁存器，如前面讲的 D 锁存器。

若次态 (Q^{n+1}) 仅取决于 CP 下降沿 (或上升沿) 到达前瞬间的输入信号状态，而在此之前或之后的一段时间内，输入信号状态的变化对输出状态不产生影响，则这类存储器件称为边沿触发器，或直接简称为触发器。边沿触发器可以有效地避免锁存器的空翻现象，且还可以实现移位和计数等功能。触发器具有工作可靠性高、抗干扰能力强的优点，应用广泛。

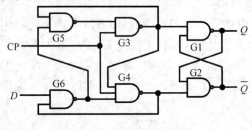

图 4.3-4 D 触发器电路

由 6 个与非门构成的正边沿 D 触发器如图 4.3-4 所示，G1、G2 构成基本 RS 触发器，G3、G4 起引导作用，G5 和 G6 的作用是将输入信号 D 同相送到 G5 输出端，反相送到 G6 输出端。

当 CP = 0 时，G3 和 G4 输出都为 1，G1 和 G2 构成的基本 RS 触发器保持原状态。

当 CP 的上升沿到达时，也就是 CP 从低电平变为高电平时，如果输入端 D = 0，则 G5 输出 0，致使 G3 输出 1。由 G6 输出 1 导致 G4 输出 0，从而使基本 RS 触电器清 0。同时，G4 输出的 0 信号反馈到 G6 输入，将 G6 封锁，即使 D 信号发生变化，也不会影响触发器的输出状态。

如果 CP 的上升沿到达时，D = 1，则 G6 输出 0 致使 G4 输出 1。而 G5 输出 1，导致 G3 输出 0，使基本 RS 触发器置 1，同时 G3 输出 0 使基本 RS 触发器置 1。G3 的 0 信号送到 G4 输入端，使 G4 在 CP = 1 期间保持高电平不变。G4 输出到 G6 输入的连线叫清 0 维持线。G3 输出到 G5 输入的连线叫置 1 维持线。G3 输出到 G4 输入的连线叫清 0 阻塞线。故该电路称为维持阻塞 D 触发器。

由以上分析知，维持阻塞 D 触发器在 CP = 0 时准备，准备时间是输入信号通过 G5 和 G6 的时间，即 2tpd。CP = 1 时 (上升沿) 状态更新，并经 1tpd 建立起维持阻塞作用，然后 D 信号就可以随意变化，而不会产生空翻和误翻，该机构的触发器接收的是时钟脉冲上升沿到达前一瞬间 D 端的信号。

D 触发器 (主要是上升沿触发型 D 触发器) 作为现代数字逻辑系统中的最基本时序元件，结构简单，控制方便，是可编程器件中构成时序电路的最基本资源单元。甚至，在可编程器件中，要构建 D 锁存器时，其实质是由 1 个 D 触发器和若干组合逻辑电路构成。图 4.3-5 为 D 触发器的逻辑符号。逻辑符号中，">"表示为边沿触发响应型，以区分于电平触发型；加"小圆圈"后表示下降沿触发。

D 触发器的真值表与 D 锁存器相同，其与 D 锁存器的不同之处只是输出状态发生变化的时刻不同。D 触发器将 CP 上升沿或下降沿之前瞬间的输入数据 D 传输到输出端并保持。上升沿触发型 D 触发器的特性方程如下：

$$\begin{cases} Q^{n+1} = D, & CP = \uparrow \\ Q^{n+1} \text{ 保持原 } Q^n \text{ 值不变，} CP \text{ 为其他状态} \end{cases} \tag{4.3-2}$$

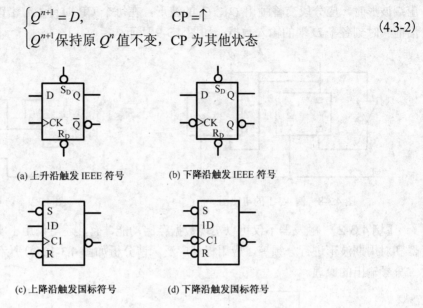

(a) 上升沿触发 IEEE 符号　　　　(b) 下降沿触发 IEEE 符号

(c) 上降沿触发国标符号　　　　(d) 下降沿触发国标符号

图 4.3-5　D 触发器的符号

S_D 和 R_D 分别为置 1 端和清 0 端(或复位端)，与基本 RS 存储器中的 S 和 R 功能一致。无论 CP 为何种状态，只要 S_D 为 0，则 Q 立刻更新并处于高电平输出状态，直至 S_D 变为 1 后，D 触发器的输出 Q 才工作在边沿触发模式；同理，无论 CP 为何种状态，只要 R_D 为 0，则 Q 立刻更新并处于低电平输出状态，直至 R_D 变为 1 后，D 触发器的输出 Q 才工作在边沿触发模式。S_D 和 R_D 的这种工作模式称为异步置 1 和异步清 0，相应的引脚称为异步置 1 端和异步清 0 端(或复位端)。关于异步的概念将在 4.5 节讲述。

常用 D 触发器集成电路芯片为 74HC74，它的内部包括两个相同的上升沿触发 D 触发器。74HC74 触发器的芯片引脚如图 4.3-6 所示。

把握 D 触发器工作特性的关键是确定每个时钟脉冲 CK 上升沿之后的输出状态等于该上升沿前一瞬间 D 信号的状态，此状态要保持到下一个时钟脉冲 CK 上升沿到来时。如图 4.3-7 所示为上升沿触发型 D 触发器的输入信号和时钟脉冲信号波形示例，设触发器的初始状态为 0，确定输出信号 Q 的波形。

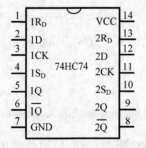

图 4.3-6　74HC74 触发器的芯片引脚

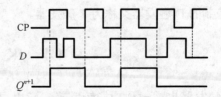

图 4.3-7　例 4.3-1 波形图

【例 4.3-1】　图 4.3-8 为由 D 触发器构成的电路图，设电路的初始状态 $Q_0 Q_1 = 00$，试确定 Q_0 和 Q_1 在时钟脉冲作用下的波形。

解：由于两个 D 触发器的输入信号分别为另一个 D 触发器的输出，因此在确定它们的输出端波形时，应分段交替画出 Q_0、Q_1 的波形，在每个 CP 时钟上升沿锁存出现 CP 时钟上升沿前一时刻各个 D 端的输入数据，如图 4.3-9 所示。

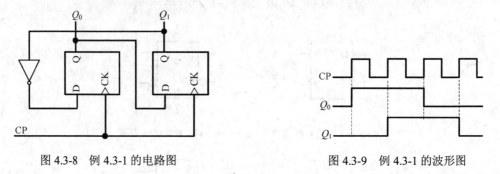

图 4.3-8　例 4.3-1 的电路图　　　　　　图 4.3-9　例 4.3-1 的波形图

【例 4.3-2】 触发器不仅可以实现数据存储功能，而且还可以用于实现移位寄存器、计数器和对周期波形进行分频等，应用极其广泛。请分析如图 4.3-10(a)所示电路对周期波形进行二分频输出的原理。

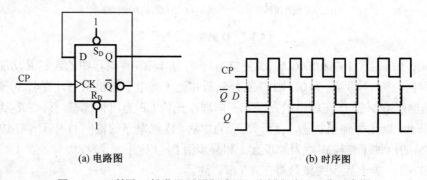

(a) 电路图　　　　　　　　　　(b) 时序图

图 4.3-10　利用 D 触发器对周期波形二分频电路及工作时序图

解：工作时序如图 4.3-10(b)所示。当 $\overline{Q}$ 为 1 时，输入端 D 即为 1，Q 输出为 0，当 CP 脉冲出现上升沿时，Q 更新输出为 1，$\overline{Q}$ 变为 0，输入端 D 自然也跟着变为输入 0；当 CP 脉冲又出现上升沿时，Q 更新输出为 0，$\overline{Q}$ 变为 1，输入端 D 再次变为 1。依此类推。可见，输出端 Q 在 CP 脉冲的每个上升沿翻转一次，两次翻转构成 Q 输出信号的一个完整周期，实现二分频，即当 CP 脉冲频率为 f 时，Q 端输出信号频率为 $f/2$。

通常，D 锁存器和 D 触发器有时还有使能端控制引脚 E。当 E 输入为高电平时，CP 时钟有效；否则，当 E 输入为低电平时，无论 CP 时钟如何变化，将一直保持原状态不变。带有使能端控制的 D 触发器又称为 T 触发器。

4.4　JK 触发器

JK 触发器也是一种功能较完善、应用很广泛的双稳态触发器，JK 触发器的电路符号如图 4.4-1 所示。与 D 触发器一致，JK 触发器一般带有置 1 端 S 和清 0 端 R。前面已经指出，有了 D 触发器，其他触发器都可以基于其构建，因此，关于 JK 触发器电路这里就不再介绍。

以下降沿触发 JK 触发器为例，其状态转换真值表，如图 4.4-1 如表 4.4-1 所示。

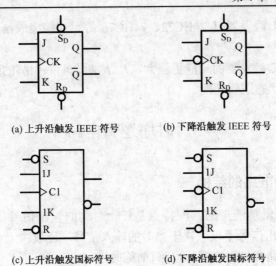

(a) 上升沿触发 IEEE 符号　　　　　(b) 下降沿触发 IEEE 符号

(c) 上升沿触发国标符号　　　　　(d) 下降沿触发国标符号

图 4.4-1　主从 JK 触发器电路符号

表 4.4-1　下降沿触发 JK 触发器状态转换真值表

CK	S	R	J	K	Q^n	Q^{n+1}	功能
	0	1	×	×	×	1	异步置 1
×	1	0	×	×	×	0	异步清 0
↓	1	1	0	0	0	0	保持
					1	1	
↓	1	1	0	1	0	0	置 0
					1	0	
↓	1	1	1	0	0	1	置 1
					1	1	
↓	1	1	1	1	0	1	翻转
					1	0	

从上升沿触发 JK 触发器真值表可得到 JK 触发器的特性方程：

$$Q^{n+1} = J\overline{Q^n} + \overline{K}Q^n \tag{4.4-1}$$

式(4.4-1)仅在对应边沿到来时有效，Q^{n+1} 为对应 CP 边沿之后的状态，J、K 和 Q^n 为对应 CP 边沿之前的状态，其工作波形举例如图 4.4-2 所示。其要领是，要以时钟 CP 的下降沿为基准，划分时间间隔，CP 下降沿到来前为现态 Q^n，上升沿到来后为次态 Q^{n+1}；每个时钟脉冲下降沿到来后，根据 JK 触发器的特性方程确定其次态。

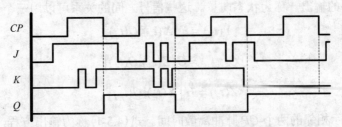

图 4.4-2　下降沿触发的主从 JK 触发器时序图

常见的通用集成电路中，下降沿触发的 JK 触发器有 74HC112、74HC113、74HC114 等。

常见的上升沿触发的 JK 触发器有 74HC73、74HC76 等。这些集成器件的每个芯片中含有两个 JK 触发器。

相比 D 触发器，JK 触发器的功能更强大，J、K 两个输入引脚的四种组合实现了保持、清 0、置 1 和翻转四种状态逻辑功能。

4.5　时序逻辑电路

4.5.1　时序逻辑电路的结构

组合逻辑电路在逻辑功能上的共同特点是任一时刻的输出信号仅取决于当时的输入信号。如果任一时刻的输出信号不仅取决于当时的输入信号，还取决于电路原来的状态，具备这种逻辑功能特点的电路叫做时序逻辑电路(简称时序电路)。

从结构上来说，时序电路有两个特点：第一，时序电路往往包含组合电路和存储电路两部分，且存储电路是必不可少的。第二，存储电路输出的状态必须反馈到输入端，与输入信号共同决定组合电路的输出。业界按照输出信号的特性，把时序电路分为 Mealy 型和 Moore 型两种，如图 4.5-1 所示。Mealy 型时序电路的输出不仅与现态有关，还决定于电路的输入。Moore 型时序电路的输出仅取决于电路当前的状态，与输入无关。

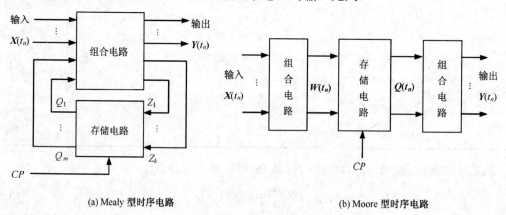

(a) Mealy 型时序电路　　　　　　　(b) Moore 型时序电路

图 4.5-1　时序电路的结构框图

时序电路的框图可画成图 4.5-1 的普遍形式。图中的 $X(x_1, x_2, \cdots, x_i)$ 代表输入信号，$Y(y_1, y_2, \cdots, y_j)$ 代表输出信号，在 $Z(z_1, z_2, \cdots, z_k)$ 代表存储电路的输入信号，$Q(q_1, q_2, \cdots, q_m)$ 代表存储电路的输出，称为状态向量。这些信号之间的关系可以用三个向量函数来表示

$$Y(t_n) = F[X(t_n), Q(t_n)] \tag{4.5-1}$$

$$Q(t_{n+1}) = G[Z(t_n), Q(t_n)] \tag{4.5-2}$$

$$Z(t_n) = H[X(t_n), Q(t_n)] \tag{4.5-3}$$

式中，t_n、t_{n+1} 表示相邻的两个 CP 脉冲离散时间。式(4.5-1)称为输出方程，式(4.5-2)称为状态方程，式(4.5-3)称为驱动方程。

时序电路的逻辑功能除了用状态方程、输出方程和驱动方程等方程式表示以外，还可以用状态转换表、状态图、时序图等形式来表示。因为时序电路在每一时刻的状态都与前一个

时钟脉冲作用时电路的原状态有关,如果能把在一系列时钟信号操作下电路状态转换的全过程都找出来,那么电路的逻辑功能和工作情况便一目了然了。状态转换表、状态图、时序图都是描述时序电路状态转换全部过程的方法,它们之间是可以相互转换的。

1. 状态转换表

若将任何一组输入变量及电路初态的取值代入状态方程和输出方程,即可算出电路的次态和输出值,所得的次态又成为新的初态,和这时的输入变量取值一起,再代入状态方程和输出方程进行计算,又可得到一组新的次态和输出值。如此继续下去,把这些计算结果列成真值表的形式,就可得到状态转换表。

2. 时序图

为了便于通过实验方法检查时序电路的功能,把时钟序列脉冲作用下存储电路的状态和输出状态随时间变化的波形画出来,称为时序图。

3. 状态图

将状态转换表的形式表示为状态转换图,简称为状态图,是以圆圈表示电路的各个状态,圆圈中填入存储单元的状态值,圆圈之间用箭头表示状态转换的方向,在箭头旁注明输入变量取值和输出值,输入和输出用斜线分开,斜线上方为输入值,斜线下方为输出值。如 D 触发器和 JK 触发器的状态图分别如图 4.5-2 和图 4.5-3 所示。状态图是状态机设计的有效分析工具,关于状态机将在第 8 章讲述。

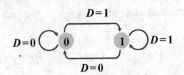

图 4.5-2　D 触发器状态图

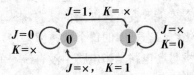

图 4.5-3　JK 触发器状态图

那么如何进行时序逻辑电路的分析呢?其实,时序逻辑电路的分析就是找出给定时序电路的逻辑功能和工作特点。其一般步骤如下:

(1) 根据给定电路写出其时钟方程、驱动方程、输出方程(驱动方程亦即触发器输入信号的逻辑函数式)。

(2) 求状态方程。将各触发器的驱动方程代入相应触发器的特性方程,就得出与电路相一致的具体电路的状态方程。

(3) 进行状态计算。把电路的输入和现态各种可能取值组合代入状态方程和输出方程进行计算,得到相应的次态和输出。这里应注意以下三点:①状态方程有效的时钟条件;②各个触发器现态的组合作为该电路的现态;③应以给定的或设定的初态为条件计算出相应的次态和组合电路的输出状态。

(4) 画状态图(或状态转换表,或时序图)。整理计算结果,画出状态图(或状态转换表、或时序图)。这里需要注意三点:①状态转换是由现态到次态,不是由现态到现态或次态到次态;②输出是现态的函数,不是次态的函数,即转换箭头旁斜线下方标出转换前的输出值;③如需画出时序图,应在时钟(CP)触发沿到来时更新状态。

上述对时序逻辑电路的分析步骤不是一成不变的,可根据电路情况和分析者的熟悉程度进行取舍,分析过程可归纳为图 4.5-4 的示意图。

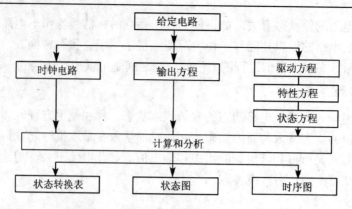

图 4.5-4　时序电路的分析过程示意图

4.5.2　同步时序逻辑电路和异步时序逻辑电路

根据存储电路状态变化的特点，时序电路分为同步时序电路和异步时序电路两大类。在同步时序电路中，所有存储单元状态的变化都是在同一时钟信号操作下同时发生的。而在异步时序电路中，存储单元状态的变化不是同时发生的，可能有一部分电路有公共的时钟信号，也可能完全没有公共的时钟信号。

也就是说，同步时序电路是指各个触发器的时钟端全部连接在一起，并接至系统时钟端，且一般置 1 端和清 0 端信号都受系统时钟的间接控制。同步时序电路只有当时钟脉冲到来时，电路的状态才能改变，改变后的状态将一直保持到下一个时钟脉冲的到来，此时无论外部输入有无变化，状态表中的每个状态都是稳定的。

而异步时序电路是指电路中没有统一的时钟，且置 1 端和清 0 端信号一般也不都受系统时钟的间接控制。

下面将以两个例题来说明同步时序逻辑电路和异步时序逻辑电路的分析方法。

1. 同步时序逻辑电路分析

【例 4.5-1】 试分析图 4.5-5 所示同步时序逻辑电路的逻辑功能。FF1、FF2 和 FF3 是三个主从结构的 TTL 触发器，下降沿触发，输入悬空时和逻辑 1 状态等效。

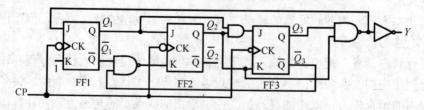

图 4.5-5　例 4.5-1 的时序逻辑电路

解：(1) 根据给定的逻辑图写出驱动方程

$$J_1 = \overline{Q_2^n \cdot Q_3^n}, \quad K_1 = 1$$

$$J_2 = Q_1^n, \quad K_2 = \overline{\overline{Q_1^n} \cdot \overline{Q_3^n}} \tag{4.5-4}$$

$$J_3 = Q_1^n \cdot Q_2^n, \quad K_3 = Q_2^n$$

（2）将式(4.5-4)各式代入 JK 触发器的特性方程 $Q^{n+1} = J\overline{Q^n} + \overline{K}Q^n$ 中去，于是得到电路的状态方程

$$Q_1^{n+1} = J_1\overline{Q_1^n} + \overline{K_1}Q_1^n = \overline{Q_2^n \cdot Q_3^n} \cdot \overline{Q_1^n} + \overline{1} \cdot Q_1^n = \overline{Q_2^n \cdot Q_3^n} \cdot \overline{Q_1^n}$$

$$Q_2^{n+1} = J_2\overline{Q_2^n} + \overline{K_2}Q_2^n = Q_1^n \cdot \overline{Q_2^n} + \overline{Q_1^n \cdot Q_3^n} \cdot Q_2^n \tag{4.5-5}$$

$$Q_3^{n+1} = J_3\overline{Q_3^n} + \overline{K_3}Q_3^n = Q_1^n \cdot Q_2^n \cdot \overline{Q_3^n} + \overline{Q_2^n}Q_3^n$$

由逻辑图直接写出输出方程

$$Y = Q_2 Q_3 \tag{4.5-6}$$

由于此时序电路是同步时序电路，即三个触发器使用同一个时钟脉冲，故时钟方程是一个，可不写出。

（3）进行计算，列状态转换表：

设电路的初始状态 $Q_3Q_2Q_1 = 000$，将现态代入式(4.5-5)、式(4.5-6)中，可得次态和新的输出值，而这个次态又作为下一个 CP 到来前的现态，依此类推可得状态转换表，如表 4.5-1 所示。

表 4.5-1　例 4.5-1 电路的状态转换表

CP	Q_3	Q_2	Q_1	Y
0	0	0	0	0
1	0	0	1	0
2	0	1	0	0
3	0	1	1	0
4	1	0	0	0
5	1	0	1	0
6	1	1	0	1
6→0	0	0	0	0
8	1	1	1	1
8→0	0	0	0	0

通过计算发现当 $Q_3Q_2Q_1 = 110$ 时，其次态 $Q_3^{n+1}Q_2^{n+1}Q_1^{n+1} = 000$，返回到最初设定的状态，可见电路在 7 个状态中循环，它有对时钟信号进行计数的功能，计数容量为 7，即 $N = 7$，可称为七进制计数器。

此外，FF3、FF2、FF1 这三个触发器的输出 $Q_3Q_2Q_1$ 应有 8 种状态组合，而进入循环的是 7 种，缺少 $Q_3Q_2Q_1 = 111$ 这种状态，所以如设初态为 111，经计算，经过一个 CP 就可转换为 000，进入循环。这说明，如果处于无效状态 111，该电路能够自动进入有效状态，故称为具有自启动能力的电路。这一转换也应列入状态转换表，放在表的最下面。如图 4.5-6 所示。其实，状态转换表是以表格的形式展示状态转换规律的。

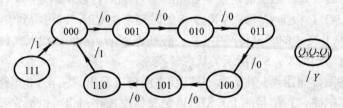

图 4.5-6　例 4.5-1 电路的状态转换图

至此，该电路的分析结束。当然，分析者可以不采用状态转换表，而采用状态图或时序图来观察其逻辑功能，如图 4.5-7 所示。

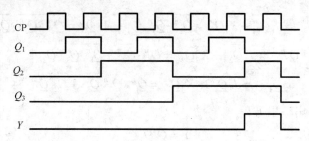

图 4.5-7   例 4.5-1 电路的时序图

2. 异步时序逻辑电路分析

【例 4.5-2】 已知异步时序电路的逻辑图如图 4.5-8 所示，试分析它的逻辑功能，画出电路的状态图和时序图。触发器和门电路均为 TTL 电路。

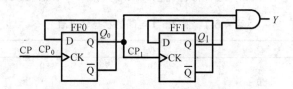

图 4.5-8   例 4.5-2 的时序逻辑电路图

解：（1）根据逻辑图写出逻辑方程组

驱动方程：

$$D_0 = \overline{Q_0^n} , \qquad D_1 = \overline{Q_1^n} \tag{4.5-7}$$

时钟方程：

$$CP_0 = CP , \qquad CP_1 = Q_0^n \tag{4.5-8}$$

输出方程：

$$Y = Q_0^n \cdot Q_1^n$$

（2）将式(4.5-7)代入 D 触发器的特性方程 $Q^{n+1} = D$，得到电路的状态方程

$$Q_0^{n+1} = \overline{Q_0^n} CP_0 \qquad Q_1^{n+1} = \overline{Q_1^n} CP_1 \tag{4.5-9}$$

为了画电路的状态转换图，需列出电路的状态转换表。在计算触发器的次态时，首先应找出每次电路状态转换时各触发器是否有 CP 信号。为此，可以从给定的 CP_0 连续作用下列出 Q_0 的对应值（表 4.5-2）。根据 Q_0 每次从 0 变 1 的时刻产生 CP_1，即可得到表 4.5-2 中 CP_1 的对应值。而 Q_1 每次从 0 变 1 的时刻将产生 CP_1。设初态 $Q_1Q_0 = 00$，代入式(4.5-8)和式(4.5-9)依次计算下去，就得到如表 4.5-2 所示的状态转换表。

（3）画出状态图，如图 4.5-9 所示。从其状态图可以看出，图 4.5-8 电路是一个两位异步二进制减法计数器电路。Y 信号的上升沿可以触发借位操作，也可以把它看做一个序列信号发生器。

表 4.5-2　图 4.5-6 电路的状态转换表

触发器原态		时钟信号		触发器次态		输出 Y
Q_1^n	Q_0^n	CP_1	CP_0	Q_1^{n+1}	Q_0^{n+1}	
0	0	1	1	1	1	0
0	1	0	1	0	0	0
1	0	1	1	0	1	0
1	1	0	1	1	0	1

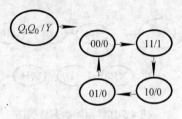

图 4.5-9　图 4.5-8 电路的状态图

4.5.3　时序逻辑电路的设计

　　时序逻辑电路设计是根据给定的逻辑功能需求，选择适当的逻辑器件，设计出符合要求的时序电路。实际应用中，以同步时序逻辑电路应用最为广泛，本节将简要介绍同步时序逻辑电路的设计方法。本教材的出发点之一就是广泛利用 EDA 工具进行数字系统设计，因此，时序电路的设计将在第 6 章和第 8 章广泛展开。

　　设计同步时序逻辑电路时，一般按如下步骤进行。

1. 逻辑抽象，得出电路的状态转换图或状态转换表

　　(1) 分析给定的逻辑问题，确定输入变量、输出变量以及电路的状态数。

　　(2) 定义输入、输出逻辑状态和每个电路状态的含义，并将电路状态顺序编号。

　　(3) 按照题意列出电路的状态转换表或画出电路的状态转换图。

　　这样，就把给定的逻辑问题抽象为一个时序逻辑函数了。

2. 状态化简

　　若两个电路状态在相同的输入下有相同的输出，并且转换到同样一个次态去，则称这两个状态为等价状态。显然等价状态是重复的，可以合并为一个。电路的状态数越少，设计出来的电路越简单。

　　状态化简的目的就在于等价状态合并，以求得最简的状态转换图。

3. 状态分配

　　状态分配又称为状态编码。时序逻辑电路的状态是用触发器状态的不同组合来表示的。首先需要确定触发器的数目 n，因为 n 个触发器共有 2^n 种状态组合，所以为获得时序电路所需的 M 个状态，必须取

$$2^{n-1} < M \leqslant 2^n$$

4. 选定触发器的类型，求出电路的状态方程、驱动方程和输出方程

　　触发器类型选择的余地实际上很小，大多是考虑 D 触发器和 JK 触发器。根据状态转换图和选定的状态编码、触发器类型，可以写出电路的状态方程、驱动方程和输出方程。

5. 根据得到的方程画出逻辑图

6. 检查设计的电路能否自启动

　　如果电路不能自启动，需要采取措施加以解决，如修改逻辑设计电路等。

　　【例 4.5-3】　用边沿 JK 触发器设计一个同步模 7 计数器，状态图如图 4.5-10 所示，要求电路能够自启动。

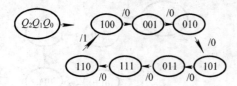

图 4.5-10 原始状态转换图

表 4.5-3 图 4.5-10 的状态转换表

Q_2^n	Q_1^n	Q_0^n	Q_2^{n+1}	Q_1^{n+1}	Q_0^{n+1}	Y
0	0	0	×	×	×	0
0	0	1	0	1	0	0
0	1	0	1	0	1	0
0	1	1	1	1	1	0
1	0	0	0	0	1	0
1	0	1	0	1	1	0
1	1	0	1	0	0	1
1	1	1	1	1	0	0

解：根据要求可以选择 3 个 JK 触发器，计数器原状态用 $Q_2^n Q_1^n Q_0^n$ 表示，共有 8 个状态，其中，000 为无效状态，由原始状态转换图得到状态转换表，如表 4.5-3 所示。

由状态转换表画出计数器的次态卡诺图如图 4.5-11 所示，得到状态方程

$$\begin{cases} Q_2^{\,n+1} = Q_1^n \\ Q_1^{\,n+1} = Q_0^n + \overline{Q_1^n Q_2^n} \\ Q_0^{\,n+1} = Q_1^n \oplus Q_2^n \end{cases} \tag{4.5-10}$$

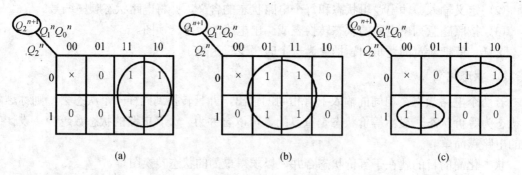

图 4.5-11 次态卡诺图

变换式 (4.5-10) 与 JK 触发器的特性方程 $Q^{n+1} = J\overline{Q^n} + \overline{K}Q^n$ 比较，得到各个触发器对应的驱动方程如下

$$J_0 = Q_1^n \oplus Q_2^n, \quad K_0 = \overline{Q_1^n \oplus Q_2^n}$$

$$J_1 = \overline{\overline{Q_0^n Q_2^n}}, \quad K_1 = \overline{Q_0^n}$$

$$J_2 = Q_1^n, \quad K_2 = \overline{Q_1^n}$$

输出方程

$$Y = \overline{Q_0^n} Q_1^n Q_2^n$$

因此，得到对应逻辑图，并绘制于 Quartus Ⅱ 原理图文件中，如图 4.5-12 所示。仿真时序如图 4.5-13 所示，状态图如图 4.5-14 所示。

【例 4.5-4】 试设计一个 111 串行序列检测器。输入 X 为一串随机信号，当连续输入三个或三个以上的 1 时，输出 Y 为 1，否则为 0。

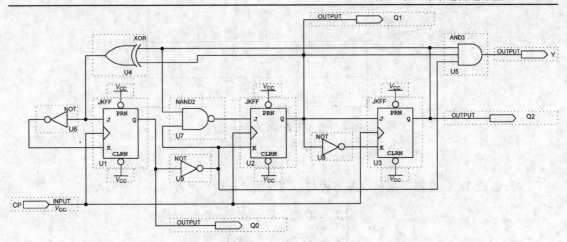

图 4.5-12　例 4.5-3 逻辑电路图

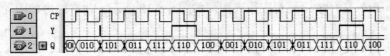

图 4.5-13　图 4.5-12 电路的仿真时序

解：（1）分析命题，建立原始状态图，如图 4.5-15 所示。状态标注线上的形式为 X/Y。设输入 0 为 S_0 状态；在 S_0 状态输入一个 1 为 S_1 状态，输出为 0；在 S_1 状态输入一个 1 为 $S_2(11)$ 状态，输出仍为 0；在 S_2 状态再输入一个 1 为 S_3 状态，输出为 1。

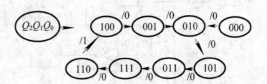

图 4.5-14　图 4.5-12 电路的状态图

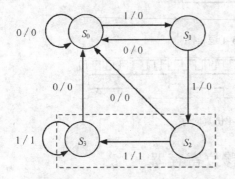

图 4.5-15　例 4.5-4 原始状态图

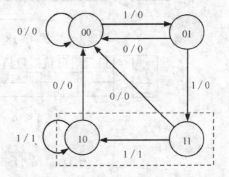

图 4.5-16　例 4.5-4 编码后状态图

（2）四个状态，需要两个 JK 触发器。$Q_1^n Q_0^n$ 状态编码。取 $S_0 = 00$，$S_1 = 01$，$S_2 = 11$，$S_3 = 11$。编码后的状态图如图 4.5-16 所示。

（3）求状态方程和输出方程。将状态转换情况填入次态卡诺图，如图 4.5-17 所示。从而得状态方程

$$Q_1^{n+1} = X\overline{Q}_1^n Q_0^n + XQ_1^n Q_0^n + XQ_1^n \overline{Q}_0^n = X\overline{Q}_1^n Q_0^n + XQ_1^n$$

$$Q_0^{n+1} = X\overline{Q}_1^n \overline{Q}_0^n + X\overline{Q}_1^n Q_0^n$$

输出方程

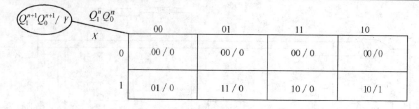

图 4.5-17 例 4.5-4 次态卡诺图

$$Y = XQ_1^n \overline{Q}_0^n$$

（4）若选 JK 触发器，则将状态方程与 $Q^{n+1} = J\overline{Q}^n + \overline{K}Q^n$ 比较得

$$\begin{cases} J_1 = XQ_0^n，K_1 = \overline{X} \\ J_0 = X\overline{Q}_1^n，K_0 = \overline{X\overline{Q}_1^n} \end{cases}$$

（5）在 Quartus II 环境中画对应原理图，如图 4.5-18 所示。仿真时序如图 4.5-19 所示。

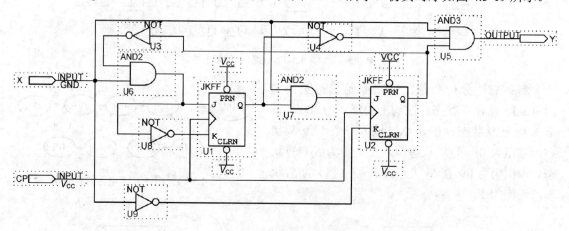

图 4.5-18 例 4.5-4 逻辑图

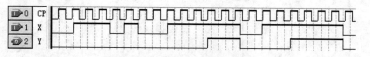

图 4.5-19 例 4.5-4 仿真时序

4.6 寄存器和移位寄存器

4.6.1 寄存器

寄存器用于寄存一组二进制代码，广泛地应用于各类数字系统和数字计算机中。

一个触发器可以存储一位二进制代码，N 个触发器组成的寄存器能存储 N 位二进制代码。图 4.6-1 是一个用 D 锁存器组成的 4 位寄存器的实例——74HC75 的逻辑图，其在 CP 的高电平期间，Q 端的状态跟随 D 端的状态变化而变化。在 CP 变为低电平后，Q 端将保持 CP 变为低电平时 D 端的状态。

74HC175 则是利用 D 触发器组成的 4 位寄存器，其逻辑图如图 4.6-2 所示。其动作特点

是触发器输出端 Q 的状态仅取决于 CP 上升沿到达时刻 D 端的状态，即上升沿触发器翻转。在 CP 的高电平及低电平期间，Q 端将维持 CP 上升沿时刻 D 端的状态。虽然 74HC75 和 74HC175 都是 4 位寄存器，但由于采用了两种不同的时序器件，所以动作方式是不同的。

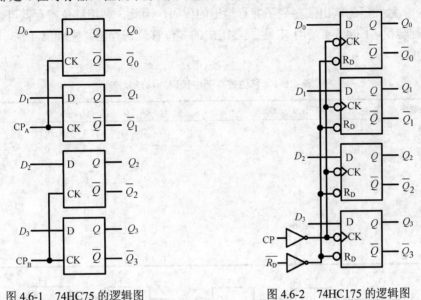

图 4.6-1　74HC75 的逻辑图　　　　　图 4.6-2　74HC175 的逻辑图

4.6.2　移位寄存器

移位寄存器不但具有存储二进制代码功能，而且具有移位功能，即寄存器存储的代码能在移位脉冲的作用下依次左移或右移。因此，移位寄存器不但可以用来存储代码，还可以实现数据的串行–并行转换、数值的运算及数据处理等。

如图 4.6-3 所示电路是由边沿触发型 D 触发器组成的 8 位移位寄存器。其中第一个触发器 FF0 的输入端接收输入信号，其余每个触发器的输入端均与前面一个触发器的 Q 端相连。其实，该电路为 74HC164 的内部结构。

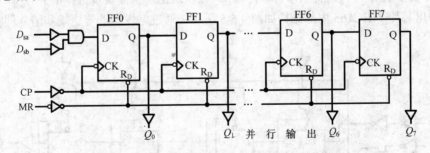

图 4.6-3　用 D 触发器构成的移位寄存器(74HC164)

当 CP 上升沿到达开始到输出端新的状态建立，需要经过一段传输时间的延迟，因此，当 CP 的上升沿同时作用于所有的触发器时，它们输入端(D 端)的状态还没有改变。于是 FF1 按 Q_0 原来的状态翻转，FF2 按 Q_1 的原状态翻转，FF3 按 Q_2 原状态翻转，依此类推。同时，加到寄存器 FF0 输入端信号($D_{sa}\&D_{sb}$)的代码存入 FF0 的 Q_0 端。总的效果相当于移位寄存器里原有代码依次右移了一位。

例如，在 8 个时钟周期内输入代码依次为 10111010，而移位寄存器的初始状态为 $Q_7Q_6Q_5Q_4Q_3Q_2Q_1Q_0 = 00000000$，那么在移位脉冲 CP 的作用下，移位寄存器里代码的移动情况如表 4.6-1 所示。可以看出，经 8 个 CP 脉冲后，串行输入的 8 位代码全部移入了移位寄存器中，在 8 个触发器的输出端得到了并行输出的代码。因此，利用移位寄存器可以实现代码的串行–并行转换。图 4.6-4 是用 JK 触发器组成的 8 位移位寄存器，它和图 4.7-3 电路具有同样的逻辑功能。

表 4.6-1　移位寄存器中代码的移动状态

CP 的顺序	输入：D_{sa}&D_{sb}	Q_0	Q_1	Q_2	Q_3	Q_4	Q_5	Q_6	Q_7
0	0	0	0	0	0	0	0	0	0
1	1	1	0	0	0	0	0	0	0
2	0	0	1	0	0	0	0	0	0
3	1	1	0	1	0	0	0	0	0
4	1	1	1	0	1	0	0	0	0
5	1	1	1	1	0	1	0	0	0
6	0	0	1	1	1	0	1	0	0
7	1	1	0	1	1	1	0	1	0
8	0	0	1	0	1	1	1	0	1

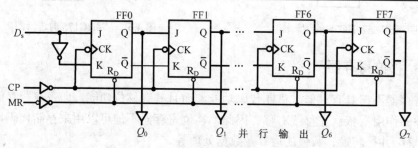

图 4.6-4　用 JK 触发器构成的移位寄存器

若先将 n 位数据并行地置入移位寄存器的 n 个触发器的输入端，然后加入 n 个移位脉冲，则移位寄存器中的 n 位代码将从串行输出端 Q_7 依次送出，从而实现数据的并行–串行转换。8 位并入–串出芯片 74HC165 内部结构如图 4.6-5 所示，通过触发器的置 1 端和清 0 端实现预置。

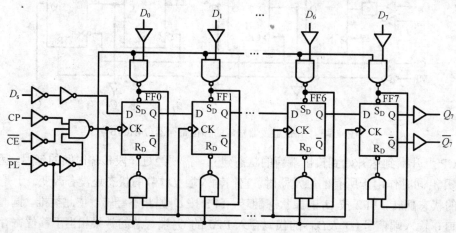

图 4.6-5　74HC165 串入–并出移位寄存器

当 $\overline{PL}$ 由 1 到 0，并行输入端数据置入移位寄存器，$\overline{PL}=0$ 时，移位时钟 CP 无效。当 $\overline{PL}=1$，且时钟禁止端 $\overline{CE}$ 低电平时，允许移位时钟输入，数据沿 $D_S \to Q_0 \to Q_1 \ldots \to Q_7$ 方向移动。

为了便于扩展逻辑功能，增加使用的灵活性，在市场出售的移位寄存器集成电路产品上，一般附加有左、右移控制，数据并行输入、保持、异步清零（复位）等功能，如 4 位双向移位寄存器 74HC194A。鉴于双向移位寄存器过于复杂，加之在 6.8 节将讲述基于 Verilog HDL 的各类移位寄存器的设计方法，关于双向移位寄存器在这里不再详述。

4.7 计 数 器

能累计输入脉冲个数的电路叫计数器。随着 CP 的输入而不断递增计数的电路叫加法计数器，不断递减计数的叫减法计数器，可增可减的叫可逆计数器。

在数字系统中，计数器不但能用于对时钟脉冲计数，而且还广泛用于分频、定时、产生节拍脉冲和脉冲序列，进行数字运算。计数器中能计到的最大数称为计数器的容量，它等于计数器的所有各位全为 1 时的数值。对于 n 位二进制计数器，容量等于 2^n-1。

计数器的传统设计方法参见例 4.5-3。由于实际应用中要么采用集成计数器，要么基于 PLD 实现计数器功能，复杂计数器的传统设计方法已经失去意义。本节着重说明集成计数器及应用。

1. 集成计数器 74HC161 芯片

74HC161 是一种典型的高性能、低功耗 CMOS 4 位同步二进制加法计数器，它可在 1.2～3.6V 电源电压范围内工作。在电源电压为 3.3V 时，可直接与 5V 供电的 TTL 逻辑电路接口。图 4.7-1 为中规模集成 4 位二进制同步计数器 74HC161 芯片的逻辑框图。

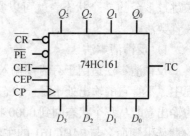

该芯片除具有二进制加法计数功能外，还具有并行数据的同步预置、保持和异步置零等功能。$\overline{PE}$ 为预置数控制端，$D_0 \sim D_3$ 为数据输入端，TC 为进位输出端，$\overline{CR}$ 为异步置零（复位）端，CEP 和 CET 为工作状态控制端。表 4.7-1 是 74HC161 的功能表。

图 4.7-1　74HC161 芯片的逻辑框图

表 4.7-1　74HC161 的功能表

输　入								输　出				
清零 $\overline{CR}$	预置 $\overline{PE}$	使能		时钟 CP	预置数据输入				$Q_3\ Q_2\ Q_1\ Q_0$			进位 TC
		CEP	CET		D_3	D_2	D_1	D_0				
L	×	×	×	×	×	×	×	×	L	L	L	L	L
H	L	×	×	↑	D_3^Δ	D_2^Δ	D_1^Δ	D_0^Δ	D_3	D_2	D_1	D_0	Δ
H	H	L	×	×	×	×	×	×	保持				Δ
H	H	×	L	×	×	×	×	×	保持				L
H	H	H	H	↑	×	×	×	×	计数				Δ

注：D_N^Δ 表示 CP 脉冲上升沿到来之前瞬间 D_N 的电平。Δ 表示只有当 CET 为高电平且计数器状态为 HHHH 时输出为高电平，其余均为低电平。

(1) 异步清零 $\overline{CR}$：优先级最高，当它是低电平时，无论其他输入端是何状态，有无时钟脉冲，计数器的输出为 0000。

(2) 并行置数使能 $\overline{PE}$：在 $\overline{CR}$ = 1 的前提条件下，如 $\overline{PE}$ = 0，无论 CEP、CET 取何值，当 CP 上升沿到来时，可以将此时 $D_3 \sim D_0$ 所接的数据送到计数器的输出端 $Q_3 \sim Q_0$。由于置数时必须有脉冲信号，所以称为同步并行置数；当 $\overline{PE}$ = 1 时，只要 CEP 和 CET 有一个是低电平，无论有无 CP 脉冲，也无论 $D_3 \sim D_0$ 接什么数据，计数器保持原来的状态。

(3) 当 $\overline{CR}$ = $\overline{PE}$ = CEP = CET = 1，无论 $D_3 \sim D_0$ 接什么数据，当有脉冲的上升沿到来时，计数器就开始计数。

(4) 进位信号 TC，只有当 CET = 1 且 $Q_3Q_2Q_1Q_0$ = 1111 时，TC 才为 1，表明下一个 CP 脉冲上升沿到来时将会有进位发生。

此外，有些同步计数器(如 74HC163)是采用同步置零方式，应注意同步置零与异步置零的区别。在同步清零的计数器中，$\overline{CR}$ = 0，并不马上将所有触发器清零，而是要等下一个 CP 信号到达时，才能将计数器清零；而异步清零只要 $\overline{CR}$ = 0，则计数器立即被清零，不受 CP 的控制。

2．用集成计数器构成任意进制计数器

任意进制的计数器可以用厂家定型的集成计数器产品外加适当的电路连接而成。用 M 进制集成计数器构成 N 进制计数器时，如果 $M>N$，则只需一个 M 进制集成计数器；如果 $M<N$，则要用多个 M 进制集成计数器来构成。下面介绍任意进制计数器的构成。

【例 4.7-1】 用 74HC161 构成九进制加计数器。

解：九进制计数器应有 9 个状态，而 74HC161 在计数过程中有 16 个状态。所以如果设法跳过多余的 7 个状态，就可以实现模 9 计数器。通常用两种方法实现，即反馈清零法和反馈置数法。

1) 反馈清零法

反馈清零法适用于有清零输入端的集成计数器。74HC161 具有异步清零功能，在其计数过程中，不管它的输出处于哪一状态只要在异步清零输入端加一低电平，无需时钟脉冲，计数器的输出立即从那个状态回到 0000 状态，如图 4.7-2(a)所示是九进制计数器，由于 Quartus II 下的默认引脚命名与 74HC161 的主流命名方式有区别，当然在 Quartus II 下可以更改这些名字，但是为了不影响阅读和实验，保留了原命名方式，图中给出了标注。图 4.7-2(b)是其状态图，图 4.7-2(c)是其仿真时序图。

从图 4.7-2 中可以看出，74HC161 从 0000 状态开始计数，当第 9 个 CP 脉冲上升沿到来时，输出 $Q_3Q_2Q_1Q_0$ = 1001，通过一个与非门译码后，反馈给 $\overline{CR}$ 端一个清零信号，立即使 $Q_3Q_2Q_1Q_0$ = 0000 状态。此后，产生清零信号的条件已经消失，$\overline{CR}$ 端随即变成为高电平，计数器重新开始新的一个计数周期。需要说明的是，电路是在进入 1001 状态后，才被置成 0000 状态的，即 1001 状态会在极短的瞬间出现。因此在主循环状态图中用虚线表示。

需要注意的是，如果是用具有同步清零功能的芯片 74HC163 来构成九进制计数器，应从 $Q_3Q_2Q_1Q_0$ = 1000 取样，在第 9 个 CP 脉冲上升沿到来时，将计数器置成 $Q_3Q_2Q_1Q_0$ = 0000 状态。

2) 反馈置数法

反馈置数法适用于具有预置数功能的集成计数器。如图 4.7-3(a)所示的电路，借助于

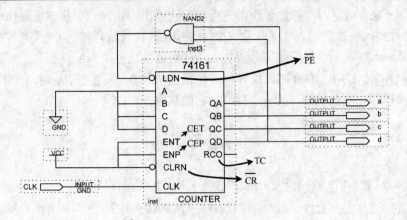

(a) 电路图

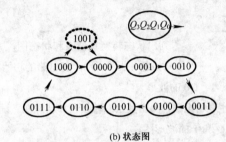

(b) 状态图

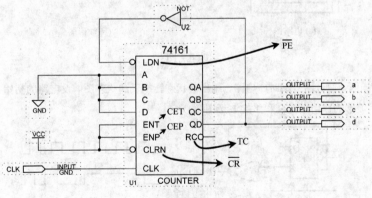

(c) 仿真时序图

图 4.7-2　用反馈清零法将 74HC161 接成九进制计数器

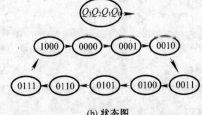

(a) 电路图

(b) 状态图

图 4.7-3　用反馈置数法将 74HC161 接成九进制计数器

74HC161 的同步预置数功能，在计数过程中，可以将它输出的任何一个状态通过译码，产生一个预置控制信号到阈值控制端，在下一个 CP 脉冲作用后，计数器就会把预置数据输入端 $D_3 \sim D_0$ 的状态置入计数器。预置控制信号消失后，计数器就从被置入的状态开始重新计数。当计数器的状态 $Q_3 Q_2 Q_1 Q_0 = 1000$ 时，经译码产生预置信号 0，反馈至 $\overline{PE}$ 端，在下一个 CP 脉冲上升沿到达时置入 0000 状态，图 4.7-3(b) 是它的状态图。

习题与思考题

4.1 已知某同步时序电路含有两个上升沿触发的 D 触发器，其激励方程为

$$D_0 = X_2 X_1 + X_1 Q_0 + X_2 Q_0 \qquad D_1 = X_1 \oplus X_2 \oplus Q_0$$

输出方程为

$$Z = Q_1$$

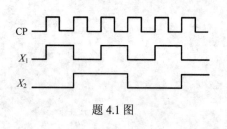

题 4.1 图

列出状态转换真值表和状态图，并分析其逻辑功能。若输入信号如题 4.1 图所示，且电路的初始状态为 00，试画出 Q1、Q0 的波形。

4.2 试分析如题 4.2(a) 图所示时序逻辑电路，画出其状态转换表和状态图。设电路的初始状态为 0，试画出在如题 4.2(b) 图所示波形作用下，Q 和 Y 的波形图。

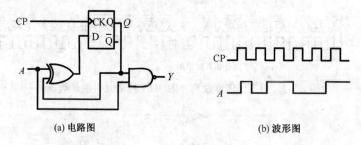

(a) 电路图　　　　　　　　　　　　　(b) 波形图

题 4.2 图

4.3 试分析如题 4.3(a) 图所示时序电路，画出其状态转换表和状态图。设电路的初始状态为 0，试画出如题 4.3(b) 图所示波形的作用下，Q 和 Y 的波形图。

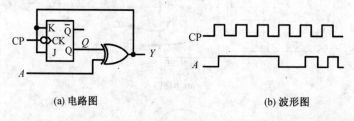

(a) 电路图　　　　　　　　　　　　　(b) 波形图

题 4.3 图

4.4 试分析如题 4.4 图所示时序电路的逻辑功能，写出电路的驱动方程、状态方程和输出方程，画出电路的状态转换图，检查电路能否自启动。

4.5 试分析如题 4.2 图所示时序电路的逻辑功能，写出电路的驱动方程、状态方程和输出方程，画出电路的状态转换图。A 为输入逻辑变量。

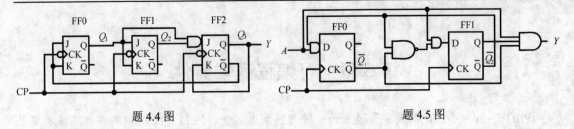

题 4.4 图　　　　　　　　　　　　　　　题 4.5 图

4.6　试分析如题 4.6 图所示时序逻辑电路，时钟脉冲为周期方波。

(1) 写出各触发器的 CP 信号方程和激励方程。

(2) 写出电路的状态方程组和输出方程。

(3) 画出状态转换表和状态图。

(4) 画出电路的时序图。

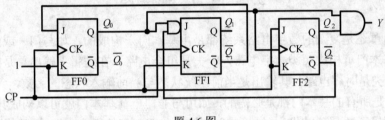

题 4.6 图

4.7　试分析如题 4.7 图所示时序逻辑电路的逻辑功能，要求：

(1) 写出各触发器的 CP 信号方程和激励方程。

(2) 写出电路的状态方程组和输出方程。

(3) 画出状态转换表和状态图。

(4) 判定电路的逻辑功能，检查电路能否自启动。

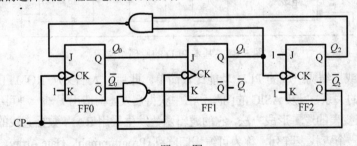

题 4.7 图

4.8　简述锁存器和触发器的主要区别是什么？

4.9　试用 74HC161 芯片设计一个同步三十五进制计数器，要求用两种不同的方式。

4.10　试分析如题 4.10 图所示电路，画出它的状态图，说明它是几进制计数器。

4.11　试设计一个装置以产生周期二进制序列 01011 的输出。(提示：序列 01011 计五位，故可设计一个模 5 计数器和译码器来实现)

4.12　适用 74HC161 设计一个十二进制计数器并仿真。

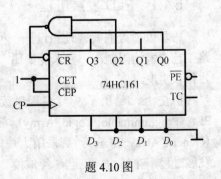

题 4.10 图

第 5 章　可编程逻辑器件

PLD 是 20 世纪 70 年代发展起来的一种新的集成器件。PLD 是大规模集成电路技术发展的产物，是一种半定制的集成电路，结合计算机软件技术（如 EDA 技术）可以快速、方便地构建数字系统。

本章主要介绍几类常用的大规模 PLD 的结构和工作原理，对 CPLD 的结构原理和 FPGA 的结构原理分别进行剖析。最后介绍 Altera 公司的 CPLD/FPGA 产品及其编程配置和开发流程。

5.1　PLD　概　述

不论是简单还是复杂的数字电路系统都是由基本门来构成的，如与门、或门、非门、传输门等。由基本门可构成两类数字电路，一类是组合电路，在逻辑上输出总是当前输入状态的函数；另一类是时序电路，其输出是当前系统状态与当前输入状态的函数，含有存储元件。人们发现，不是所有的基本门都是必需的，如用与非门单一基本门就可以构成其他的基本门。任何的组合逻辑函数都可以化为"与–或"表达式，即任何的组合电路（需要提供输入信号的非信号），可以用与门–或门二级电路实现。同样，任何时序电路都可由组合电路加上存储元件（即锁存器、触发器、RAM）构成。由此，人们提出了一种可编程电路结构，即乘积项逻辑可编程结构，其原理结构图如图 5.1-1 所示。

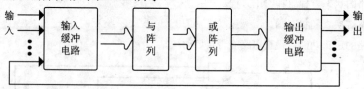

图 5.1-1　基本 PLD 的原理结构图

当然，"与–或"结构组成的 PLD 功能比较简单。此后，人们又从 ROM 工作原理、地址信号与输出数据间的关系，以及 ASIC 的门阵列法中获得启发，构造出另外一种可编程的逻辑结构，那就是 SRAM 查找表的逻辑形成方法，它的逻辑函数发生采用 RAM 数据查找的方式，并使用多个查找表构成了一个查找表阵列，称为可编程门阵列（Programmable Gate Array，PGA）。

5.1.1　PLD 发展历程

很早以前人们就曾设想设计一种逻辑可再编程（重构）的器件，不过由于受到当时集成电路工艺技术的限制，一直未能如愿。直到 20 世纪后期，集成电路技术有了飞速的发展，PLD 才得以实现。

历史上，经历了从可编程只读存储器（Programmable Read Only Memory，PROM）、PLA（Programmable Logic Array）、PAL（Programmable Array Logic）、可重复编程的 GAL（Generic Array Logic），到采用大规模集成电路技术的可擦除 EPLD，直至 CPLD 和 FPGA 的发展过程，在结构、工艺、集成度、功能、速度和灵活性方面都有很大的改进和提高。

PLD 大致的演变过程如下：

(1) 20 世纪 70 年代，熔丝编程的 PROM 和 PLA 器件是最早的 PLD。

(2) 20 世纪 70 年代末，对 PLA 进行了改进，AMD 公司推出 PAL 器件。

(3) 20 世纪 80 年代初，Lattice 公司发明电可擦写、比 PAL 使用更灵活的 GAL 器件。

(4) 20 世纪 80 年代初，Xilinx 公司提出现场可编程概念，同时生产出了世界上第一片 FPGA 器件。同一时期，Altera 公司推出 EPLD，较 GAL 器件有更高的集成度，可以用紫外线或电擦除。

(5) 20 世纪 80 年代末，Lattice 公司又提出在系统可编程技术，并且推出了一系列具备在系统可编程能力的 CPLD，将 PLD 的性能和应用技术推向了一个全新的高度。

(6) 进入 20 世纪 90 年代后，可编程逻辑集成电路技术进入飞速发展时期。器件的可用逻辑门数超过了百万门，并出现了内嵌复杂功能模块(如加法器、乘法器、RAM、CPU 核、DSP 核、PLL 等)的 SOPC。

5.1.2 PLD 分类

PLD 的种类很多，几乎每个大的 PLD 供应商都能提供具有自身结构特点的 PLD。由于历史的原因，PLD 的命名各异，在详细介绍 PLD 之前，有必要介绍几种 PLD 的分类方法。

较常见的分类是按集成度来区分不同的 PLD，一般可以分为以下两大类器件：一类是芯片集成度较低的，早期出现的 PROM、PLA、PAL、GAL 都属于这类，可用的逻辑门数大约在 500 门以下，称为简单 PLD；另一类是芯片集成度较高的，如现在大量使用的 CPLD、FPGA 器件，称为复杂 PLD。这种分类方法比较粗糙，在具体区分时，一般以 GAL220V10 作比对，集成度大于 GAL220V10 的称为复杂 PLD，反之归类为简单 PLD。

前面已经提到，常用的 PLD 都是从"与–或"阵列和门阵列两类基本结构发展起来的，所以 PLD 从结构上可分为两大类器件：一类是乘积项结构器件，其基本结构为"与–或"阵列的器件，大部分简单 PLD 和 CPLD 都属于这个范畴；另一类是查找表结构器件，由简单的查找表组成可编程门，再构成阵列形式，FPGA 属于此类器件。

第三种分类方法是从编程工艺上划分为以下几类。

(1) 熔丝(Fuse)型器件。早期的 PROM 器件就是采用熔丝结构的，编程过程就是根据设计的熔丝图文件来烧断对应的熔丝，达到编程的目的。

(2) 反熔丝(Antifuse)型器件，是对熔丝技术的改进，在编程处通过击穿漏层使得两点之间获得导通。与熔丝烧断获得开路正好相反。某些 FPGA 采用了此种编程方式，如 Actel 公司的 FPGA 器件。

无论是熔丝还是反熔丝结构，都只能编程一次，因而又被合称为 OTP 器件，即一次性可编程(One Time Programming)器件。

(3) EPROM 型器件，称为紫外线擦除电可编程逻辑器件，用较高的编程电压进行编程，当需要再次编程时，用紫外线进行擦除。与熔丝、反熔丝型不同，EPROM 可多次编程。有时为降低成本，在制造 EPROM 型器件时不加用于紫外线擦除的石英窗口，于是就不能用紫外线擦除，而只能编程一次，也被称为 OTP 器件。

(4) EEPROM 型器件，即电可擦写编程器件，现有的大部分 CPLD 及 GAL 器件采用此类结构。它是对 EPROM 型的工艺改进，不需要紫外线擦除，而是直接用电擦除。

(5) SRAM 型器件，即 SRAM 查找表结构的器件，大部分 FPGA 器件都采用此种编程工艺，如 Xilinx 公司的 FPGA、Altera 公司的部分 FPGA 器件。这种编程方式在编程速度、编程要求上优于前四种器件, 不过 SRAM 型器件的编程信息存放在 RAM 中, 在断电后就丢失了, 再次上电需要再次编程(配置), 因此需要专用器件来完成这类配置操作。而前四种器件在编程后是不丢失编程信息的。

(6) Flash 型器件。由于反熔丝结构的 PLD 只能一次性可编程, 对于产品的研制和升级带来了麻烦。采用了反熔丝工艺的 Actel 公司, 为了解决上述反熔丝器件的不足之处, 推出了采用 Flash 工艺的 FPGA, 可以实现多次可编程, 也可以做到掉电后不需要重新配置。

5.2 低密度 PLD 结构及原理

简单 PLD 是早期出现的可编程逻辑器件, 它们的逻辑规模都比较小, 只能实现通用数字逻辑电路(如 74 系列)的一些功能, 在结构上由简单的 "与–或" 门阵列和输入输出单元组成。常见的简单 PLD 有 PROM、PLA、PAL、GAL 等。

5.2.1 PLD 的电路符号表示

鉴于 PLD 的特殊结构, 用通用的逻辑门符号表示比较繁杂, 所以 PLD 的电路符合均采用 IEEE 标准及其衍生表示法, 因此在本章还要额外规定一些衍生特殊符号来化简表示。接入 PLD 内部的与–或阵列输入缓冲器电路, 一般采用互补结构, 可用图 5.2-1 来表示。它等效于图 5.2-2 的逻辑结构, 即当信号输入 PLD 后, 分别以其同相信号和反相信号接入。

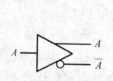

图 5.2-1 PLD 的互补缓冲器

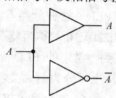

图 5.2-2 PLD 的互补输入

图 5.2-3 是 PLD 中与阵列的简化图形, 表示可以选择 A、B、C 和 D 四个信号中的任一组或全部输入与门, 在这里用以形象地表示与阵列, 这是在原理上的等效。当采用某种硬件实现方法, 如 NMOS 电路时, 在图中的与门可能根本不存在。但 NMOS 构成的连接阵列中却含有与的逻辑。同样, 或阵列也用类似的方式表示, 道理也是一样的。图 5.2-4 是 PLD 中或阵列的简化图形表示。

图 5.2-3 PLD 中与阵列的表示

图 5.2-4 PLD 中或阵列的表示

图 5.2-5 阵列线连接表示

图 5.2-5 是在阵列中连接关系的表示。十字交叉线表示两条线未连接; 交叉线的交点上画黑点, 表示固定连接, 即在 PLD 出厂时已连接, 十字交叉和交点上画黑点都不支持再编程; 交叉线的交点上画叉, 表示该点可编程, 在 PLD 出厂后通过编程, 其连接可随时改变。

5.2.2　PROM

PROM 除了用作只读存储器外，还可作为 PLD 使用。一个 PROM 器件主要由地址译码部分、PROM 单元阵列和输出缓冲部分构成。图 5.2-6 是对 PROM 通常的认识，也可以从 PLD 的角度来分析 PROM 的基本结构。

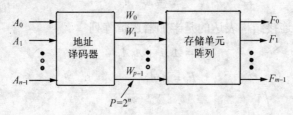

图 5.2-6　PROM 基本结构

PROM 中的地址译码器用于完成 PROM 存储阵列的行的选择，其逻辑函数是

$$
\begin{cases}
W_0 = \bar{A}_{n-1} \ldots \bar{A}_1 \bar{A}_0 \\
W_1 = \bar{A}_{n-1} \ldots \bar{A}_1 A_0 \\
\quad\vdots \\
W_{p-1} = A_{n-1} \ldots A_1 A_0
\end{cases} \tag{5.2-1}
$$

式中，$p = 2^n$。容易发现，式 (5.2-1) 都可以看成逻辑与运算，那么就可以把 PROM 的地址译码器看成一个与阵列。如图 5.2-7 所示，对于存储单元阵列的输出，可用下列逻辑函数表示

$$
\begin{cases}
F_0 = M_{p-1,0} W_{p-1} + \cdots + M_{1,0} W_1 + M_{0,0} W_0 \\
F_1 = M_{p-1,1} W_{p-1} + \cdots + M_{1,1} W_1 + M_{0,1} W_0 \\
\quad\vdots \\
F_{m-1} = M_{p-1,m-1} W_{p-1} + \cdots + M_{1,m-1} W_1 + M_{0,m-1} W_0
\end{cases} \tag{5.2-2}
$$

式中，$M_{p-1,\,m-1}$ 是存储单元阵列第 $m-1$ 列 $p-1$ 行单元的值。

显然可以认为式 (5.2-2) 是一个或阵列，与上面与阵列不同的是，在这里 $M_{x,y}$ 是可以编程的，即或阵列可编程，与阵列不可编程。

结合上述两个分析结果，可以把 PROM 的结构表示为图 5.2-7。

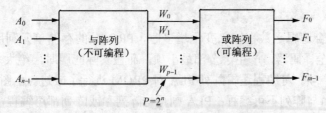

图 5.2-7　PROM 逻辑阵列结构

为了更清晰直观地表示 PROM 中固定的与阵列和可编程的或阵列，PROM 可以表示为 PLD 阵列图。以 4×2 PROM 为例，如图 5.2-8 所示。

PROM 的地址线 $A_{n-1} \sim A_0$ 是与阵列 (地址译码器) 的 n 个输入变量，经不可编程的与阵列

产生 $A_{n-1} \sim A_0$ 的 2^n 个最小项（乘积项）$W_{2^n-1} \sim W_0$，再经可编程或阵列按编程的结果产生 m 个输出函数 $F_{m-1} \sim F_0$，这里的 m 就是 PROM 的输出数据位宽。

以下是已知半加器的逻辑表达方式，可用 4×2 PROM 编程实现。

$$S = A_0 \oplus A_1$$

$$C = A_0 \cdot A_1$$

如图 5.2-9 所示的连接结构表达的是半加器逻辑阵列

$$F_0 = A_0 \overline{A_1} + \overline{A_0} A_1 \tag{5.2-3}$$

$$F_1 = A_1 A_0 \tag{5.2-4}$$

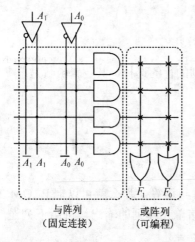
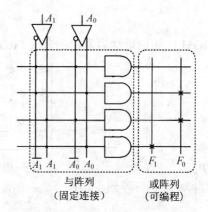

图 5.2-8　PROM 表达的 PLD 阵列图　　　　图 5.2-9　用 PROM 完成半加器逻辑阵列

式(5.2-3)和式(5.2-4)是图 5.2-10 结构的布尔达式，即所谓的"乘积项"方式。式中的 A_1 和 A_0 分别是加数和被加数；F_0 为和，F_1 为进位。反之，根据半加器的逻辑关系，就可以得到图 5.2-9 的阵列点连接关系，从而可以形成阵列点文件，这个文件对于一般 PLD 称为熔丝图文件（Fuse Map）。对于 PROM，则为存储单元的编程数据文件。

PROM 只能用于组合电路的可编程用途上。因为输入变量的增加会引起存储容量的增加。由前面可知，这种增加是 2 的幂次增加的，所以多输入变量的组合电路函数不适合用单个 PROM 来编程表达。

5.2.3　PLA

PROM 实现组合逻辑函数在输入变量增多时，PROM 的存储单元利用效率大大降低。PROM 的与阵列是全译码器，产生了全部最小项，而在实际应用时，绝大多数组合逻辑函数并不需要所有的最小项。可编程逻辑阵列 PLA 对 PROM 进行了改进。由图 5.2-8 可知 PROM 的或阵列可编程，而与阵列不可编程；PLA 则是与阵列和或阵列都可编程，图 5.2-10 是 PLA 的逻辑阵列示意图。

任何组合函数都可以采用 PLA 来实现，但在实现时，由于与阵列不采用全译码的方式，标准的与或表达式已不适用。因此需要把逻辑函数化成最简的与或表达式，然后用可编程的与阵列构成与项，用可编程的或阵列构成与项的或运算。在有多个输出时，要尽量利用公共的与项，以提高阵列的利用率。

如图 5.2-11 所示为 6×3 PLA 与 8×3 PROM 的比较，两者在大部分实际应用中，可以实现相同的逻辑功能，不过 6×3 PLA 只需要 6(2×3) 条乘积项线，而不是 8×3 PROM 的 8(=2³) 条，节省了 2 条。当 PLA 的规模增大时，这个优势更加明显。

PLA 不需要包含输入变量每个可能的最小项，仅需包含在逻辑功能中实际要求的那些最小项。PROM 随着输入变量增加，规模迅速增加的问题在 PLA 中大大缓解。

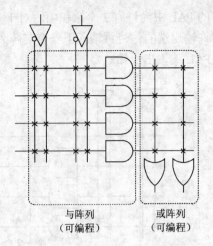

图 5.2-10 PLA 逻辑阵列示意图

虽然 PLA 的利用率较高，可是需要有逻辑函数的与或最简表达式，对于多输出函数需要提取、利用公共的与项，涉及的软件算法比较复杂，尤其是多输入变量和多输出的逻辑函数，处理上更加困难。此外，PLA 的两个阵列均可编程，不可避免地使编程后的器件运行速度下降了。因此，PLA 的使用受到了限制，只应用在小规模数字逻辑上，现在，现成的 PLA 芯片已被淘汰。但由于其面积利用率较高，在全定制 ASIC 设计中获得了广泛的使用，这时，逻辑函数的化简由设计者手工完成。

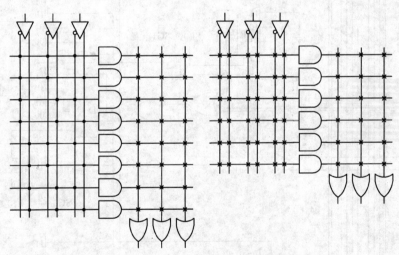

图 5.2-11 PLA 与 PROM 比较

5.2.4 PAL

PAL 的利用率很高，但是与阵列、或阵列都是可编程的结构，造成软件算法过于复杂，运行速度下降。人们在 PLA 后又设计了另外一种可编程器件，即 PAL。PAL 的结构与 PLA 相似，也包含与阵列、或阵列，但是或阵列是固定的，只有与阵列可编程。PAL 的结构如图 5.2-12 所示，由于 PAL 的或阵列是固定的，一般用图 5.2-13 来表示。

与阵列可编程、或阵列固定的结构避免了 PLA 存在的一些问题，运行速度也有所提高。从 PAL 的结构可知，各个逻辑函数输出化简不必考虑公共的乘积项，而送到或门的乘积项数是固定的，大大简化了设计算法。同时，也使单个输出的乘积项为有限。如图 5.2-13 中表示的 PAL 中允许有 2 个乘积项。对于多个乘积项，PAL 通过输出反馈和互连的方式解决，即允许输出端的信号再馈入下一个与阵列。图 5.2-14 是 PLA16V8 的部分结构图，从中可以看到 PAL 的输出反馈。

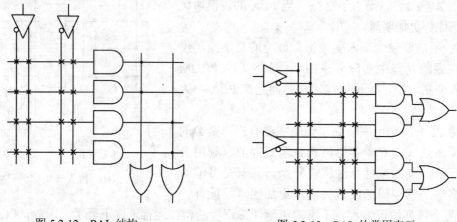

图 5.2-12　PAL 结构　　　　　　　　图 5.2-13　PAL 的常用表示

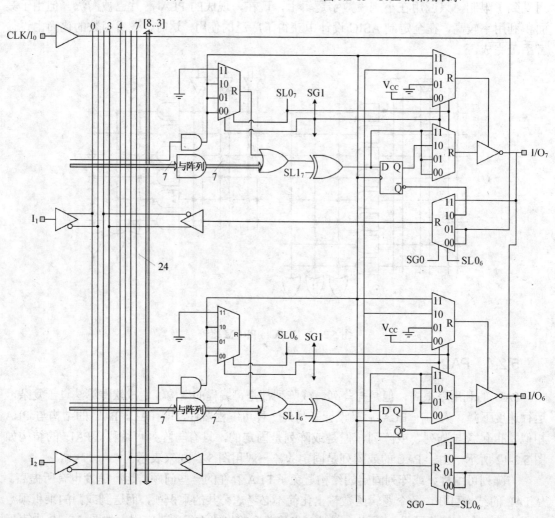

图 5.2-14　PAL16V8 的部分结构图

上述提到的可编程结构只能解决组合逻辑的可编程问题，面对时序电路却无能为力。由于时序电路是由组合电路，即组合及存储单元(锁存器、触发器、RAM)构成，对其中的组合电路部分的可编程问题已经解决，所以只要再加上锁存器、触发器即可。PAL 加上输出寄存器单元后，就实现了时序电路的可编程。

但是，为适应不同应用需要，PAL 的 I/O 结构很多，往往一种结构就有一种 PAL 器件，PAL 的应用设计者在设计不同功能的电路时，要采用不同 I/O 结构的 PAL 器件。PAL 种类变得十分丰富，同时也带来了使用、生产的不便。此外，PAL 一般采用熔丝工艺生产，一次可编程，修改不方便。

现今，PAL 也已被淘汰。在中小规模可编程应用领域，PAL 已经被 GAL 取代。

5.2.5　GAL

1985 年，Lattice 公司在 PAL 的基础上，设计出了 GAL 器件。GAL 首次在 PLD 上采用 EEPROM 工艺，使得 GAL 具有电可擦除重复编程的特点，彻底解决了熔丝型可编程器件的一次可编程问题。GAL 是在"与–或"阵列结构上沿用了 PAL 的与阵列可编程、或阵列固定的结构，但对 PAL 的 I/O 结构进行了较大的改进，在 GAL 的输出部分增加了输出逻辑宏单元(Output Logic Macro Cell，OLMC)。

GAL 的 OLMC 设有多种组态，可配置成专用组合输出、专用输入、组合输出双向口、寄存器输出、寄存器输出双向口等，为逻辑电路设计提供了极大的灵活性。由于具有结构重构和输出端的任何功能均可移到另一输出引脚上的功能，在一定程度上，简化了电路板的布局布线，使系统的可靠性进一步地提高。

由于 GAL 器件是在 PAL 器件的基础上设计的，与多种 PAL 器件保持了兼容性。GAL 器件能直接替换多种 PAL 器件，方便应用厂商升级现有产品。因此，GAL 器件仍被广泛应用。

图 5.2-15 是型号为 GAL16V8 器件的结构图。GAL 的 OLMC 中有四个多路选择器，通过不同的选择方式可以产生多种输出结构，分别属于三种模式，一旦确定了某种模式，所有的 OLMC 都将工作在同一种模式下。三种输出模式叙述如下。

1. 寄存器模式

在寄存器模式下，OLMC 有如下两种输出结构：

(1) 寄存器输出结构(图 5.2-16)：异或门输出经 D 触发器至三态门，触发器的时钟端 CLK 连接公共 CLK 引脚、三态门的使能端 OE 连接公共 OE 引脚，信号反馈来自触发器。

(2) 寄存器模式组合输出双向口结构(图 5.2-17)：输出三态门受控，输出反馈至本单元，组合输出无触发器。

2. 复合模式

在复合模式下，OLMC 则有如下两种结构：

(1) 组合输出双向结构(图 5.2-18)：大致与寄存器模式下组合输出双向口结构相同，区别是引脚 CLK、OE 在寄存器模式下为专用公共引脚，不可它用。

(2) 组合输出结构(图 5.2-19)：无反馈，其他同组合输出双向口结构。

3. 简单模式

在简单模式下，OLMC 可定义为如下三种输出结构：

(1) 反馈输入结构(图 5.2-20)：输出三态门被禁止，该单元的"与–或"阵列不具有输出功能，但可作为相邻单元的信号反馈输入端，该单元反馈输入端的信号来自另一个相邻单元。

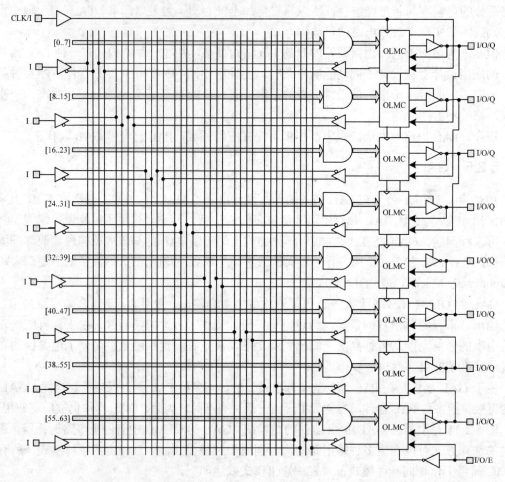

图 5.2-15　GAL16V8 的结构图

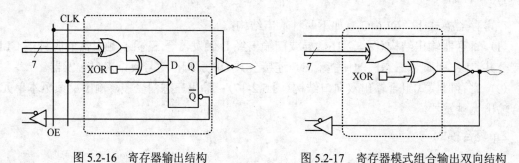

图 5.2-16　寄存器输出结构　　　　图 5.2-17　寄存器模式组合输出双向结构

(2) 输出反馈结构(图 5.2-21)：输出三态门被恒定打开，该单元的"与–或"阵列不具有输出功能，但可作为相邻单元的信号反馈输入端。该单元的反馈输入端的信号来自另一个相邻单元。

(3) 简单模式输出结构(图 5.2-22)：异或门输出不经触发器，直接通过使能的三态门输出。该单元的输出通过相邻单元反馈，此单元的信号反馈无效。

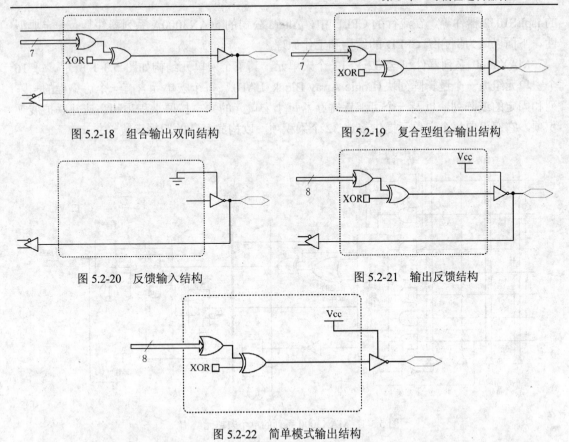

图 5.2-18　组合输出双向结构　　　　　　图 5.2-19　复合型组合输出结构

图 5.2-20　反馈输入结构　　　　　　　图 5.2-21　输出反馈结构

图 5.2-22　简单模式输出结构

OLMC 的所有这些输出结构和工作模式的选择和确定(即对其中的多路选择器的控制)均由计算机根据 GAL 的逻辑设计文件的逻辑关系自动形成控制文件。即在编译工具(如 ABEL5.0)的帮助下,计算机用 ABEL 或其他硬件语言描述的文件综合成可下载于 GAL 的 JEDEC 标准格式文件(即熔丝图文件),该文件中包含了对 OLMC 输出结构和工作模式,以及对图 5.2-15 左侧可编程与阵列各连接"熔丝点"的选择信息。

5.3　CPLD 结构与工作原理

前面曾提到,除 GAL 外,许多简单 PLD 在实用中已被淘汰,现在的 PLD 以大规模、超大规模集成电路工艺制造的 CPLD 和 FPGA 为主。本节将介绍 CPLD 的结构与工作原理,5.4 节则介绍 FPGA 的相关知识。

简单 PLD 被取代的原因如下:

(1) 阵列规模较小,资源不够用于设计数字系统。当设计较大的数字逻辑时,需要多片器件,性能、成本及设计周期都受影响。

(2) 片内寄存器资源不足,且寄存器的结构限制较多(如有的器件要求时钟共用),难以构成丰富的时序电路。

(3) I/O 不够灵活,如三态控制等,限制了片内资源的利用率。

(4) 编程不便,需要专用的编程工具,对于使用熔丝型的简单 PLD 更是不便。

早期 CPLD 是从 GAL 的结构扩展而来,但针对 GAL 的缺点进行了改进,如 Lattice 公司的 ispLS1032 器件等。在流行的 CPLD 中，Altera 公司的 MAX3000A 系列器件具有一定典型性，下面以此为例介绍 CPLD 的结构和工作原理。

MAX3000 系列器件包含 32～512 个宏单元，其单个宏单元结构如图 5.3-1 所示。每 16 个宏单元组成一个逻辑阵列块(Logic Array Block, LAB)。每个宏单元含有一个可编程的与阵列和固定的或阵列，以及一个可配置寄存器每个宏单元的共享扩展乘积项和高速并联扩展乘积项，它们可向每个宏单元提供多达 32 个乘积项，以构成复杂的逻辑函数。

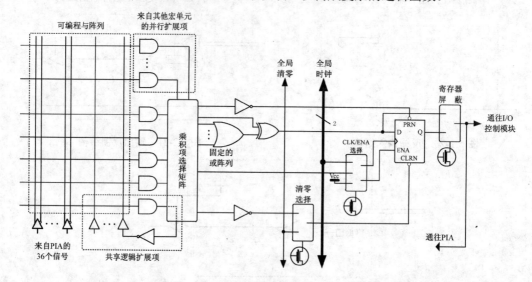

图 5.3-1　MAX3000 系列的单个宏单元结构

MAX3000 结构中包含五个主要部分，即逻辑阵列块、宏单元、扩展乘积项(共享和并联)、可编程连线阵列(PIA)、I/O 控制块。以下将分别进行介绍。

1. LAB

一个 LAB 由 16 个宏单元的阵列组成。MAX3000 结构主要是由多个 LAB 组成的阵列以及它们之间的连线构成。多个 LAB 通过 PIA 和全局总线连接在一起(图 5.3-2)，全局总线从所有的专用输入、I/O 引脚和宏单元馈入信号。对于每个 LAB 有下列输入信号：

(1) 来自作为通用逻辑输入的 PIA 的 36 个信号。

(2) 全局控制信号，用于寄存器辅助功能。

(3) 从 I/O 引脚到寄存器的直接输入通道。

2. 宏单元

MAX3000 系列中的宏单元由三个功能块组成：逻辑阵列、乘积项选择矩阵和可编程寄存器，它们可以被单独地配置为时序逻辑和组合逻辑工作方式。其中，逻辑阵列实现组合逻辑输入，以实现组合逻辑函数；或者把这些乘积项作为宏单元中寄存器的辅助输入：清零(Clear)、置位(Preset)、时钟(Clock)和时钟使能控制(Clock Enable)。

每个宏单元中有一个共享扩展乘积项经非门后回馈到逻辑阵列中，宏单元中还存在并行扩展乘积项，从邻近宏单元借位而来。

宏单元中的可配置寄存器可以单独地被配置为带有可编程时钟控制的 D、T、JK 或 SR 触发器工作方式，也可以将寄存器屏蔽掉，以实现组合逻辑工作方式。

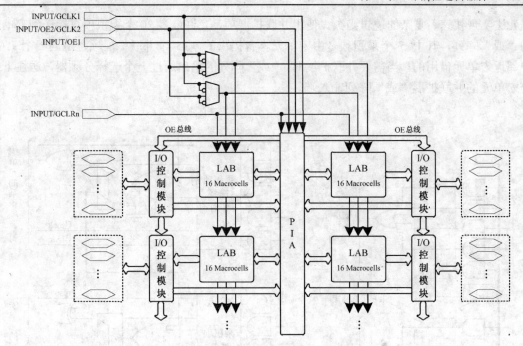

图 5.3-2　EPM3128 的整体结构

每个可编程寄存器可以按三种时钟输入模式工作：

（1）全局时钟信号。该模式能实现最快的时钟到输出(Clock to Output)性能，这时全局时钟输入直接连向每一个寄存器的 CLK 端。

（2）全局时钟信号由高电平有效的时钟信号使能。这种模式提供每个触发器的时钟使能信号，由于仍使用全局时钟，输出速度较快。

（3）用乘积项实现一个阵列时钟。在这种模式下，触发器由来自隐埋的宏单元或 I/O 引脚的信号进行钟控，其速度稍慢。

每个寄存器也支持异步清零和异步置位功能。乘积项选择矩阵分配，并控制这些操作。虽然乘积项驱动寄存器的置位和复位信号是高电平有效，但在逻辑阵列中将信号取反可得到低电平有效的效果。此外，每一个寄存器的复位端可以由低电平有效的全局复位专用引脚 GCLRn 信号来驱动。

3．扩展乘积项

虽然大部分逻辑函数能够用在每个宏单元中的五个乘积项实现，但更复杂的逻辑函数需要附加乘积项。可以利用其他宏所需的逻辑资源，对于 MAX3000A 系列，还可以利用其结构中具有的共享和并联扩展乘积项，即扩展项(图 5.3-3、图 5.3-4)。这两种扩展项作为附加的乘积项直接送到 LAB 的任意一个宏单元中。利用扩展项可保证在实现逻辑综合时，用尽可能少的逻辑资源，得到尽可能快的工作速度。

（1）共享扩展项。每个 LAB 有 16 个共享扩展项。共享扩展项由每个宏单元提供一个单独的乘积项，通过一个非门取反后反馈到逻辑阵列中，可被 LAB 内任何一个或全部宏单元使用和共享，以便实现复杂的逻辑函数。采用共享扩展项后要增加一个短的延时。图 5.3-4 表示出共享扩展项是如何馈送到多个宏单元的。

（2）并联扩展项。并联扩展项是宏单元中一些没有被使用的乘积项，可分配到邻近的宏单元去实现快速、复杂的逻辑函数。使用并联扩展项，允许最多 20 个乘积项直接送到宏单元的"或"阵列，其中 5 个乘积项是由宏单元本身提供的，15 个并联扩展项是从同一个 LAB 中邻近宏单元借用的。当需要并联扩展时，"或"阵列的输出通过一个选择分频器，送往下一个宏单元的并联扩展"或"阵列输入端。

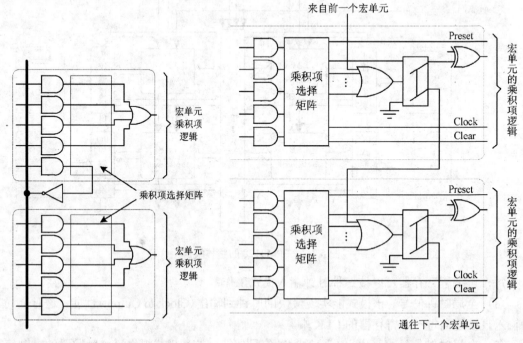

图 5.3-3　共享扩展乘积项结构　　　　　　图 5.3-4　并联扩展项馈送方式

图 5.3-4 表示出了并联扩展项是如何从邻近的宏单元中借用的。当不需要使用并联扩展时，并联扩展"或"阵列的输出通过选择分配器切换。

4. PIA

不同的 LAB 通过在 PIA 上布线，以相互连接构成所需的逻辑。这个全局总线是一种可编程的通道，可以把器件中任何信号连接到其目的地。所有 MAX3000A 器件的专用输入、I/O 引脚和宏单元输出都连接到 PIA，而 PIA 可把这些信号送到整个器件内的各个地方。只有每个 LAB 需要的信号才布置从 PIA 到该 LAB 的连线。由图 5.3-5 可看出 PIA 信号布线到 LAB 的方式。

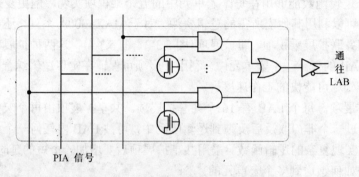

图 5.3-5　PIA 信号布线到 LAB 的方式

图 5.3-5 中通过 AAPROM 单元控制与门的一个输入端，以选择驱动 LAB 的 PIA 信号。由于 MAX3000 的 PIA 有固定的延时，因此使得器件延时性能容易预测。

5. I/O 控制块

I/O 控制块允许每个 I/O 引脚单独被配置为输入、输出和双向工作方式。所有 I/O 引脚都有一个三态缓冲器，它的控制端信号来自一个多路选择器，可以选择用全局输出使能信号之一进行控制，或者直接连到地或电源（V_{cc}）上。图 5.3-6 表示的是 EPM3128S 器件的 I/O 控制块，它共有六个全局输出使能信号。这六个使能信号可来自两个输出使能信号（OE1、OE2）、I/O 引脚的子集或 I/O 宏单元的子集，并且也可以是这些信号取反后的信号。

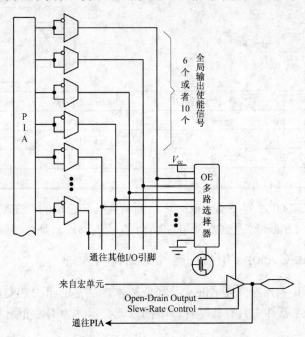

图 5.3-6　EPM3128 器件的 I/O 控制模块

当三态缓冲器的控制端接地时，其输出为高阻态，这时 I/O 引脚可作为专用输入引脚使用。当三态缓冲器控制端接电源 V_{cc} 上时，输出被一直使能，为普通输出引脚。MAX3000 结构提供双 I/O 反馈，其宏单元和 I/O 引脚的反馈是独立的。当 I/O 引脚被配置成输入引脚时，与其相连的宏单元可作为隐埋逻辑使用。

另外，MAX3000 系列器件在 I/O 控制块还提供减缓输出缓冲器的电压摆率（Slew Rate）选择项，以降低工作速度要求不高的信号在开关瞬间产生的噪声。

5.4　FPGA 结构与工作原理

除 CPLD 外，FPGA 是大规模 PLD 中的另一大类。

5.4.1　查找表逻辑结构

前面提到的 PLD 都是基于乘积项的可编程结构，即由可编程的与阵列和固定的或阵列组成。而在本节中将要介绍的 FPGA，使用了另一种可编程逻辑的形成方法，即可编程的查找表(Look Up Table，LUT)结构，LUT 本质上就是一个 RAM。目前 FPGA 中多使用 4 输入的 LUT 作为基本逻辑单元，所以每一个 LUT 可以看成一个有 4 位地址线的 16×1bit 的 RAM。当用户通过原理图或 HDL 描述了一个逻辑电路以后，EDA 软件会自动计算逻辑电路的所有可能的结果，并把结果事先写入 RAM。这样，每输入一个信号进行逻辑运算就等于输入一个地址进行查表，找出地址对应的内容，然后输出即可。现以 4 输入与门为例，来对比基于乘积项的实现方式和基于 LUT 的实现方式之间的不同，如表 5.4-1 所示。

表 5.4-1 乘积项结构与查找表结构对比

基于乘积项的实现方式		LUT 的实现方式	
a,b,c,d: 逻辑输入	输出: 逻辑运算结果	a,b,c,d: 地址总线	输出: RAM 中存储的内容
0000	0	0000	0
0001	0	0001	0
...	0	...	0
1111	1	1111	1

Xilinx 公司的 XC4000 系列、Spartan/3/3E 系列与 Altera 公司的 FLEX10 K、ACEX、APEX、Cyclone、Cyclone II、Stratix 等系列都采用 SRAM 查找表构成，是典型的 FPGA 器件。

5.4.2 Cyclone/Cyclone II 系列器件的结构与原理

Cyclone/Cyclone II 系列器件是 Altera 公司低成本、高性价比的 FPGA 器件系列，它的结构和工作原理在 FPGA 器件中具有典型性，下面以此类器件为例，介绍 FPGA 的结构与工作原理。

Cyclone/Cyclone II 系列器件主要由逻辑阵列块 LAB、嵌入式存储器块、I/O 单元、嵌入式硬件乘法器和锁相环(PLL)等模块构成，在各个模块之间存在着丰富的互连线和时钟网络。

由于 Cyclone 与 Cyclone II 系列器件的基本结构原理类似，在此主要介绍 Cyclone 系列器件的结构特点。Cyclone 系列器件的可编程资源主要来自 LAB，而每个 LAB 都由多个逻辑单元 LE(Logic Element)构成。LE 是 Cyclone/Cyclone II FPGA 器件的最基本的可编程单元，图 5.4-1 显示了 Cyclone FPGA 的 LE 内部结构。观察图 5.4-1 可以发现，LE 主要由一个 4 输入的查找表 LUT、进位链逻辑和一个可编程的寄存器构成。4 输入的 LUT 可以完成所有 4 输入 1 输出的组合逻辑功能，进位链逻辑带有进位选择，可以灵活地构成一位加法或者减法逻辑，并可以切换。每一个 LE 的输出都可以连接到局部布线、行列、LUT 链、寄存器链等布线资源。

每个 LE 中的可编程寄存器可以被配置成 D 触发器、T 触发器、JK 触发器和 SR 寄存器模式。每个可编程寄存器具有数据、异步数据装载、时钟、时钟使能、清零和异步置位/复位输入信号。LE 中的时钟、时钟使能选择逻辑可以灵活配置寄存器的时钟以及时钟使能信号。在一些只需要组合电器的应用，对于组合逻辑的实现，可将该触发器屏蔽，LUT 的输出可作为 LE 的输出。

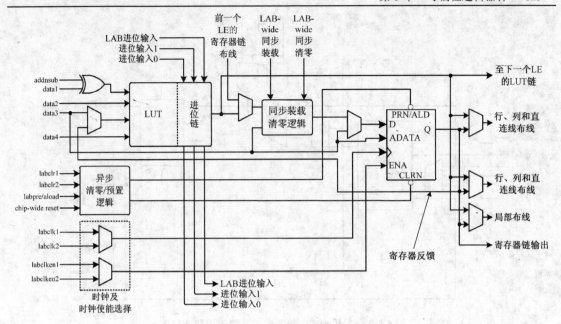

图 5.4-1　Cyclone 器件的 LE 结构图

LE 有三个输出驱动内部互连，一个驱动局部互连，另两个驱动行或列的互连资源，LUT 和寄存器的输出可以单独控制。在一个 LE 中可以实现，LUT 驱动一个输出，而寄存器驱动另一个输出。在一个 LE 中的触发器和 LUT 能够用来完成不相关的功能，因此，能够提高 LE 的资源利用率。

除上述的三个输出外，在一个 LAB 中的 LE，还可以通过 LUT 链和寄存器链进行互连。在同一个 LAB 中的 LE 通过 LUT 链级连在一起，可以实现宽输入（输入多于四个）的逻辑功能。在同一个 LAB 中的 LE 里的寄存器可以通过寄存器链级连在一起，构成一个移位寄存器，那些 LE 中的 LUT 资源可以单独实现组合逻辑功能。

Cyclone 系列器件的 LE 可以工作在下列两种操作模式：普通模式和动态算术模式。

在不同的 LE 操作模式下，LE 的内部结构和 LE 之间的互连有些差异，图 5.4-2 和图 5.4-3 分别是 Cyclone LE 在普通模式和动态算术模式下的结构和连接图。

普通模式下的 LE 适合通用逻辑应用和组合逻辑的实现。在该模式下，来自 LAB 局部互连的四个输入将作为一个 4 输入 1 输出的 LUT 的输入端口。可以选择进位输入（cin）信号或者 data3 信号作为 LUT 中的一个输入信号。每一个 LE 都可以通过 LUT 链直接连接到（在同一个 LAB 中的）下一个 LE。在普通模式下，LE 的输入信号可以作为 LE 中寄存器的异步装载信号。

在 Cyclone 器件中的 LE 还可以工作在动态算术模式下，在这种模式下，可以更好地实现加法器、计数器、累加器宽输入奇偶校验功能和比较器。在动态算术模式下的单个 LE 骨有四个 2 输入 LUT，可被配置成动态的加/减法器结构。其中两个 2 输入 LUT 用于计算和信号，这是针对进位输入 0 或 1 进行的，另外两个 2 输入 LUT 用来生成进位输出信号，该信号是为进位选择电路的两条信号链提供的。

LAB 是由一系列相邻的 LE 构成的。每个 Cyclone LAB 包含 10 个 LE、LE 进位链和级联链、LAB 控制信号、LAB 局部互连、LUT 链和寄存器链。图 5.4-4 是 Cyclone LAB 的结构图。

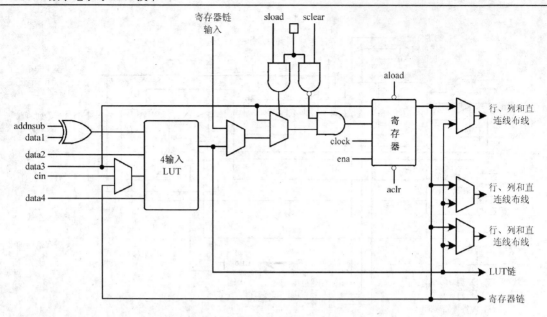

图 5.4-2　Cyclone LE 普通模式下的结构和连接图

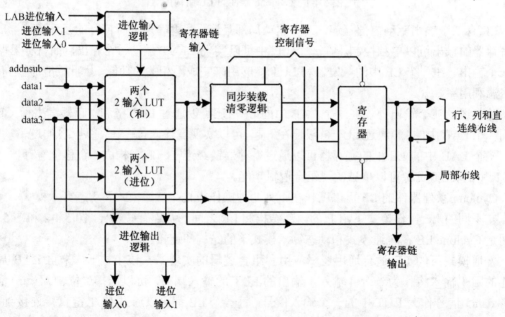

图 5.4-3　Cyclone LE 动态算术模式下的结构和连接图

在 Cyclone 器件里面存在大量 LAB,如图 5.4-4 所示的 LE 排列成 LAB 阵列,构成了 Cyclone FPGA 丰富的编程资源。

局部互连可以用来在同一个 LAB 的 LE 之间传输信号:LUT 链用来连接 LE 的 LUT 输出和下一代 LE(在同一个 LAB 中)的 LUT 输入;寄存器链用来连接下一个 LE(在同一个 LAB 中)的寄存器输出和下一个 LE 的寄存器数据输入。

LAB 中的局部互连信号可以驱动在同一个 LAB 中的 LE,可以连接行与列互连和在同一个 LAB 中的 LE。相邻的 LAB、左侧或者右侧的 PLL 和 M4K RAM 块(Cyclone 中的嵌入式存储器,如图 5.4-5 所示)通过直连线也可以驱动一个 LAB 的局部互连。

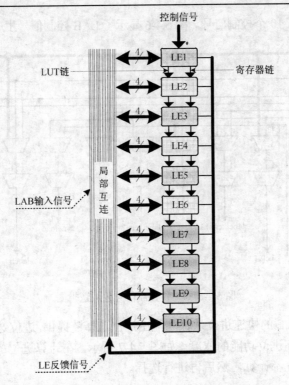

图 5.4-4　Cyclone LAB 结构图

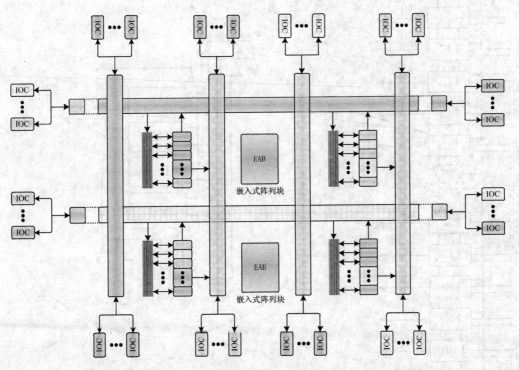

图 5.4-5　LAB 阵列

　　每个 LAB 都有专用的逻辑来生成 LE 的控制信号，这些 LE 的控制信号包括两个时钟信号，两个时钟使能信号，两个异步清零、同步清零、异步预置/装载信号、同步装载和加/减控制信号。

在同一时刻，最多可有10个控制信号。图5.4-6显示了LAB控制信号生成的逻辑图。

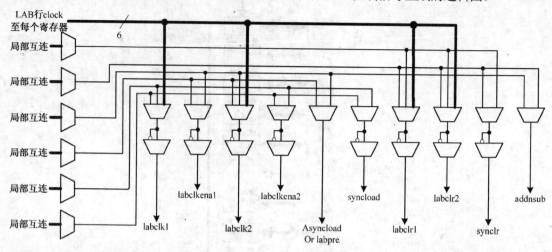

图 5.4-6　LAB 控制信号生成逻辑图

动态算术模式下 LE 的快速进位选择功能由进位选择链提供，进位选择链（进位链）通过冗余的进位计算方式提高进位功能的速度。如图 5.4-7 所示，在计算进位的时候，预先对进位输入为 0 和 1 的两种情况都计算，然后再进行选择。

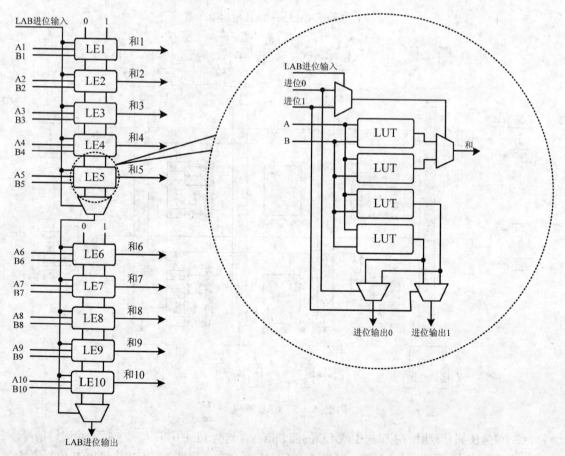

图 5.4-7　快速进位选择链

在 LE 之间也存在进位链，在 Cyclone 的一个 LAB 中存在两条进位链，见图 5.4-7。在 LAB 之间的进位也可以通过进位链连接起来。

在 Cyclone 的 LE 之间除了 LAB 局部互连和进位外，还有 LUT 链、寄存器链。使用 LUT 链可以把相邻的 LE 中的 LUT 连接起来构成复杂的组合逻辑，寄存器链可以把相邻的 LE 中的寄存器连接起来得到诸如移位寄存器的功能。

在 Cyclone 器件中，LE、M4K 存储器块、I/O 引脚之间使用多路径(MultiTrack)互连结构，这种结构采用了 DirectDrive 技术。

在 Cyclone FPGA 器件中所售的嵌入式存储器(Embedded Memory)，由数十个 M4K 的存储器块构成。每个 M4K 存储器块具有很强的伸缩性，可以实现的功能有：

(1) 4608 位 RAM；

(2) 200MHz 高速性能；

(3) 真正的双端口存储器；

(4) 单个双端口存储器；

(5) 单端口存储器；

(6) 字节使能；

(7) 校验位；

(8) 移位寄存器；

(9) FIFO(First IN First OUT)设计；

(10) ROM 设计；

(11) 混合时钟模式。

在 Cyclone 中的嵌入式存储器可以通过多种连线与可编程资源实际连接，这大大增强了 FPGA 的性能，扩大了 FPGA 的应用范围。

在数字逻辑电路的设计中，时钟、复位信号往往需要同步作用于系统中的每个时序逻辑单元，因此在 Cyclone 器件中设置有全局控制信号。由于系统的时钟延时会严重影响系统的性能，故在 Cyclone 中设置了复杂的全局时钟网络，以减少时钟信号的传输延迟。另外，在 Cyclone FPGA 中还含有一个到数个 PLL，可以用来调整时钟信号的波形、频率和相位。

5.5　CPLD/FPGA 产品及开发

随着 PLD 应用日益广泛和随之而来的高利润，许多 IC 制造厂家陆续涉足 PLD 领域。目前世界上有十几家生产 CPLD/FPGA 的公司，最大的两家是 Altera 公司和 Xilinx 公司。根据 2006 年的分析数据，Altera 公司和 Xinilnx 公司占据了全球 80% 以上的市场份额(图 5.5-1)，并且到目前为止，这个数字还在上升。而其他的厂商虽然规模没有前两者那么大，但他们各自的产品都有鲜明的特色。

(1) Altera 公司：20 世纪 90 年代以后发展很快，是最大的 PLD 供应商之一。其主要产品有 MAX3000/7000 、 FLEX10K 、 APEX20K 、

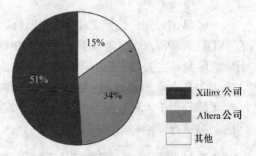

图 5.5-1　来自 2006 年 Gartner Dataquest 公司的全球 PLD 市场分析

ACEX1K、Stratix、Cyclone 等。开发软件为 Quartus Ⅱ。普遍认为其开发工具——Quartus Ⅱ 是最成功的 PLD 开发平台之一，配合使用 Altera 公司提供的免费 HDL 综合工具可以达到较高的效率。

（2）Xilinx 公司：FPGA 的发明者，老牌 PLD 公司，是最大的 PLD 供应商之一。其产品种类较全，主要有 XC9500/4000、Coolrunner（XPLA3）、Spartan、Virtex 等，开发软件为 Foundition 和 ISE。通常来说，在欧洲用 Xilinx 公司产品的人多，在日本和亚太地区用 Altera 公司产品的人多，在美国则是平分秋色。全球 PLD/FPGA 产品 80%以上是由 Altera 公司和 Xilinx 公司提供的。可以讲 Altera 公司和 Xilinx 公司共同决定 PLD 技术的发展方向。

（3）Lattice 公司：ISP 技术的发明者，ISP 技术极大的促进了 PLD 产品的发展，与 Altera 公司和 Xilinx 公司相比，其开发工具略逊一筹。中小规模 PLD 比较有特色，不过其大规模 PLD、FPGA 的竞争力还不够强，1999 年收购 Vantis（原 AMD 子公司）并推出可编程模拟器件，成为第三大 PLD 供应商。2001 年 12 月收购 Agere 公司（原 Lucent 微电子部）的 FPGA 部门。主要产品有 ispLSI2000/5000/8000、MACH4/5、ispMACH4000 等。

（4）MicroSemi-Actel 公司：混合信号反熔丝（一次性烧写）PLD 的领导者，由于该公司的反熔丝 PLD 抗辐射、耐高低温、功耗低、速度快，并且融入了性能优异的模拟电路，所以在军品和宇航级上有较大优势。Altera 和 Xilinx 则一般不涉足军品和宇航级市场。MicroSemi-Actel 公司在中国地区的代理商是裕利（科汇二部）和世强电讯。

（5）Cypress 公司：PLD/FPGA 不是 Cypress 公司的最主要业务，但有一定的用户群，中国地区代理商有富昌电子、德创电子等。

（6）Quicklogic 公司：专业 PLD/FPGA 公司，以一次性反熔丝工艺为主，有一些集成硬核的 FPGA 比较有特色，但总体上在中国地区销售量不大，中国地区代理商是科汇三部。

（7）Lucent 公司：主要特点是有不少用于通信领域的专用 IP 核，但 PLD/FPGA 不是 Lucent 公司的主要业务，在中国地区使用的人很少。2000 年 Lucent 公司的半导体部独立出来并更名为 Agere 公司。2001 年 12 月 Agere 公司的 FPGA 部门被 Lattice 公司收购。

（8）ATMEL 公司：PLD/FPGA 不是 ATMEL 公司的主要业务，中小规模 PLD 做的不错。ATMEL 公司也做了一些与 Altera 公司和 Xilinx 公司兼容的芯片，但在品质上与原厂家还是有一些差距，在高可靠性产品中使用较少，多用在低端产品上。

（9）Clear Logic 公司：生产与一些著名 PLD/FPGA 大公司兼容的芯片，这种芯片可将用户的设计一次性固化，不可编程，批量生产时的成本较低。但由于大部分用户对其产品品质不放心，并且担心失去大公司的技术支持，所以使用者很少。2001 年被 Altera 公司起诉并败诉，公司前景不明。

（10）WSI 公司：生产 PSD（单片机可编程外围芯片）产品。这是一种特殊的 PLD，如最新的 PSD8xx、PSD9xx，集成了 PLD、EPROM 和 Flash，并支持 ISP（在线编程），价格偏贵一点，但集成度高，主要用于配合单片机工作。2000 年 8 月 WSI 公司被 ST 公司收购。

以上是全球知名 PLD 厂商的简介，如果读者想获取某厂商的详细信息，可登录其网站进一步了解，由于本教材配套的实践环节都是应用 Altera 公司的产品进行的，所以下面对该公司的产品进行详细介绍。

5.5.1　Altera 公司的 FPGA 和 CPLD

Altera 公司的 PLD 具有高性能、高集成度和高性价比的优点，此外它还提供了功能全面的开发工具、丰富的 IP 核、宏功能库等。因此，Altera 公司的产品获得了广泛的应用。Altera 公司的产品有多个系列，按照推出的先后顺序依次为 Classic 系列、APEX（Advanced logic Element Matrix）系列、ACEX 系列、APEX II 系列、Cyclone 系列、Stratix 系列、MAX II 系列、Cyclone II 系列、Stratix II 系列等。

1. Stratix II 系列 FPGA

Stratix II 器件采用了 TSMC 90nm 低绝缘工业技术的 300mm 晶圆制造，采用革新性的逻辑机构，基于自适应逻辑模块（ALM），将更多的逻辑封装到更小的面积内，并赋予更快的性能。Stratix II 器件中带有专用算法功能模块，能高效地实现加法树等其他大计算量的功能，为了支持通信设计应用，Stratix II 器件提供了高速 I/O 信号接口：

（1）专用串行/解串（SERDES）电路，实现 1Gbit/s 源同步 I/O 信号。

（2）动态相位调整（DPA）电路，动态地消除外部板子和内部器件的偏移，更易获得最佳的性能。

（3）支持差分 I/O 信号电平，包括 HyperTransport、LVDS、LCPECL 及差分 SSTL 和 HSTL。

（4）提供外部存储器接口，专用电路支持最新外部存储器接口，包括 DDR2 SDRAM、RLDRAN II 和 QDR II SRAM 器件，具有充裕的带宽和 I/O 引脚支持以及多种标准的 64 位或 72 位，168/144 脚双直列存储模块（DIMM）接口。

为需要设计安全性的新应用提供可编程逻辑功能和优势，Stratix II 器件配置比特流加密技术的 128 位高级加密标准（AES）设计安全，密钥存放在 FPGA 中，无需电池备份或占用逻辑资源；含有 TrMatrix 存储器；三种存储块尺寸：M-RAM、M4K 和 M512，提供多达 9MB 的存储容量；包括用于检错的校验比特，性能高达 370MHz，混合宽度数据和混合时钟模式。

Stratix II 器件增强数字信号处理（DPS）功能包括：

（1）更大的 DSP 带宽，提供比 Stratix 器件多四倍的 DSP 带宽；

（2）专用乘法器、流水线和累加电路；

（3）每个 DSP 块支持 Q1.15 格式新的舍入和饱和；

（4）最大性能高达 370MHz；

（5）时钟管理电路，具有多达 12 个片内 PLL 支持器件和板子时钟管理，动态 PLL 重配置允许随时改变 PLL 参数，备份时钟切换用于差错恢复和多时钟系统；

（6）可以实现片内差分和串行匹配，简化了电路板设计的复杂性，降低了设计的成本；

（7）支持远程系统升级，用于可靠和安全的在系统升级和差错修复，专用看门狗电路确保升级后功能正确。

2. Stratix 系列 FPGA

该系列采用了 1.5V 内核，0.13μm 全铜工艺，芯片由 Quartus II 软件支持，具有以下主要特点：

（1）内嵌三级存储单元，可配置为移位寄存器的 512B 小容量 RAM，4KB 容量的标准 RAM（M4K），512KB 的大容量 RAM（MegaRAM），并自带奇偶校验；

（2）内嵌乘加结构，分为三种长度的行列布线，在保证延时可预测的同时提高资源利用率和系统速度；

（3）增强时钟管理和锁相环能力，最多可有 40 个独立的系统时钟管理区和 12 组 PLL，实现 K×M/N 的任意倍频/分频，且参数可动态配置；

(4) 增加片内终端匹配电阻，提高信号完整性，简化 PCB 布线；

(5) 增强远程升级能力，增加配置错误纠正电路，提高系统可靠性，方便远程维护升级。

3. ACEX 系列 FPGA

ACEX 是 Altera 公司专门为通信(如 xDSL 调制解调器、路由器等)音频处理及其他一些场合的应用而推出的芯片系列。ACEX 器件的工作电压为 2.5V，芯片的功耗较低，集成度在 3 万门到几十万门之间，基于查找表结构，在工艺上，采用先进的 1.8V/0.18μm。6 层金属连线的 SRAM 工艺制成，封装形式则包括 BGA/QFP 等。

4. FLEX 系列 FPGA

FLEX 系列是 Altera 公司为 DSP 设计最早推出的 FPGA 器件系列，包括 FLEX10K、FLEX10KE、FLEX8000、FLEX6000 等系列器件，器件采用连续式互连和 SPAM 工艺，可用门数为 1 万门至 25 万门。FLEX10K 器件由于具有灵活的逻辑结构和嵌入式存储器块，能够实现各种复杂的逻辑功能，是应用广泛的一个系列。

5. MAX 系列 CPLD

MAX 系列包括 MAX9000、MAX7000A、MAX7000B、MAX7000S、MAX3000A 等系列器件，这些器件的基本结构单元是乘积项，在工艺上采用 EEPROM 和 EPROM。器件的编程数据可以永久保存，可加密。MAX 系列的集成度在数百门到 2 万门之间，所有 MAX 系列的器件都有 ISP 在系统编程的功能支持 JTAG 边界扫描测试。

6. Cyclone 系列 FPGA(低成本 FPGA)

Altera 公司的低成本系列 FPGA，平衡了逻辑、存储器、PLL 和高级 I/O 接口，Cyclone 系列 FPGA 是价格敏感应用的最佳选择。Cyclone FPGA 具有以下特性：

(1) 新的可编程构架通过设计实现低成本；

(2) 嵌入式存储资源支持各种存储器应用和 DSP 实施；

(3) 专用外部存储接口电路集成了 DDR FCRAM 和 SDRAM 器件以及 SDR SDRAM 存储器件；

(4) 支持串行、总线和网络接口及各种通信协议；

(5) 使用 PLL 管理片内和片外系统时序；

(6) 支持单端 I/O 标准和差分 I/O 技术，支持高达 311Mbit/s 的 LVDS 信号；

(7) 处理能力支持 Nios II 系列嵌入式处理器；

(8) 采用新的串行配置器件的低成本配置方案；

(9) 通过 Quartus II 软件 OpenCore 评估特性，可免费评估 IP 功能。

7. CycloneII 系列 FPGA

Cyclone II 器件的制造基于 300mm 晶圆，采用 TSMC 90nm、低 k 值电介质工艺。

Cyclone II 系列 FPGA 功能包括：

(1) 多达 68416 个 LE，用于高密度应用；

(2) 多达 1.1MB 的用于嵌入式处理器的通用存储单元；

(3) 多达 150 个 18×18 用于嵌入式处理器的低成本 DSP 应用；

（4）专用外部存储器接口电路用以连接 DDR2、DDR、SDR SDRAM，以及 QDRII SRAM 存储器件；

（5）最多 4 个嵌入式 PLL，用于片内外系统时钟管理；

（6）支持单端 I/O 标准用于 64 位、66MHz PCI 和 64 位、100MHz PCI-X（模式 1）协议；

（7）具有差分 I/O 信号，支持 RSDS、mini-LVDS、LVPECL 和 LVDS，数据速率接收端最高达 805Mbit/s，发送端最高 622Mbit/s；

（8）对安全敏感应用进行自动 CRC 检测；

（9）具有支持完全定制 Nios II 系列嵌入式处理器；

（10）采用串行配置器件的低成本配置解决方案。

8. MAX II 系列器件

这是一款上电即用、非易失性的 PLD 系列，用于通用的低密度逻辑应用环境。除了给予传统 CPLD 设计最低的成本，MAX II 系列器件还将成本和功耗优势引入了高密度领域。其特点是使用 LUT 结构，内含 Flash，可以实现自动配置。和 3.3V MAX 器件相比，MAX II 系列器件只有十分之一的功耗，1.8V 内核电压可以减小功耗，可靠性高。支持内部时钟频率达 300MHz，内置用户非易失性 Flash 存储器块。通过取代分立式非易失性存储器件减少芯片数量。

MAX II 系列器件在工作状态下能够下载第二个设计；可降低远程现场升级的成本；有灵活的多电压 MultiVolt 内核；片内电压调整支持 5.3V、2.5V 或 1.8V 电源输入；可减少电源电压种类，简化单板设计；可以访问 JTAG 状态机，在逻辑中例化用户功能；可提高单板上不兼容 JTAG 协议的 Flash 器件的配置效率。

9. Altera 公司宏功能块及 IP 核

随着百万门级 FPGA 的推出，单片系统成为可能。Altera 公司提出的概念为 SOPC，即片上可编程系统，可将一个完整的系统集成于一个 PLD 中。为了支持 SOPC 的实现，方便用户的开发与应用，Altera 公司还提供了众多性能优良的宏功能模块、IP 核以及系统集成等完整的解决方案。这些宏功能模块、IP 核都经过了严格的测试，使用这些模块将大大减少设计的风险，缩短开发周期，并且可使用户将更多的精力和时间放在改善和提高设计系统的性能上，而不是重复开发已有的模块。

Altera 公司通过以下两种方式开发 IP 模块：

（1）AMPP（Altera Megafunction Partners Program）。AMPP 是 Altera 公司宏功能模块和 IP 核开发伙伴组织，通过该组织，提供基于 Altera 公司器件的优化宏功能模块和 IP 核。

（2）MegaCore，又称为宏核，是 Altera 公司自行开发完成的。宏核拥有高度的灵活性和一些固定功能的器件达不到的性能。

Altera 公司的 Quartus II 平台提供对各种宏功能模块进行评估的功能，允许用户在购买某个宏功能模块之前对该模块进行编译和仿真，以测试其性能。

Altera 公司能够提供以下宏功能模块：

（1）数字信号处理类，即 DSP 基本运算模块，包括快速加法器、快速乘法器、FIR 滤波器、FFT 等，这些参数化的模块均针对 Altera FPGA 的结构做了充分的优化。

（2）图像处理类，Altera 公司为数字视频处理所提供的包括压缩和过滤等应用模块，均针对 Altera 公司器件内置存储器的结构进行了优化，包括离散余弦变换、JPEG 压缩等。

(3) 通信类，包括信道编解码、Viterbi 编解码和 Turbo 编解码等模块，还能够提供软件无线电中的应用模块，如快速傅里叶变换、数字调制解调器等。在网络通信方面也提供了诸多选择，从交换机到路由器、从桥接器到终端适配器，均提供了一些应用模块。

(4) 接口类，包括 PCI、USB、CAN 等总线接口，SDRAM 控制器、IEEE1394 等标准接口。其中，PCI 总线包括 64 位、66MHz 的 PCI 总线和 32 位、33MHz 的 PCI 总线等几种方案。

(5) 处理器及外围功能模块，包括嵌入式微处理器、微控制器、CPU 核、Nios 核、UART、中断控制器等。此外还有编码器、加法器、锁存器、寄存器和各类 FIFO 等 IP 核。

5.5.2　编程与配置

在大规模 PLD 出现以前，人们在设计数字系统时，把器件焊接在电路板上是设计的最后一个步骤。当设计存在的问题得到解决后，设计者往往不得不重新设计印制电路板。设计周期被无谓延长了，设计效率也很低。CPLD、FPGA 的出现改变了这一切。现在，人们在逻辑设计时可以在未设计具体电路时，就把 CPLD、FPGA 焊接在印制电路板上，然后在设计调试时可以一次又一次随心所欲地改变整个电路的硬件逻辑关系，而不必改变电路板的结构。这一切都有赖于 CPLD、FPGA 的在系统编程(In-System Programming，ISP)和重新配置功能。本节主要介绍 Altera 公司的 CPLD/FPGA 编程和配置方式。

1．现代 PLD 的编程工艺

目前常见的大规模 PLD 的编程工艺有三种：

(1) 基于电可擦除存储单元的 EEPROM 或 Flash 技术。CPLD 一般使用此技术进行编程。CPLD 被编程后改变了电可擦除存储单元中的信息，掉电后可保存。某些 FPGA 也采用 Flash 工艺，比如 Actel 公司的 ProASIC plus 系列 FPGA、Lattice 公司的 Lattice XP 系列 FPGA。

(2) 基于 SRAM 查找表的编程单元。对该类器件，编程信息是保存在 SRAM 中的，SPAM 在掉电后编程信息立即丢失，在下次上电后，还需要重新载入编程信息。因此，该类器件的编程一般称为配置。大部分 FPGA 采用该种编程工艺。

(3) 基于反熔丝编程单元。Actel 公司的 FPGA、Xilinx 公司部分早期的 FPGA 采用此种结构，现在 Xilinx 公司已不采用。反熔丝技术编程方法是一次性可编程。

相比之下，电可擦除编程工艺的优点是编程后信息不会因掉电而丢失，但编程次数有限，编程的速度不快。对于 SRAM 型 FPGA 来说，配置次数为无限，在加电时可随时改变逻辑，但掉电后芯片中的信息即丢失，每次上电时必须重新载入信息，下载信息的保密性也不如前者。

2．Altera 公司器件编程模式

1) 基于 JTAG 技术的 ISP 编程模式

JTAG 是英文 "Joint Test Action Group(联合测试行为组织)" 的词头字母的简写，该组织成立于 1985 年，是由几家主要的电子制造商发起制定的 PCB 和 IC 测试标准，最初主要用于芯片内部测试。其基本原理是在器件内部定义一个 TAP(Test Access Port)通过专用的 JTAG 测试工具对内部节点进行串行测试。JTAG 测试允许多个器件通过 JTAG 接口串联在一起，形成一个 JTAG 链，实现对各个器件分别测试。JTAG 最初只用来对芯片进行测试，现在，也常用于实现多数的高级器件的 ISP 功能，如支持 JTAG 协议的嵌入式处理器、DSP 和 CPLD/FPGA 器件。

Altera 公司的大部分 CPLD/FPGA 都支持基于 JTAG 技术的 ISP 编程模式，这种编程模式

的应用，改变了传统的使用专用编程器编程方法的诸多不便。图 5.5-2 是 Altera 公司 PLD 的 ISP 编程硬件电路图。

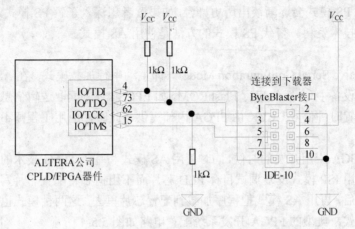

图 5.5-2　Altera 公司 PLD 的 ISP 编程硬件电路图

在系统板上的多个 JTAG 器件的 JTAG 接口可以连接起来，形成一条 JTAG 链。同样，对于多个支持 JTAG 接口 ISP 编程的 CPLD，也可以使用 JTAG 链进行编程，当然可以进行测试。图 5.5-3 就用了 JTAG 对多个器件 ISP 在系统编程。JTAG 链使得对各个公司产生的不同 ISP 器件进行统一的编程成为可能。有的公司提供了相应的软件，如 Altera 公司的 Jam Player 可以对不同公司支持 JTAG 的 ISP 器件进行混合编程。有些早期的 ISP 器件，比如 Lattice 公司的支持 JTAG-ISP 的 ispLSI1000EA 系列采用专用的 ISP 接口，也支持多器件下载。

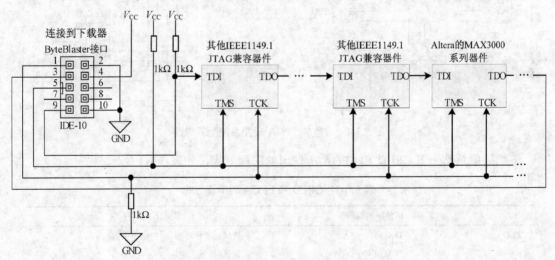

图 5.5-3　多 JTAG 芯片的 ISP 编程连接方式

2) PS 模式

虽然 FPGA 支持 ISP 编程模式，但受到其 SRAM 编程工艺的限制，在 ISP 编程模式下 FPGA 的电路程序必然会在系统掉电后丢失，这在 FPGA 的最终应用产品中是不可接受的。这就催生了 PS 模式（Passive Serial Configuration Mode），即被动串行加载模式。PS 模式适合于对加载速度要求不高的中、低密度 FPGA 加载场合。在此模式下，目标 FPGA 芯片被动地接受来自 EPC 配置芯片的配置文件，加载所需的配置时钟信号 CCLK 由 FPGA 外部时钟源或外部控制信号提供。很明显，如果每次系统开始上电工作都对 FPGA 进行一次 PS 模式编程，就弥补了 FPGA 掉电丢失程序的缺点。但是，由于 PS 模式需要外部微控制器的支持，加之小规模 FPGA 逐渐停产，PS 模式会逐渐淡出历史舞台，如果读者想深入了解 PS 模式，可以参考 Altera 公司网站提供的技术资料。替代 PS 模式的方法是使用 AS 模式。

3) AS 模式

AS 模式（Active Serial Configuration Mode），即主动串行加载模式。在 AS 模式下，FPGA 主动从外部存储设备中（一般为串行 FlashROM，如 EPCS 器件）读取逻辑信息来为自己进行配置，此模式的配置时钟信号 CCLK 由 FPGA 内部提供，此时，应用工程师不必关心配置时序的细节。

一般在做 FPGA 应用开发的时候，同时使用 AS 模式和基于 JTAG 技术的 ISP 模式。这样，在研发阶段可以用 ISP 模式反复调试目标 PLD 芯片而不用担心将配置芯片写坏，等最后程序已经调试无误之后，再用 AS 模式把程序加载到配置芯片里去。这两种模式也是 Altera 公司目前推荐使用的模式，典型的 FPGA 开发系统配置电路如图 5.5-4 所示。

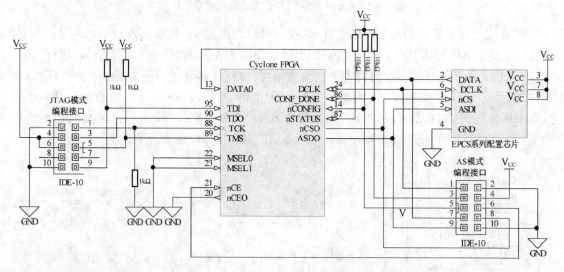

图 5.5-4　典型的 FPGA 开发系统配置电路

下面简单总结一下 CPLD 和 FPGA 所使用的编程方式，如表 5.5-1 所示。

表 5.5-1　CPLD 和 FPGA 的编程方式

	可使用的编程模式	应 用 场 合
CPLD	JTAG-ISP	调试或者程序固化（掉电不丢失）
	JTAG-ISP	调试（掉电丢失）
FPGA	AS	程序固化或者有限次调试（掉电不丢失）
	PS	程序固化或者有限次调试（掉电不丢失）

3. 编程硬件设备

CPLD 编程和 FPGA 配置可以使用专用的编程设备，也可以使用下载器。Altera 公司常用的下载器有 ByteBlaster Ⅱ 和 USB-Blaster，它们都支持前面提到的 JTAG-ISP 模式、AS 模式和 PS 模式，ByteBlaster Ⅱ 下载器连接 PC 机的并行打印口与目标器件，USB-Blaster 下载器则是连接 PC 机的 USB 接口与目标器件，它们单独与 Quartus Ⅱ配合都可以对 Altera 公司的多种 CPLD、FPGA 进行配置或编程。这两种编程下载器与 Altera 公司器件的接口一般是 IDE-10 芯的接口，其中，ByteBlaster Ⅱ的连接示意图如图 5.5-5 所示，USB-Blaster 下载器实物如图 5.5-6 所示。如果想获取这些下载器，可以咨询导师或者联系当地的电子器件经销商。

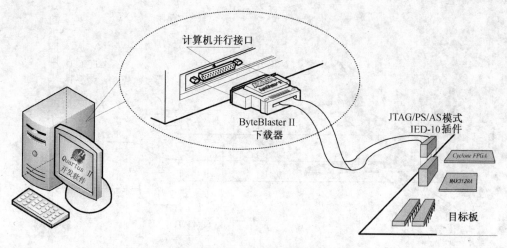

图 5.5-5 ByteBlaster Ⅱ下载器连接示意图

提示：读者在使用 USB-Blaster 下载器的时候，需要安装相应的 USB 驱动程序，其文件路径为：…\altera\91\quartus\drivers\usb-blaster\。

USB-Blaster 用户，请参考：

http://www.altera.com.cn/literature/ug/ug_usb_blstr.pdf
ByteBlaster II 用户，请参考：

http://www.altera.com.cn/literature/ug/ug_bbii.pdf

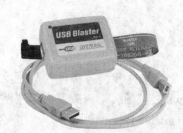

图 5.5-6 USB-Blaster 下载器实物照片

5.5.3 基于 Altera 公司产品的开发流程

第 1 章已经介绍了现代数字系统设计的基本流程，但是在具体实施的时候，初学者可能还是感到无从下手，下面我们就给出从系统方案设计之后的 PLD 开发的具体实施流程，如图 5.5-7 所示。

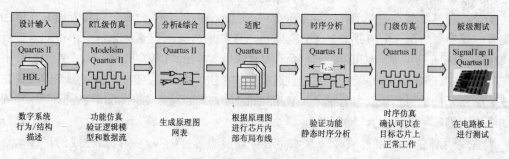

图 5.5-7 Altera 公司 PLD 开发流程

5.5.4 Quartus II 环境下的引脚配置及芯片烧写

2.7 节介绍了应用 Quartus II 软件的原理图输入法进行简单设计，但只进行到编译后的时序仿真这一步，并没有涉及最后的引脚配置及芯片烧写。下面就针对这两项内容给出例 2.7-1 的操作实例。假设硬件连接关系如图 5.5-8 所示。

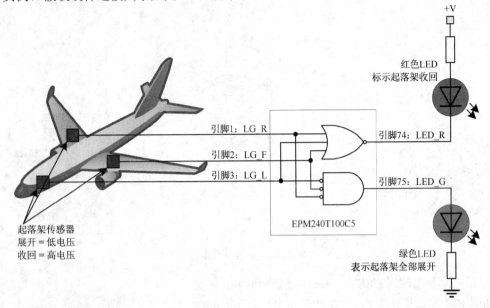

图 5.5-8 引脚分配示意图

首先打开例 2.7-1 的工程文件，指定具体的芯片型号，然后点击菜单“Assignment> Device…”命令，修改目标器件设置为在可用器件列表中指定器件“Specific Device Selected in 'Available Devices' List”，点击可用器件表中的器件型号 EPM240T100C5，然后点击“OK”退出。

接下来进行引脚配置，Quartus II 进行引脚配置有两种方法，一种是点击菜单“Assignment>Pin Planner”命令，用图形化的引脚规划器进行引脚配置，其界面如图 5.5-9 所示。芯片示意图上给出可配置的引脚，圆形代表通用 I/O 口，三角形代表电源端口，正方形代表时钟端口，五角形代表 JTAG 端口。用户在配置时双击目标引脚，按照提示操作即可，对于引脚数量少的简单系统可采用这种直观的方法进行引脚配置。

另外一种方法是点击菜单“Assignment>Assignment Editor”命令，用列表的方式进行引脚配置，其界面如图 5.5-10 所示。双击列表中 TO 栏的“new”，选择鼠标菜单中的节点查找器“Node Finder…”，调出如图 5.5-11 所示的对话框。单击“List”按钮，双击左侧栏目中需要配置的引脚，这些引脚即跳到右侧栏。选择完毕单击“OK”按钮，这些引脚名即出现在如图 5.5-12 所示的信号栏。在各行的“Assignment Name”栏输入 Location，“Value”栏输入相应的配置引脚序号，格式为“PIN_*”。

配置完引脚之后需要再编译一次才能进行最后的芯片烧写，编译后生成的目标文件为 POF 文件。先将 ByteBlaster 或者 USB-Blaster 下载器与目标板连接好，打开电源，点击菜单“Tools>Programmer”命令调出 Quartus II 烧写工具的对话框，如图 5.5-13 所示。在 Mode 下拉菜单中有四种编程模式可以选择：JTAG、PS（Passive Serial）、AS（Active Serial Programming）

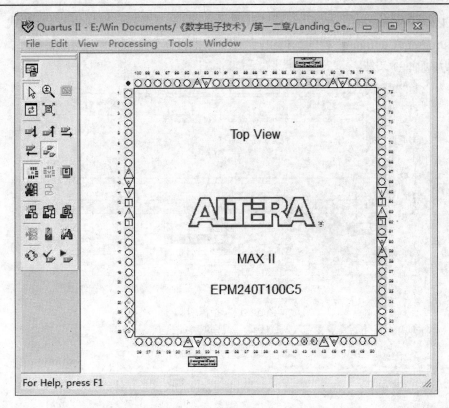

图 5.5-9 Quartus II 图形化引脚配置

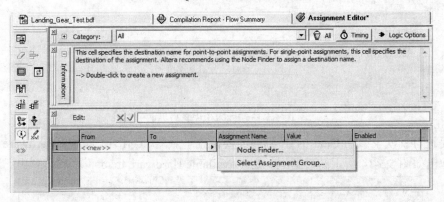

图 5.5-10 Quartus II 表格式引脚配置

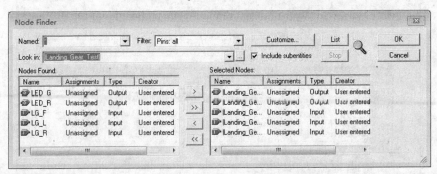

图 5.5-11 节点查找器

和 In-Socket Programming，本例的目标芯片为 CPLD，故只能选择默认的 JTAG 模式。在目标文件的"Program/Configure"栏的选框中打"√"，如果目标文件有问题，则需要点击"Add File"按钮手动添加目标文件。

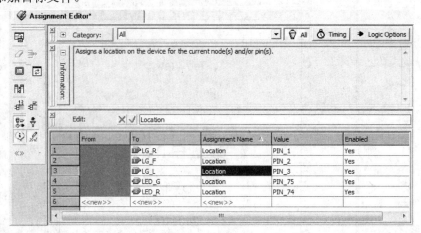

图 5.5-12　指派引脚

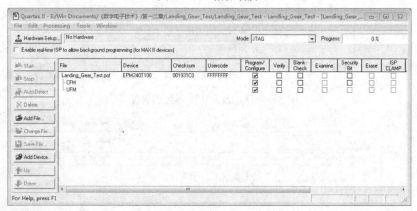

图 5.5-13　目标芯片烧写界面

若是进行初次下载的 Quartus II，则还需要设置下载器，点击左上角的"Hardware Setup…"按钮，弹出如图 5.5-14 所示的对话框，在"Available Hardware Items"区域会列出已连接的下

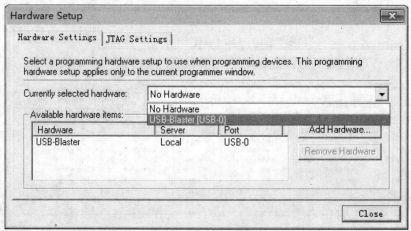

图 5.5-14　添加烧写电缆

载器，此时点击"Currently Selected Hardware"下拉菜单选择要使用的下载器，本例使用的是 USB-Blaster，然后点击"Close"按钮退出，此时下载对话框中的"Hardware Setup…"栏显示的就是选定的下载器了。

最后点击"Start"按钮进行目标芯片的烧写，在"Progress"栏可以看到烧写的进度。

习题与思考题

5.1　简述 PLD 的发展历程。

5.2　叙述 CPLD 结构与工作原理。

5.3　简述 CPLD 与 FPGA 的不同之处。

5.4　简述 Altera 公司的 PLD 编程与配置方法。

5.5　画出 Altera 公司产品的开发流程图。

第 6 章　Verilog HDL 数字系统设计基础

逻辑代数的公式和定理、逻辑函数的表示方法、逻辑函数的简化方法是分析与设计数字逻辑电路的数学工具。卡诺图曾经是数字数字逻辑电路设计中的重要工具，当电子工程师设计一个数字逻辑系统时，首先要根据逻辑功能画出卡诺图，并最终得到一张线路图，这就是传统的原理图设计方法。为了能够对设计进行验证，设计者通常还要通过搭建硬件电路板，对设计进行验证，效率低下。但随着 EDA 的出现，卡诺图的历史使命已经结束，设计的集成度、复杂度越来越高，传统的数字系统设计方法已满足不了设计的要求。

目前，采用 HDL 进行数字电路和数字逻辑系统设计已经成为数字系统设计的主流方法。电子工程师可利用 HDL 对电路或其功能进行描述，然后利用 EDA 工具进行仿真，并可自动综合到门级电路，最后用 CPLD 或 FPGA 实现其功能，甚至 ASIC（Application Specific Integrated Circuits）实现。本章将逐步学习 Verilog HDL 的语法，基于其进行数字系统设计的方法，重点掌握可综合的 Verilog HDL 语法及各个技术要点。

6.1　基于 HDL 进行数字系统设计概述

可以说，EDA 技术是以大规模 PLD 为设计载体，以 HDL 为系统逻辑描述的主要表达方式，以计算机、EDA 环境及实验开发系统为设计工具，自动完成用软件方式描述的电子系统到硬件系统的逻辑编译、逻辑化简、逻辑分割、逻辑综合及优化、布局布线、逻辑仿真，直至完成对特定目标芯片的适配编译、逻辑映射、编程下载等工作，最终形成集成电子系统或 ASIC 的一门多学科融合的综合性技术。基于 HDL 和 EDA 平台进行数字系统设计，使设计思想发生了根本性变化。

当前业界的 HDL 中主要有 VHDL 和 Verilog HDL，本书以 Verilog HDL 为对象说明数字系统的描述和设计方法。Verilog HDL 最初是于 1983 年由 Gateway Design Automation（GDA）公司开发创建的硬件建模语言 Verilog-XL，用于数字逻辑的建模、仿真和验证，是一种专用语言。Verilog-XL 在业界取得了成功和认可，并逐渐为众多设计者所接受。1989 年，GDA 公司被 Cadence 公司收购。1990 年，Cadence 公司成立了 OVI（Open Verilog International）组织，公开了 Verilog HDL 语言，并由 OVI 组织负责促进 Verilog HDL 语言的发展。自 1992 年，OVI 组织决定致力于推广 Verilog HDL 标准成为 IEEE 标准。这一努力最后获得成功，Verilog HDL 于 1995 年成为 IEEE 标准，称为 IEEE Std1364–1995。2001 年，IEEE 发布了 Verilog HDL 的第二个标准版本，即 IEEE Std1364–2001，简称为 Verilog–2001 标准。由于 Cadence 公司在集成电路设计领域的影响力和 Verilog HDL 的易用性，Verilog HDL 成为数字系统建模与设计中最流行的。Verilog HDL 语法与 C 语言较相近，Verilog HDL 描述代码简明扼要，使用灵活，容易上手。

Verilog HDL 作为一种优秀硬件描述语言，用于从算法级、RTL 级、门级到开关级的多种抽象设计层次的数字系统建模，从而大大简化了硬件设计任务，提高了设计效率和可靠性。尤其是面对当今电子产品生命周期短，需要多次重新设计以融入最新设计、改变工艺等方面，

Verilog HDL 具有良好的适应性。用 Verilog HDL 进行电子系统设计的一个突出优势在于设计过程中，工程师仅专注于其功能的实现，而不需要对影响功能的与工艺有关的因素花费过多的时间和精力；当需要仿真验证时，可以很方便地从 RTL 级和行为级等多个层次来验证。

6.2　Verilog HDL 的模块结构

自上而下进行数字系统描述的 HDL 架构如图 6.2-1 所示。可以看出，模块(Module)是 Verilog HDL 的基本描述单位，用于描述某个设计的功能或结构及与其他模块通信的外部端口。模块在概念上可等同一个器件，就如我们调用通用器件(与门、三态门等)或通用宏单元(计数器、ALU、CPU)等，因此，一个模块可在另一个模块中调用。一个电路设计可由多个模块组合而成，因此一个模块的设计只是一

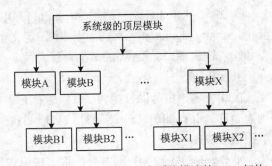

图 6.2-1　自上而下进行数字系统描述的 HDL 架构

个系统设计中的某个层次设计，模块设计可采用多种建模方式。

下面通过一个比较器的例子步入 Verilog HDL 的学习。该实例的功能时序如图 6.2-2 所示。

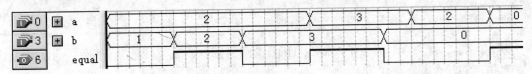

图 6.2-2　Compare 电路的时序图

【例 6.2-1】　比较器设计。

```
module compare (a,b,equal);
    input [7:0] a,b;                  //定义输入信号
    output equal;                     //定义输出信号
    assign equal = (a == b) ? 1:0;    //如果 a = b,输出 1,否则输出 0
endmodule
```

只有当 a 和 b 相等时，equal 输出 1。编译后，点击 Quartus II 的"tools>Netlist viewers>RTL viewers"菜单即可看考综合后的 RTL 图。与 C 语言一样，可综合的 Verilog HDL 关系运算符有：==、!=、>、<、>=和<=。

通过实例的 Verilog HDL 描述中可以看出，一个设计是由一个个模块构成的，且一个设计至少有一个模块。本实例就只有一个模块。每个模块的设计如下：

关键词 module 和 endmodule 引导一个完整的电路模块，对应着硬件电路实体，两个语句之间的部分为模块的相关描述。每个模块实现特定的功能。

Verilog HDL 的每个语句后面需有分号表示该语句结束，由于部分结构性语句结尾是没有分号的，学习时要注意区分。例如，endmodule 语句后就没有分号。

Verilog HDL 的模块包括接口描述部分和逻辑功能描述部分，这可以把模块与器件相类比。

1. 模块的端口定义部分

如例 6.2-1：module compare (a,b,equal)；

其中，module 是模块的保留字，compare 是模块名，相当于器件名，之间空一格或多格。括号内是该模块的端口声明，定义了该模块的"管脚名"，是该模块与其他模块通信的外部接口，相当于器件的 pin。

模块的内容，包括 I/O 说明、内部信号、调用模块等的声明语句和功能定义语句。

如例 6.2-1 的 I/O 说明语句为：input [7:0] a,b; output equal；

其中，input、output 和 inout 是保留字，定义了管脚信号的流向。分别表示输入端口、输出端口和输入输出端口。RAM 的数据总线口就是典型的 inout 双向端口，本教材将在 6.10 节专门介绍其应用方法。

[n:0]表示该信号的位宽为 n+1，即有 n+1 根信号线。如 input [7:0] a 定义的 8 根信号线分别为 a[7]、a[6]、a[5]、a[4]、a[3]、a[2]、a[1]和 a[0]。而形如 output equare 定义表示 equare 为单根信号线。

此外，Verilog-2001 版本允许将端口模式和端口名都放在模块端口名表中，如将例 6.2-1 重新描述如下：

```
module compare (input [7:0] a,input [7:0] b ,output equal);
    assign equal = (a == b) ? 1:0 ;
endmodule
```

其中，// .... 和 /* .... */ 表示 Verilog HDL 的注释部分。注释只是为了方便设计者读懂代码，对仿真和综合都不起作用。

2. 模块的逻辑功能描述部分

如例 6.2-1 的逻辑功能描述部分：assign equal = (a == b) ? 1:0 ；

功能描述用来产生各种逻辑，包括组合逻辑和时序逻辑，可用多种方法进行描述，具体的用法在 6.3 节有介绍。在逻辑功能描述中，主要用到 assign 和 always 两个语句。

assign 用于引导并行执行不同形式的持续赋值语句(持续赋值是指，只要赋值语句的右侧任何输入有变化，左侧随之立刻更新，不受任何限制)，如简单的持续赋值语句：

```
assign y =a;                    //将信号 a 向 y 赋值
assign y =a&b;                  //将信号 a 和信号 b 逻辑相与的结果向 y 赋值
```

always 用于引导过程赋值语句，只有符合条件赋值语句才会发生。always 语句将在 6.4.3 节详细叙述。

例 6.2-1 的逻辑功能描述的条件赋值语句看起来很亲切，因为与 C 语言的语法含义相同，作为条件运算符，若 a 与 b 相等(条件为真)，则输出为 1，否则输出为 0。但这里必须要强调说明的是，HDL 是描述器件的功能，且除了过程语句内部为顺序语句外，语句与语句之间、语句与过程之间，以及过程与过程之间都是并行同时执行的，与前后顺序无关，而计算机语言则是顺序执行，这一点与计算机语言有本质不同。甚至很多 HDL 语句描述的功能是不能被综合实现的，而计算机语言则完全没有该限制，因此，本教材只讲述能够综合的 Verilog HDL 语句。

还要注意，和 C 语言一样，Verilog HDL 是区分大小写的(VHDL 不区分大小写)。同时，一个模块对应一个以 ".v" 为扩展名的文件，且文件名与模块名必须相同，大小写一致。Verilog HDL 还规定，所有关键字必须小写，如 input 大写后的 INPUT 就不是关键字了，而是用户的标识符。

标识符与计算机语言中的标识符含义一致，在 Verilog HDL 中用于定义模块名、端口名、信号名等。Verilog HDL 中的标识符可以是任意一组字母、数字、$符号和_(下划线)符号的组合，但标识符的第一个字符必须是字母或者下划线，一个标识符中不能紧挨着两个或多个下划线，标识符最长可以达到 1023 个字符。以$字符开始的标识符表示系统任务或系统函数。这里与 C 语言不同之处在于，Verilog HDL 中的标识符可以含有$符号。

模块可进行层次的嵌套，因此可以将大型的数字电路设计分割成大小不一的小模块来实现特定的功能，最后由顶层模块调用子模块来实现整体功能，这就是自上而下的设计思想。即模块的逻辑功能描述还可用来实例化一个器件，该器件可以是厂家的器件库，也可以是我们自己用 HDL 设计的模块，这相当于在原理图输入时调用一个库元件。如例 6.2-2 的三态驱动器(带有使能端的缓冲器)设计。逻辑图如图 6.2-3 和图 6.2-4 所示。

【例 6.2-2】　三态驱动器设计。

```
module tri_1 (din,en,dout);          //单个三态驱动器
   input din,en;
   output dout;
   assign dout = en ? 'bz : din;
endmodule
'include "tri_1.v"
module D74125 (din,en,dout);         //74125 的描述
   input[3:0] din,en;
   output[3:0] dout;
   tri_1 U1_A(din[0],en[0],dout[0]);
   tri_1 U1_B(din[1],en[1],dout[1]);
   tri_1 U1_C(din[2],en[2],dout[2]);
   tri_1 U1_D(din[3],en[3],dout[3]);
endmodule
```

在 Quartus II 的一个工程目录中加入 tri_1 和 D74125.v 两个文件，工程名为 D74125，D74125.v 作为顶层文件。Quartus II 将自动搜索到 tri_1.v 共同编译。

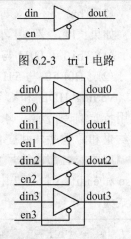

图 6.2-3　tri_1 电路

图 6.2-4　D74125 电路

例 6.2-2 中充分反映了模块化自上而下的设计思想。tri_1 仅描述一个三态驱动器，当使能端 en 为低时 dout=din，否则 dout 为高阻态。而 D74125.v 是通过拿来四个 tri_1 形成一个 D74125 器件。仿真时序如图 6.2-5 所示。

Verilog HDL 中有四种基本数值，或者说任何变量都有四种不同逻辑状态的取值：0、1、z(或 Z)和 x(或 X)。z 和 x 都不分大小写。它们的含义有多个方面。

(1) 0：含义有四个，即二进制 0、低电平、逻辑 0、事件为伪的判断结果。

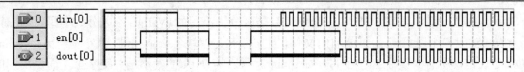

图 6.2-5　D74125 三态驱动器时序图

(2) 1：含义有四个，即二进制 1、高电平、逻辑 1、事件为真的判断结果。

(3) z(或 Z)：表示高阻态或高阻值。高阻值还可以用"？"来表示。例 6.2-2 中用到了 0、1 和 z 三个状态。Z 会综合成一个三态门，必须在条件语句中赋值。

(4) x(或 X)：表示未知的逻辑状态。

在 Verilog HDL 中，数的表示方法和格式为

占用的二进制位宽　' 进制 数字

其中，进制分别采用 b(或 B)、o(或 O)、d(或 D)和 h(或 H)表示二进制、八进制、十进制和十六进制，且不分大小写。'和进制字母之间，以及进制字母和数值之间不允许出现空格。x(或 z)在十六进制值中代表 4 位 x(或 z)，在八进制中代表 3 位 x(或 z)，在二进制中代表 1 位 x(或 z)。下面是一些具体实例：

(1) 8'h55：表示二进制 01010101。

(2) 4'd7：表示二进制 0111。

(3) 4'B1x_01：4 位二进制数，底划线只为了易于分辨数字，不会被综合。

(4) 4'hZ：4 位 z，即 zzzz。

(5) 4'd-4：非法，数值不能为负。

(6) (2+3)'b10：非法，位长不能够为表达式。

如果没有定义一个整数型的长度，数的长度为相应值中定义的位数。例如：

(1) 如例 6.2-2 中的'bz 默认为定义的 1 个位的位宽。

(2) 'hAf：8 位十六进制数。

如果定义的长度比为常量指定的长度长，通常在左边填 0 补位。但是如果数最左边一位为 x 或 z，就相应地用 x 或 z 在左边补位。例如：

(1) 8'b10 左边添 0 占位，即 00000010。

(2) 8'bx：8 位 x，即 xxxxxxxx。

如果长度定义得更小，那么最左边的位相应地被截断。例如：

(1) 3'b1001_0011 与 3'b011 相等。

(2) 5'H0FFF 与 5'H1F 相等。

Verilog HDL 和 C 语言一样都提供了编译指示控制语句。Verilog HDL 允许在程序中使用特定编译指示语句。在综合前，通常先对编译指示语句进行预处理，然后再将预处理的结果和源程序一并交付综合器进行编译。在程序的表述上，编译指示性语句以及被定义后调用的宏名都以符号"'"开头。常用的编译指示性语句有'include、'define、'ifdef、'ifndef、'else 和'endif。例 6.2-2 中使用的'include 的功能是将一个文件全部包含在另一个文件中，其格式为'

'include "文件名.扩展名"

　　当然，如果被包含的文件不在当前工程所在的文件夹，须标明此文件的路径，例如：'include "e:/lib/tri_1.v"。其实，例 6.2-2 中使用'include 是多余的，因为对于 Quartus II 环境来讲，其综合器会自动根据例化语句的表述，在工作库（当前工程所在的文件夹）中调用例化语句所指示的模块，一般直接省略掉。

　　Verilog HDL 的书写格式自由，一行可以写几个语句，也可以一个语句分几行写，空格和空行没有具体意义。具体由代码书写规范约束。但是，良好的规范的 Verilog HDL 源代码书写习惯是高效的电路设计者所必备的。规范的书写格式能使别人和自己容易地阅读和检查错误。

6.3　Quartus II 的 Verilog HDL 设计环境

　　从原理图设计或 Verilog HDL 代码编写到完成整个数字系统设计，都要借助 EDA 工具实现。其中，仿真器用于设计验证，ModelSim 是业界极负盛名的 HDL 仿真器，网络版 Quartus II 中集成了 ModelSim 和优化后的 ModelSim Altera。综合器是由 HDL 到物理实现的最重要 EDA 工具，业界鼎鼎大名的 Synplify 工具就是综合器，同样幸运的是网络版 Quartus II 中集成了 Synplify。

　　Quartus II 的环境下进行建立工程、仿真、下载的方法详见 2.7 节，这里不再赘述。选择仿真器为 ModelSim Altera，综合器为 Synplify。这样，编译后就可以仿真，同时综合出用于编程或下载的文件。与原理图设计方式不同的是，在工程建立时要新建两个文件：tri_1.v 和 D74125.v，并把两个文件存入工程文件夹，工程名为 D74125，即 D74125.v 作为顶层文件，Quartus II 将自动搜索到 tri_1.v 共同编译。

　　需要注意的是，所建立工程的工程名与顶层文件名要一致，各个文件名要与其中的模块名相一致。

6.4　Verilog HDL 的三种建模方式

　　在 HDL 的建模中，主要有结构化描述方式、数据流描述方式和行为描述方式。讲述三种建模方法之前首先介绍 Verilog HDL 的变量数据类型。

　　变量数据类型是 Verilog HDL 用来表示数字电路硬件中的物理连接节点、数据存储对象和传输单元等。Verilog HDL 中的变量共有两种类型：网线型（net 型）和寄存器类型（register 型）。要说明的是，Verilog-1995 标准中的 register 型，在 Verilog-2001 标准中被 variable 型替代，或者说 variable 型亦称为 register 型。定义为 net 型的变量常被综合为硬件电路中的物理连接，其特点是输出值紧跟输入值的变换而变化，常称为持续更新或连续更新。因此，其常被用来表示以 assign 关键字引导的组合电路描述。net 型数据的值取决于驱动的值。net 型变量的另一使用场合是在结构描述中将其连接到一个门元件或模块的输出端。如果 net 型变量没有连接到驱动，其值为高阻。Verilog HDL 程序模块中，输入、输出型变量都默认为 net 型中的一种子类型，即 wire 型。如果没有在模块中显示地定义信号的类型，Verilog HDL 综合器都将其默认为 wire 型，如例 6.2-2 中的 din,en 和 dout 都默认为 wire 型。用 wire 定义的网线型变量可以在任何语句中作为输入信号，也可在持续赋值语句或实体元件例化中用作输出信号。assign 语句的左端变量必须是 wire 型。

其实，Verilog HDL 可综合的 net 型子类型除了 wire，还有 tri、supply0 和 supply1，共四种。wire 型最为常用。tri 和 wire 唯一的区别是名称书写上的不同，其功能、使用方法和综合结果完全相同。定义为 tri 型的目的仅仅是为了增强程序的可读性，表示该信号综合后的电路具有三态的功能。而 supply0 型和 supply1 型分表表示地线(逻辑 0)和电源线(逻辑 1)。

variable 型(register 型)变量除可描述组合逻辑电路外还具有寄存特性，还可以保持原数据值不变。Verilog HDL 中能综合的 variable 型子类型有 reg 型和 integer 型两种。variable 型变量必须放在过程语句中，即只能在 always 语句中被阻塞赋值或非阻塞赋值。换言之，在 always 语句结构中被赋值的变量必须是 variable 型。要说明的是，过程赋值语句中 variable 型变量可以具有寄存特性，也可以为非存储元件，而为导线节点，甚至被优化掉。

这些变量数据类型在后面的实例中都会遇到，并详细讲述。

半加器的电路及逻辑关系参见图 3.7-2 和表 3.7-1。下面将以半加器为例说明 Verilog HDL 的三种建模描述方法。

6.4.1 结构化描述方式

结构化的建模方式就是通过对电路结构的描述来建模，即通过对器件的调用(HDL 概念称为例化)，并使用线网来连接各器件的描述方式。这里的器件包括 Verilog HDL 的内置门，如与门 and，异或门 xor 等，也可以是用户的一个设计。结构化的描述方式反映了一个设计的层次结构，半加器可由 1 个异或门和 1 个与门构成，半加器的结构化描述如例 6.4-1 所示。其中，a、b、so 和 co 都默认为 wire 型变量。

【例 6.4-1】 半加器的结构化描述。

```
module h_adder (a,b,so,co);
    input a,b;
    output so,co;
    xor x1 (so,a,b);              //so=a^b;
    and A1 (co,a,b);             //co=a&b;
endmodule
```

代码显示了用纯结构的建模方式，其中，"xor" 和 "and"(还有 or 等)是 Verilog HDL 内置的门器件。例如，xor 表明调用一个内置的异或门，器件名称 xor ，实现异或逻辑，代码实例化名 x1(类似原理图输入方式)。括号内的 "so,a,b" 表明该器件管脚的实际连接线(信号)的名称，其中，a、b 是输入，so 是输出。

Verilog HDL 有大量的内置逻辑门和开关等，可以在模块里实例化创建模块行为的结构化描述，如表 6.4-1 所示。

因此，用户在进行模块定义的时候，模块名称一定要避免与这些 Verilog HDL 已经内置的逻辑门和开关等一致，否则将冲突导致编译失败。

基于半加器可以设计一位全加器，全加器电路虽然已经在 3.7 节给出，但是为了讲解结构化建模方便，节点起名后的全加器如图 6.4-1 所示。采用结构化描述，并利用前面所设计的半加器进行一位全加器设计代码如下。

表 6.4-1　Verilog HDL 的内置逻辑门等

语 法 结 构	功　能	用 法 说 明
and（Output,Input,...）	与门	
nand（Output,Input,...）	与非门	
or（Output,Input,...）	或门	都有一个输出端口和多个输入端口。各个门的端口列表中的第一个端口必是输出端口，其后为输入端口。当任意一个输入端口的值发生变化时，输出端的值立即重新计算
nor（Output,Input,...）	或非门	
xor（Output,Input,...）	异或门	
xnor（Output,Input,...）	同或门	
buf（Output,...,Input）	缓冲门	都是具有一个输入口和多个输出口。括号中的最后一个端口为输入，其他端口都为输出口（输出同一值）
not（Output,...,Input）	非门	
bufif0（Output,Input,Enable）	低使能条件缓冲器	
bufif1（Output,Input,Enable）	高使能条件缓冲器	这四类门只有在控制信号有效的情况下才能传递数据；如果控制信号无效，则输出为高阻
notif0（Output,Input,Enable）	低使能条件非门	
notif1（Output,Input,Enable）	高使能条件非门	

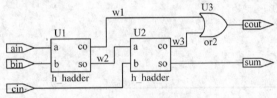

图 6.4-1　全加器的逻辑电路及符号

【例 6.4-2】　一位全加器的结构化描述。

```
module f_adder (ain,bin,cin,sum,cout);
    input ain,bin,cin;
    output sum,cout;
    wire w1,w2,w3;                    //定义网络型变量用作内部元件间连接
    h_adder U1 (ain,bin,w2,w1);       //位置关联法，参数位置一一对应
    h_adder U2 (.a(w2),.b(cin),.so(sum),.co(w3)); //端口名关联法
    or U3 (cout,w1,w3);               //cout=w1|w3;
endmodule
```

ain、bin、cin、sum 和 cout 都默认为 wire 型变量，并采用 wire 定义了 w1、w2 和 w3 三个内部网线型节点。

有两种例化方法：位置关联法和端口名关联法。位置关联法，参数位置一一对应，以位置的对应关系连接相应的端口。而端口名关联法则不需要位置一一对应，也没有严格要求，如下语句也是正确的：

```
    h_adder U2 (.b(cin),.so(sum),.a(w2),.co(w3));
```

6.4.2　数据流描述方式

数据流的建模方式就是通过对数据流在设计中的具体行为的描述来建模。最基本的机制就是用 assign 引导的持续赋值语句，某个值被赋给某个线网变量(信号)。在数据流描述方式中，还必须借助于 Verilog HDL 提供的一些运算符，主要为按位逻辑运算符(位运算符)：逻辑

与(&)、逻辑或(|)等，Verilog HDL 中支持的位运算符如表 6.4-2 所示。按位操作的含义是对应位相操作，除按位逻辑取反(～)外，其他按位操作都至少两个操作对象，而不要与后面讲述的缩减操作混淆。

表 6.4-2　Verilog HDL 中支持的位运算符

逻辑操作符	功　　能	实　　例
&	按位逻辑与	4'b1010&4'b0101=4'b0000
|	按位逻辑或	4'b1010|4'b0101=4'b1111
～	按位逻辑取反	～4'b1010=4'b0101
^	按位逻辑异或	4'b1010^4'b0101=4'b1111
～^或^～	按位逻辑同或	4'b1010～^4'b0101=4'b0000

如图 6.4-1 所示，半加器由一个异或门和一个与门构成，半加器的数据流描述如下。

【例 6.4-3】　半加器的数据流描述。

```
module h_adder (a,b,so,co);
    input a,b;
    output so,co;
    assign so=a^b;
    assign co=a&b;
endmodule
```

各个 assign 语句之间，是并行执行的，即各语句的执行与语句之间的顺序无关。一旦输入有变化，相关节点同时变化更新，即所谓的持续更新。

一位全加器也可以采用数据流描述。全加器的描述如下，有兴趣读者可进行算法验证。

【例 6.4-4】　一位全加器的数据流描述。

```
module f_adder (ain,bin,cin,sum,cout);
    input ain,bin,cin;
    output sum,cout;
    assign sum = ain^ bin^ cin;
    assign cout = (ain & bin) | (ain & cin) | (bin & cin);
endmodule
```

Verilog HDL 不但支持对象间的按位运算，而且支持数据对象自身各个位间的位运算，称为缩减操作。缩减操作符包括：&(与)、～&(与非)、|(或)、～|(或非)、^(异或)和～^(同或)。缩减操作的操作数仅为一个对象，结果为一个二进制位，即"0"或"1"。其实，缩减操作符操作相当于一个多输入、单输出的逻辑门。例如：

```
若a=4'b1101，则
b = ^a;的结果b=a[3]^a[2]^a[1]^a[0]，因为共有奇数个1，所以，b=1。
```

可见，缩减操作避免了多个 1 位二进制数之间进行同一逻辑操作的书写烦琐过程。下面以奇偶校验器的设计为例进一步说明缩减操作符的应用方法。奇偶校验用于检测数据中包含"1"的个数是奇数还是偶数，奇校验时，当检测对象中共有奇数个"1"则输出 0，否则输出 1；偶校验与之相反。在计算机和一些数字通信系统中，常用奇偶校验来检查数据传输和数据记录中是否存在错误。现假设对 8 位二进制数进行校验，描述如下，仿真时序如图 6.4-2 所示。

【例 6.4-5】　8 位二进制数奇偶校验的数据流描述。

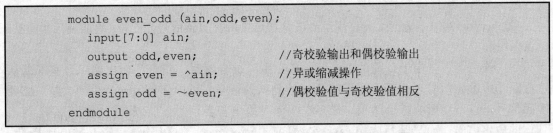

```
module even_odd (ain,odd,even);
    input[7:0] ain;
    output odd,even;            //奇校验输出和偶校验输出
    assign even = ^ain;         //异或缩减操作
    assign odd = ~even;         //偶校验值与奇校验值相反
endmodule
```

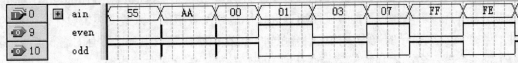

图 6.4-2　even_odd 的仿真时序图

位操作和缩减操作都是重要的数据流描述方法，直接体现信号间的逻辑关系，综合结果可控性强。

6.4.3　行为描述方式

行为描述方式的建模方法是指对信号输入输出行为的功能表现进行描述的建模方法。在表示方面，类似数据流的建模方式，但一般是把用 always 过程语句描述的归为行为描述方式。一位全加器的行为描述方法如下。

【例 6.4-6】　一位全加器的行为描述。

```
module h_adder (a,b,so,co);
    input a,b;
    output so,co;
    reg so,co;                  //always 引导的语句，被赋值量必须定义为 reg 型
    always @(a,b) begin         //a 和 b 为敏感信号，且主块开始
        case ({a,b})
            2'b00:begin so=1'b0;co=1'b0;end
            2'b01:begin so=1'b1;co=1'b0;end
            2'b10:begin so=1'b1;co=1'b0;end
            default:begin so=1'b0;co=1'b1;end  //2'b11
        endcase
    end                         //主块结束
endmodule
```

1. 过程语句

由 always @(敏感信号列表) begin…end 引导的过程语句结构是 Verilog HDL 中最常用和最重要的语句结构。模块中的任何顺序语句都必须放在过程语句结构中。且过程语句结构中被赋值变量必须定义成 variable 型的子类型。

通常要求将过程语句中所有的输入信号都放在敏感信号列表中，即 always @ 后面的括号

中，以表征当有列入其中的任何敏感信号每发生变换一次(如由 0 到 1，或由 1 到 0)，整个过程将被执行一次。敏感信号列表表达有三种方式。

(1) 用关键字 or 分隔所有敏感信号。即由于敏感信号列表中的所有信号对于启动过程都是或逻辑，当其中任何一个信号发生变化时，都将启动过程语句的执行。

(2) Verilog-2001 标准中，允许用逗号区分和连接所有敏感信号，书写上更加规范和简易。建议采用逗号。

(3) 省略不写。由于目前的 Verilog HDL 主流综合器对于组合逻辑电路综合室都默认过程语句中敏感信号表中列全了所有应该被列入的信号，所以即使设计者少列、漏列部分敏感信号，也不会影响综合结果，最多在编译时给出警告信息。所以有时也可干脆不写出具体的敏感信号，而只是写成 always @ (*)或 always @ * 。这都符合 Verilog-2001 标准。

显然，组合逻辑电路设计时，试图通过选择性地列入敏感信号来改变逻辑设计是无效的。同时，当 always @引导的过程块描述组合逻辑，应在敏感信号表中列出所有的输入信号，防范因个别综合器不自动添加敏感信号而体现出记忆功能，综合出时序电路。

过程语句内部是顺序执行的，而过程语句之间却是并行的。显然，Verilog HDL 的过程语句与 VHDL 的进程语句 PROCESS 的功能和特点几乎相同。

2. 并位操作

例 6.4-6 中的 case 语句的功能是根据 a 和 b 的组合信息执行符合的语句，这里大括号 {}就是将多个信号组合并位的运算符，称为并位运算符。也就是说，{}可以将两个或多个信号按二进制位左高位、右低位的方式拼接起来，作为一个信号使用。例 6.4-6 中，{a,b}这个新信号的取值范围是两位二进制数：00、01、10 和 11。并位操作使用灵活，应用极其广泛。

3. case 条件语句

Verilog HDL 有两类条件语句，即 if else 语句和 case 语句，它们都是可综合的顺序语句，因此必须放在过程语句中使用。其中，case 语句是多分支条件语句，是一种类似真值表直接表达方式的描述，直观，层次清晰。

case 语句与 C 语言中的 switch case 语句很类似。当执行到 case 语句时，首先获得或计算出表达式中的值，然后与下面的各个条件值对比，相同，则执行相应的顺序语句。必须要保证表达式的二进制位数与对比值位数一致，且各个分支的值必须互斥，不能含有相同的分支值。case 语句的一般格式如下。

```
case （表达式）
    对比值1：begin 相应的执行语句;end
    对比值2：begin 相应的执行语句;end
    ...
    default:  begin 相应的执行语句;end
endcase
```

从逻辑设计的角度看,case 语句中使用 default 语句的目的是使条件语句中的所有选择值能涵盖表达式的所有取值，以免不完整的条件语句导致误综合出没有必要的时序电路锁存器。

　　case 语句属于行为描述语句，因为它主要是界定模块功能和行为，而非具体的电路结构进行表述。行为描述不拘泥于电路的具体形式，设计效率更高，更适合于大规模系统的设计。

　　casez 与 casex 语句是 case 语句的两种变体，三者的表示形式中唯一的区别是三个关键词 case、casez、casex 的不同。不同的是，在 case 语句中，敏感表达式与各项值之间的比较，是一种全等比较。而在 casez 语句中，如果分支表达式某些位的值为高阻 z，那么对这些位的比较就会忽略，不予考虑，而只关注其他位的比较结果。在 casex 语句中，则把这种处理方式进一步扩展到对 x 的处理，即如果比较双方有一方的某些位的值是 z 或 x，那么这些位的比较就不予考虑。

　　有些 EDA 工具不能对 casez 和 casex 语句进行综合，所以不建议使用这两个语句。

　　if else 语句也可以实现多分支条件结构，一位全加器的行为描述方法如下。

　　【例 6.4-7】　if else 语句实现一位全加器的行为描述。

```
module h_adder (a,b,so,co);
    input a,b;
    output so,co;
    reg so,co;                  //由 always 引导的语句，被赋值量必须定义为 reg 型
    always @(a,b) begin         //a 和 b 为敏感信号，且主块开始
        if   ({a,b}==2'b00) begin so=1'b0;co=1'b0;end
        else if({a,b}==2'b01) begin so=1'b1;co=1'b0;end
        else if({a,b}==2'b10) begin so=1'b1;co=1'b0;end
        else             begin so=1'b0;co=1'b1;end //{a,b}==2'b11
    end                         //主块结束
endmodule
```

　　要说明的是，case 语句的各分支条件之间无优先级，而 if else 语句则是有优先级的。在 if else 语句中，当前面已经符合条件，后面即使也有符合条件的部分也不会被执行。

　　if 语句具有四种形式，如表 6.4-3 所示：

表 6.4-3　if 语句的四种形式

	语法结构
形式 1	if(表达式)begin 相关语句; end
形式 2	if(表达式)begin 相关语句; end else begin 相关语句; end
形式 3	if　(表达式 1)begin 相关语句; end else if(表达式 2)begin 相关语句; end else if(表达式 3)begin 相关语句; end … else begin 相关语句; end
形式 4	if　(表达式 1)begin 相关语句; end else if(表达式 2)begin 相关语句; end else if(表达式 3)begin 相关语句; end …

　　形式 1 和形式 4 都没有 else，此时为不完整的条件语句。不完整的条件语句会构成时序逻辑，在后面的 6.6 节会详细讲述。

Verilog HDL 的逻辑运算符与 C 语言完全一致，共有&&（逻辑与）、||（逻辑或）和！（逻辑非）三种逻辑运算符，进行真假运算。用法为：

```
（表达式 1）逻辑运算符（表达式 2）...
```

4．块语句 begin end

例 6.4-6 和例 6.4-7 中用到了经常使用的块语句，即由 begin end 引导的顺序语句块，因此，块语句 begin end 仅用于 always @引导的过程语句、条件语句、case 语句的条件语句和循环语句中，相当于一对括号，在此括号中的语句都被认定归属于同一操作模块。

Verilog HDL 规定，若某一语句结构中仅包含一条语句，且无需定义局部变量时，则块语句默认使用，即关键字 begin 和 end 可省略。例如，always @引导的过程语句中只有一个 case endcase 语句结构，已经是一个结构，则可看做一条语句。此时，作为 always @的"括号"的 begin end 则可以省略。

从理论上说，块语句 begin end 引导的是顺序语句，其中的赋值语句有阻塞式赋值和非阻塞式赋值两类，非阻塞式赋值具有并行特征，关于阻塞式赋值和非阻塞式赋值语句在 6.4.4 小节中将详细论述。

begin end 块语句的一般格式如下：

```
begin   :块名
       语句 1;语句 2;...语句 n;
end
```

其中，"：块名"可以省略，其只起到注释说明的作用，不参与综合。

行为建模方式通常需要借助一些行为级的运算符，如加法运算符(+)、减法运算符(−)等。利用加法运算符(+)的半加器描述如下。

【例 6.4-8】 利用加法运算符(+)实现一位全加器的行为描述。

```
module h_adder (a,b,so,co);
    input a,b;
    output so,co;
    assign {co,so}= a + b;
endmodule
```

这里需要说明的是，Verilog HDL 支持"+"、"−"、"*"、"/"和"%"与 C 语言同意义的算术运算符，但是，只有"+"和"−"可以直接综合，且相对 VHDL 而言，无需逻辑与数值之间的转换可以直接使用。以乘法为例，因为乘数只有是 2 的整数次幂时才能综合，其运算实质为向左移位，通过每移 1 位实现乘以 2 的效果。乘法、除法和求余运算需要设计专门的模块才能实现普遍意义上的乘、除和求模运算，但通常都需要耗费很多的逻辑宏单元。

下面将描述一个简易的 ALU。ALU 是 CPU 的核心，例 6.4-9 中不但实现加法，而且还包括带进位加法、求补码、求逻辑与、或异或和取反运算，综合运用了数据流描述和行为描述方法。描述如下，时序如图 6.4-3 所示。

【例 6.4-9】 简易 ALU(算术逻辑单元)设计。

```
'define OP_ADD   3'd0
'define OP_ADDC  3'd1
```

```
'define OP_CC    3'd2
'define OP_AND   3'd3
'define OP_OR    3'd4
'define OP_XOR   3'd5
'define OP_NOT   3'd6
module alu(opcode,a;b,c,out,cy);
    input[2:0] opcode;                    //操作码
    input[7:0] a,b;                       //操作数
    input c;
    input CLK;
    output[7:0] out;
    output cy;                            //加法的进位
    reg[7:0] out;
    reg cy;
    always@(opcode,a,b,c) begin
        case(opcode)
            'OP_ADD :{cy,out}=a+b;        //加操作
            'OP_ADDC:{cy,out}=a+b+c;      //带进位 c 加操作
            'OP_CC :                      //求补码
                begin
                if(a[7])begin out[6:0]=(~a[6:0])+1'b1;out[7]=1;end
                else out = a;
                end
            'OP_AND :out[7:0] = a&b;      //求与
            'OP_OR  :out[7:0] = a|b;      //求或
            'OP_XOR :out[7:0] = a^b;      //求异或
            'OP_NOT :out[7:0] = ~a;       //求反
            default: out=8'h0;            //未收到指令时，输出全 0
        endcase
    end
endmodule
```

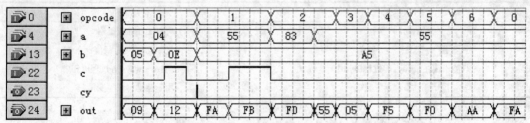

图 6.4-3　ALU 工作时序图

例 6.4-9 中采用'define 宏定义各个操作码，增强了代码的可读性，而且由'define 定义的宏'define 从编译器读到这条指令开始到编译结束都有效，方便其他文件模块直接使用宏。需要注意的是，被定义后的宏名，调用时都以符号"'"开头，参见见例 6.4-9，这与 C 语言的宏使用方法不同。

6.4.4　过程赋值语句

在过程语句中，Verilog HDL 有两类赋值方式，阻塞式赋值和非阻塞式赋值，操作符分别为 "=" 和 "<="。下面分别介绍。

1. 阻塞式赋值

在 Verilog HDL 中，阻塞式赋值用"="作为赋值符号，用以表征一旦执行完当前的赋值语句，被赋值变量即可获得等号右侧表达式的计算值。且如果在一个块语句中有多条阻塞式赋值语句，当执行某一条时，其他语句被禁止执行，这时其他语句如同被阻塞了一样。其实，阻塞式赋值语句的特点与 C 语言等计算机语言十分类似，都属顺序执行语句，因为顺序语句都具有类似阻塞式的执行方式，即当执行某一语句时，其他语句只能等待。

要注意的是，assign 语句和 always 语句中出现的赋值符号"="性质是不同的。因为前者属于持续赋值语句，具有并行赋值特性，后者则属于过程赋值中的顺序赋值语句。但从综合角度看其效果是相同的。因为 assign 语句不能使用块语句，故只允许引导一条含"="的赋值语句；而在 assign 语句作为并行语句的限制下，即使其中的语句具备顺序执行功能，也无济于事。

2. 非阻塞式赋值

非阻塞式赋值的特点是，必须在块语句执行结束时才整体完成赋值操作，操作符为"<="。非阻塞的含义可以理解为，在执行当前语句时，对于块中的其他语句的执行情况一律不加限制，即不加阻塞。此时，在 begin end 块中的所有赋值语句可以理解为并行执行的。

赋值类型的选择取决于建模的逻辑类型。通常，对组合逻辑器件的赋值语句采用阻塞式赋值"="，而时序逻辑器件的赋值语句采用非阻塞式赋值"<="。因为，在组合逻辑电路代码描述中，使用阻塞方式对一个变量进行赋值时，此变量的值在赋值语句执行完后就立即改变。而在时序逻辑电路代码描述中，非阻塞赋值在块结束后才完成赋值操作，此赋值方式可以有效避免出现冒险和竞争现象。这一点请读者在后面的内容中逐渐深入体会。准确的理解阻塞式赋值和非阻塞式赋值的特点，对于正确使用它们描述电路极其重要。

在 Verilog HDL 代码编写过程中，还要注意过程赋值与持续赋值的区别，避免出现问题，二者区别如表 6.4-4 所示。

表 6.4-4　过程赋值与持续赋值的区别

过程赋值	持续赋值
、无 assign 关键字	有 assign 关键字
用"="或"<="赋值	只能用"="赋值
只能出现在 always 等过程语句中	不能出现在 always 等过程语句中
用于驱动寄存器型变量	用于驱动网线型变量

6.5　典型组合逻辑电路的 Verilog HDL 描述举例

基于 Verilog HDL 进行组合逻辑电路设计有两类方法，即基于 assign 语句实现和基于 always 语句实现。

基于 Verilog HDL 进行组合逻辑电路设计，最重要的内容就是应用 case 语句和 if 语句进行设计时要将各种情况全部列出构成完整的条件语句，以实现组合逻辑，否则，不完整的条件语句会被综合成时序逻辑电路。

6.5.1　数据选择器设计

assign 语句可以方便实现组合逻辑。但是如果组合逻辑比较复杂，用 assign 语句书写就会比较烦琐，可读性较差。用 assign 语句实现一个 4 选 1 数据选择器方法如下。

【例 6.5-1】 利用 assign 语句实现 4 选 1 数据选择器。

```
module MUX41a (a,b,c,d,s1,s0,y);
    input a,b,c,d,s1,s0;
    output y;
    wire[1:0] SEL;
    assign SEL={s1,s0};
    assign y = (SEL == 2'd0) ? a : (SEL == 2'd1) ?b : (SEL == 2'd2)? c : d;
endmodule
```

在该表达式中，当{s1,s0}等于 2'd0 时，y 等于 a，具有最高优先级。否则继续判断，当{s1,s0}等于 2'd1 时，y 等于 b，依次类推。

复杂的组合逻辑电路最好用 always 块实现。基于 always 语句的 4 选 1 数据选择器描述如例 6.5-2 所示，工作时序如图 6.5-1 所示。

【例 6.5-2】 4 选 1 数据选择器描述。

```
module MUX41a (a,b,c,d,s1,s0,y);
    input a,b,c,d,s1,s0;
    output y;
    reg[1:0] SEL;
    reg y;
    always @(a,b,c,d,s1,s0) begin //a、b、c、d、s1 和 s0 为敏感信号，且主块开始
        SEL = {s1,s0};            //并位赋值
        if   (SEL==2'b00)y = a;
        else if(SEL ==2'b01) y = b;
        else if(SEL ==2'b10) y = c;
    else              y = d;       //SEL =2'b11
    end                            //主块结束
endmodule
```

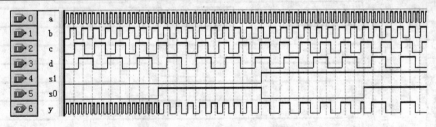

图 6.5-1　MUX41a 工作时序

由于在 always 块中可以使用 if、case 等语句，所以对于复杂的组合逻辑，使用 always 语句进行描述显得层次更加清楚，可读性更强。

需要注意的是，使用 always 语句描述组合逻辑电路时，应该使用阻塞赋值方式，即 "=", 而不是 "<="。

6.5.2　74138 译码器设计

基于 Verilog HDL 的 74138 译码器的描述如例 6.5-3 所示，时序如图 6.5-2 所示。

【例6.5-3】 74138 译码器描述。

```
module D74138 (a,b,c,nE1,nE2,E,y0,y1,y2,y3,y4,y5,y6,y7);
  input a,b,c,nE1,nE2,E;
  output y0,y1,y2,y3,y4,y5,y6,y7;
  reg[2:0] SEL,EN;
  reg y0,y1,y2,y3,y4,y5,y6,y7;
  always @( a,b,c,nE1,nE2,E) begin
                          //a,b,c,nE1,nE2 和 E 为敏感信号，且主块开始
      SEL = {c,b,a};         //并位赋值
      EN = {nE1,nE2,E };   //并位赋值
      if (EN != 3'b001) {y7,y6,y5,y4,y3,y2,y1,y0}= 8'b11111111;
      else
          case (SEL)
              3'b000: {y7,y6,y5,y4,y3,y2,y1,y0}= 8'b11111110;
              3'b001: {y7,y6,y5,y4,y3,y2,y1,y0}= 8'b11111101;
              3'b010: {y7,y6,y5,y4,y3,y2,y1,y0}= 8'b11111011;
              3'b011: {y7,y6,y5,y4,y3,y2,y1,y0}= 8'b11110111;
              3'b100: {y7,y6,y5,y4,y3,y2,y1,y0}= 8'b11101111;
              3'b101: {y7,y6,y5,y4,y3,y2,y1,y0}= 8'b11011111;
              3'b110: {y7,y6,y5,y4,y3,y2,y1,y0}= 8'b10111111;
              default:{y7,y6,y5,y4,y3,y2,y1,y0}= 8'b01111111;  //3'b111
          endcase
  end                          //主块结束
endmodule
```

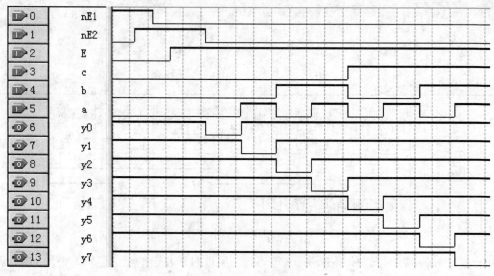

图6.5-2　D74138 时序图

6.5.3　数码管显示译码器设计

关于数码管知识请参见 3.4 节。基于 Verilog HDL 的共阳极数码管译码显示描述如例 6.5-4 所示，时序如图 6.5-3 所示。注意，其中的 default 语句部分不但给出了不显示(都不亮)的译

码，更重要的是构成了完整的条件语句，防止产生时序逻辑。再者，本例也充分展示了并位操作的使用方法，敬请读者仔细品味。

【例 6.5-4】 数码管译码器显示描述。

```verilog
module BCDto7SEG (B3,B2,B1,B0,a,b,c,d,e,f,g);
    input B3,B2,B1,B0;
    output a,b,c,d,e,f,g;
    reg[3:0] BCD;
    reg a,b,c,d,e,f,g;
    always @( B3,B2,B1,B0) begin      // B0,B1,B2,B3 为敏感信号，且主块开始
        BCD = {B3,B2,B1,B0};          //并位赋值
        case （BCD)
            4'b0000: {g,f,e,d,c,b,a}= 7'b1000000;
            4'b0001: {g,f,e,d,c,b,a}= 7'b1111001;
            4'b0010: {g,f,e,d,c,b,a}= 7'b0100100;
            4'b0011: {g,f,e,d,c,b,a}= 7'b0110000;
            4'b0100: {g,f,e,d,c,b,a}= 7'b0011001;
            4'b0101: {g,f,e,d,c,b,a}= 7'b0010010;
            4'b0110: {g,f,e,d,c,b,a}= 7'b0000010;
            4'b0111: {g,f,e,d,c,b,a}= 7'b1111000;
            4'b1000: {g,f,e,d,c,b,a}= 7'b0000000;
            4'b1001: {g,f,e,d,c,b,a}= 7'b0010000;
            default: {g,f,e,d,c,b,a}= 7'b1111111;   //都不亮
        endcase
    end                                             //主块结束
endmodule
```

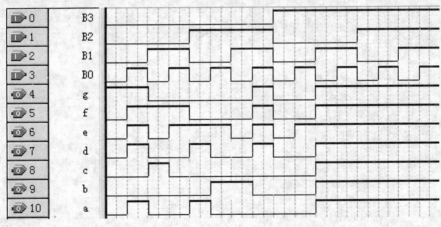

图 6.5-3　BCDto7SEG 时序图

6.5.4　利用任务和函数语句对组合逻辑电路进行结构化描述

任务(Task)和函数(Function)具备将程序中反复被用到的语句结构进行封装的能力，因此，其功能类似于 C 语言的子函数。通过任务和函数语句结构来替代重复性大的语句可以有效地简化程序结构。从另一方面看，利用任务和函数可以把一个大的程序模块分解成许多小的任务和函数，有利于调试。任务和函数语句的关键字分别为 task 和 function。任务和函数是

典型的结构化建模方法，但是要注意它们与例化的区别，那就是任务和函数只支持被本模块调用，而例化是建立在原理图设计方法基础上的，各个模块都可以使用已有的模块元件资源。

task 和 function 引导的结构主体是过程语句，因此，它们的调用只能放在主描述的过程结构中。但是，任务和函数语句自身的过程语句结构中不能出现由 always 引导的过程语句结构。尤其要强调的是，可综合的任务和函数语句结构只能用来描述组合逻辑电路。

1. 任务语句

任务定义与调用的一般格式分别如表 6.5-1 所示。

表 6.5-1　任务定义与调用的一般格式

任务定义语句格式	任务调用语句格式
task 任务名; 　　端口及数据类型声明语句; 　　begin 过程语句; end endtask	任务名(端口 1,端口 2,…,端口 n);

任务定义中，关键字 task 和 endtask 间的内容就是被定义的任务，"任务名"按标识符通用方法定义。"端口及数据类型声明语句"包括此任务的端口定义语句和变量类型定义语句。任务接受的输入值和返回的输出值都是通过此端口，而且端口命名的排序也很重要，一旦确定，与调用顺序一一对应。下面以 4 位加法器为例说明任务的使用，4 位加法器电路参见图 3.7-7。4 位加法器描述如例 6.5-5 所示，工作时序如图 6.5-4 所示。

【例 6.5-5】　基于 task 的 4 位加法器的结构化描述。

```
module adder_4bits(A,B,C_in,S_out,C_out);
    input [3:0] A,B;
    input C_in;
    output [3:0] S_out;
    output C_out;

    reg [3:0] S_out;
    reg C_out;
    reg [1:0] T0,T1,T2,T3;

    task adder_1bits;                    //一位全加器任务
        input ain,bin,cin;
        output [1:0] T;
        reg [1:0] T;
        begin
            T[0] = ain ^ bin ^ cin;              //过程语句不用 assign
            T[1] = (ain & bin)|(ain & cin)|(bin & cin);
        end
    endtask

    always @(A,B,C_in) begin
        adder_1bits (A[0],B[0],C_in,T0);     //调用任务计算 b0 位和进位
        adder_1bits (A[1],B[1],T0[1],T1);    //调用任务计算 b1 位和进位
```

```
            adder_1bits (A[2],B[2],T1[1],T2);        //调用任务计算 b2 位和进位
            adder_1bits (A[3],B[3],T2[1],T3);        //调用任务计算 b3 位和进位
            S_out = {T3[0],T2[0],T1[0],T0[0]};       //并位形成和数据
            C_out = T3[1];
        end
    endmodule
```

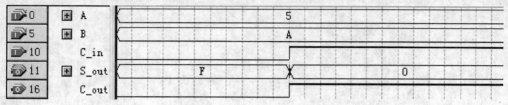

图 6.5-4　adder_4bits 工作时序图

可见，任务语句充分体现了自上而下的设计思想，为结构化描述的典型语句。但要注意其与例化语句的相似性和区别。例化的是模块，模块支持各个模块的调用，而任务语句只支持在本模块中被调用，属内部私有。

2. 函数语句

函数语句通过关键字 function 和 endfunction 定义，其定义和调用的格式如表 6.5-2 所示：

表 6.5-2　函数定义与调用的一般格式

函数定义语句格式	任务调用语句格式
function 位宽范围声明 任务名; 　　输入端口说明及其他类型变量定义; 　　begin 过程语句; end endfunction	函数名(输入参数 1,输入参数 2,…);

"位宽范围声明"是函数返回值的类型及其二进制位宽说明。如果没有该声明，则返回值为 1 位寄存器类型的数据。过程语句中会对函数名赋值，函数调用的返回值就是通过函数名变量传递给函数调用语句的。在函数定义语句的输入端口部分给出端口说明和类型定义，函数允许有多个输入端口，且至少应该含有一个输入端口。函数不允许有常规意义上的输出端口和双向端口，应用函数的目的就是返回一个值，用于主程序表达式的计算，这是和任务的本质区别。由于被调用的函数是一个操作数，不能作为语句单独出现。函数内部也可以调用函数，但是函数中不可以调用任务。基于 function 的 4 位加法器描述如下。

【例 6.5-6】　基于 function 的 4 位加法器的结构化描述。

```
module adder_4bits(A,B,C_in,S_out,C_out);
    input [3:0] A,B;
    input C_in;
    output [3:0] S_out;
    output C_out;
    reg [3:0] S_out;
    reg C_out;
    reg [1:0] T0,T1,T2,T3;
```

```
        function[1:0] adder_1bits;                    //一位全加器任务
           input ain,bin,cin;
           begin
              adder_1bits [0] = ain ^ bin ^ cin;//过程语句不用assign
              adder_1bits [1] = (ain & bin)|(ain & cin)|(bin & cin);
           end
        endfunction

        always @(A,B,C_in) begin
           T0=adder_1bits (A[0],B[0],C_in);       //调用任务计算b0 位和进位
           T1=adder_1bits (A[1],B[1],T0[1]);      //调用任务计算b1 位和进位
           T2=adder_1bits (A[2],B[2],T1[1]);      //调用任务计算b2 位和进位
           T3=adder_1bits (A[3],B[3],T2[1]);      //调用任务计算b3 位和进位
           S_out = {T3[0],T2[0],T1[0],T0[0]};     //并位形成和数据
           C_out = T3[1];
        end
     endmodule
```

6.6 时序逻辑电路的 Verilog HDL 描述与设计

Verilog HDL 可以方便地通过行为描述方式描述时序逻辑电路。不完整的条件语句构成时序逻辑电路是其中最常用的方法。同时，要注意，在时序逻辑电路的描述中要使用非阻塞赋值，非阻塞赋值在块结束后才完成赋值操作，可以有效避免出现冒险和竞争现象。

6.6.1 D 触发器的 Verilog HDL 描述

D 触发器是数字系统设计中最基本的底层时序单元，甚至是 ASIC 设计的标准单元。JK 触发器、T 触发器等都由 D 触发器构建而来。D 触发器的描述蕴涵了 Verilog HDL 对时序电路的最基本和典型的表达方式。上升沿触发 D 触发器的描述如例 6.6-1 所示，时序波形如图 6.6-1 所示。

【例 6.6-1】 上升沿触发 D 触发器的描述。

```
module DFF1 (CLK,D,Q);                    //上升沿触发 D 触发器
   input D,CLK;
   output Q;
   reg Q;
   always @(posedge CLK) begin            //CLK 上升沿启动
      Q<=D;
   end
endmodule
```

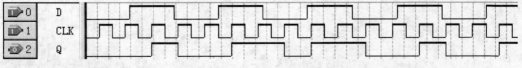

图 6.6-1 DFF1 时序图

Verilog HDL 中，关键字 posedge 表示上升沿，关键字 negedge 表示下降沿。边沿变换自然可以作为敏感信号用以启动过程语句。例 6.6-1 中，当输入的时钟信号 CLK 发生一个上升沿时，即刻启动过程语句，将 D 送往输出 Q，使 Q 更新，否则，Q 一直保持原状态不变。

要注意，敏感信号表一旦含有 posedge 或 negedge 的边沿敏感信号后，所有的其他电平敏感型变量都不能放到敏感信号表中，从而导致此过程中所有这些未能进入敏感信号表的变量都必须是相对于时钟同步。即过程语句的敏感信号列表只能放置一种类型的敏感信号，要么是电平型，要么是边沿型。这一点与 VHDL 不同。

前面讲过，对于组合逻辑电路描述，试图通过选择性的设置不同的敏感信号作为敏感信号列表来改变电路的逻辑功能是无效的。但是对于时序逻辑电路，即当敏感信号含有 posedge 和 negedge 时，选择性地放置敏感信号会影响综合结果。

同时，对于边沿触发型时序模块的设计，某信号作为边沿型时钟信号列入敏感信号列表，在过程语句块中则不能以任何形式出现该信号，如例 6.6-1。否则，采用 posedge 或 negedge 方式列入敏感信号列表中的信号，会被综合成组合逻辑，如例 6.6-2。所以，如果希望在同一模块中含有独立于主时钟的时序或组合逻辑，即若已经含有 posedge 或 negedge 敏感信号的过程实现组合逻辑的方法有两种：一是采用另外一个过程来描述该组合逻辑；二是直接将该电平敏感型信号前面加上 posedge 或 negedge 后列入敏感信号列表，然后，在过程块中该信号的名字至少出现一次。

实际应用中经常用到异步置位、异步清零、同步置位和同步清零。

异步置位/清零是与时钟无关的，当异步置位/清零信号到来时，触发器的输出立即被置为 1 或 0，不需要等到时钟沿到来才置位/清零。所以，必须要把置位/清零信号列入 always 块的事件控制表达式。带有异步清零的上升沿触发 D 触发器的描述如例 6.6-2 所示，其仿真波形如图 6.6-2 所示。

【例 6.6-2】 带有异步清零的上升沿触发 D 触发器的描述。

```
module DFF2 (CLK,D,Q,nRESET);
    input D,CLK,nRESET;
    output Q;
    reg Q;
    always @(posedge CLK,negedge nRESET) begin
        if(!nRESET) Q<=1'b0;
        else
            Q<=D;
    end
endmodule
```

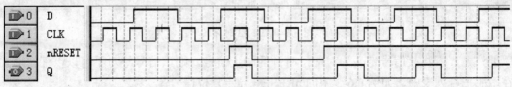

图 6.6-2　DFF2 时序图

有时，触发器还需要使能端，带有异步清零和使能端的上升沿触发 D 触发器的描述如例 6.6-3 所示，时序如图 6.6-3 所示。

【例 6.6-3】 带有异步清零和使能端的上升沿触发 D 触发器的描述。

```
module DFF2 (CLK,D,Q,EN,nRESET);
    input D,CLK,EN,nRESET;
    output Q;
    reg Q;
    always @(posedge CLK,negedge nRESET) begin
        if(!nRESET) Q<=1'b0;
        else if(EN)  Q<=D;        //EN 使能(为 1)才赋值，否则保持
    end
endmodule
```

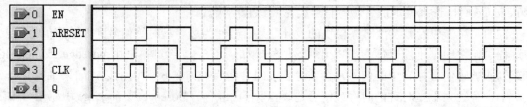

图 6.6-3　DFF2 时序图

同步置位/清零是指只有在时钟的有效跳变时刻置位/清零，才能使触发器的输出分别转换为 1 或 0。所以，不要把置位/清零信号列入 always 块的事件控制表达式。但是必须在 always 块中首先检查置位/清零信号的电平。带有同步清零的上升沿触发 D 触发器的描述如例 6.6-4 所示，仿真波形如图 6.6-4 所示。

【例 6.6-4】 带有同步清零的上升沿触发 D 触发器的描述。

```
module DFF3 (CLK,D,Q,nRESET);
    input D,CLK,nRESET;
    output Q;
    reg Q;
    always @(posedge CLK) begin
        if(!nRESET) Q<=1'b0;
        else        Q<=D;
    end
endmodule
```

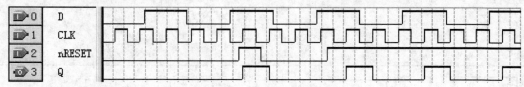

图 6.6-4　DFF3 时序图

要注意，若将某信号定义为对应于时钟的同步信号，则该信号绝对不可以以任何形式出现在敏感信号列表中，如例 6.6-3 中的 nRESET 异步复位信号。

6.6.2　D 锁存器的 Verilog HDL 描述

D 锁存器是指当时钟为高电平时，其输出 Q 的值才会随 D 输入的数据而更新，而当 CLK

为低电平时将锁存保持其在高电平时的数据不变。描述如例 6.6-5 所示，时序波形如图 6.6-5 所示。

【例 6.6-5】　电平触发型锁存器的描述。

```
module LATCH1 (CLK,D,Q);
    input D,CLK;
    output Q;
    reg Q;
    always @(CLK,D) begin
        if(CLK) Q<=D;
    end
endmodule
```

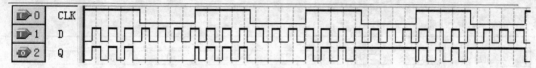

图 6.6-5　LATCH1 时序图

可以看出，描述中并没有使用边沿关键字 posedge 和 negedge，那是如何实现时序逻辑的呢？与 VHDL 一样，Verilog HDL 中，不完整的条件语句就可以构成时序电路。CLK 和 D 的变化都可以启动过程语句，但是描述中只是给出了 CLK 为高电平的情况，其为低电平的情况没有给出。那么，CLK 为高电平 D 的变化启动进程，Q 随之改变，而 CLK 为低电平时 Q 则保持原来的数值不变。对于数字电路来说，当输入改变后视图保持一个值不变，这就意味着要使用具有存储功能的元件，于是产生时序电路。

也可以采用 assign 语句实现电平触发型锁存器，描述如例 6.6-6 所示，时序如图 6.6-6 所示。

【例 6.6-6】　采用 assign 语句实现带有异步清零的电平触发型锁存器。

```
module LATCH2 (CLK,D,Q,nRESET);
    input D,CLK,nRESET;
    output Q;
    assign Q= (!nRESET)? 0: (CLK?D:Q);
endmodule
```

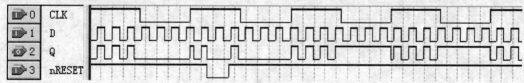

图 6.6-6　LATCH2 时序图

电平触发型锁存器具有 CLK 为高时透明传输的特点，且具有锁存功能，和与门"开关"应用一样广泛。

和 D 触发器不同，在 CPLD 和 FPGA 中，综合器引入的锁存器不属于逻辑宏中已有的单元，所以需要用反馈的组合电路构建，比直接调用 D 触发器要额外耗费组合逻辑资源。

在单片机嵌入式系统中，经常使用 8 位锁存器，常用的 8 位地址锁存器有 74HC373 和

74HC573，其引脚及内部结构如图 4.3-3 所示。当 LE 负跳变时，数据锁存到锁存器中。同时，它们都带有输出使能三态控制缓冲器。74HC373 或 74HC573 的 Verilog HDL 描述如例 6.6-7 所示，时序如图 6.6-7 所示。

【例 6.6-7】 8 位锁存器 74HC373 和 74HC573 描述。

```
module D74573(D,nOE,LE,Q);
    input nOE,LE;
    input[7:0] D;
    output[7:0] Q;
    reg[7:0] Q1;
    always @( D,LE) begin
        if (LE) Q1<=D;
    end
    assign Q = (nOE) ? 8'bzzzzzzzz : Q1;
endmodule
```

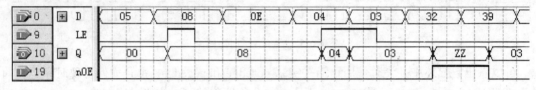

图 6.6-7　74HC573 工作时序

6.7　基于 Verilog HDL 的计数器设计

本部分将根据 6.6 节所学的时序电路设计要点知识设计可综合的计数器。

6.7.1　基于 Verilog HDL 进行通用计数器设计

首先，设计一个简单的 4 位二进制计数器，计数值从 4'h0 到 4'hf 循环输出计数值。描述如例 6.7-1 所示，时序如图 6.7-1 所示。

【例 6.7-1】 一个简单的 4 位二进制计数器。

```
module CNT4 (CLK,Q);
    parameter SIZE = 4;
    input CLK;
    output[SIZE-1:0] Q;
    reg[SIZE-1:0] Q1;
    always @( posedge CLK) begin
        Q1<= Q1 + 1;              //CLK 有上升沿则 Q1 累加 1，否则保持原值不变
    End
    assign Q = Q1;
endmodule
```

HDL 代码经常在表达式等的边界使用常量。这些值在模块内是固定的，不可修改。一个很好的设计惯例是用符号常量取代这些具体数值，这样做可使代码清晰，便于后续维持及修改。在 Verilog HDL 中，可以使用 parameter 来声明常量，作用于声明的那个文件，如声明一个数据总线的位宽及数据范围等。在例 6.7-1 中，声明计数器的位宽为 4，这样将来若设计为 8 位计数器，则只要将"parameter SIZE = 4;"中的"4"改为"8"即可。

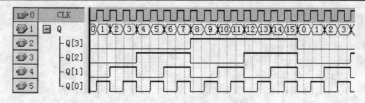

图 6.7-1　CNT4 工作时序图

细心的读者会想到前面讲过的'define。parameter 和 define 有哪些异同呢？主要有以下 3 点：

1. 声明方式

```
Parameter xx = yy;
'define XX YY
```

2. 使用方式

```
Xx
'XX
```

使用'define 定义的宏使用时前面要加"'"。

3. 作用域

parameter 作用于声明的那个文件；'define 从编译器读到这条指令开始到编译结束都有效，或者遇到'undef 命令使之失效。如果想让 parameter 或'define 作用于整个项目，可以将如下声明写于单独文件，并用'include 让每个文件都包含声明文件：

```
'ifndef xx
    'define xx yy        //或者 parameter xx = yy;
'endif
```

'define 也可以写在编译器最先编译的文件顶部。通常编译器都可以定义编译顺序，或者从最底层模块开始编译。因此写在最底层就可以了。

例 6.7-1 所描述模块的输入端口为时钟源引脚 CLK，输出端口为 4 位矢量信号 Q。为了便于作累加，必须定义一个内部的寄存器变量 Q1，以使 Q1 具备输入和输出的特性。在累加表达式"Q1<= Q1 + 1;"中，Q1 出现在赋值符号的两边，表明 Q1 具有输入和输出两种特性。同时它的输入特性应该是反馈方式，即"<="右边的 Q1 来自左边 Q1（输出信号）的反馈。这里信号 Q1 被综合成一个内部 4 位加法计数器（一个加法器和 4 位寄存器）。计数器的输出 Q1 与器件的输出 Q 通过 assign 语句相连。

下面给出一个功能更加全面且更具实际应用意义的计数器示例。即带有异步复位、同步计数使能和可预置型十进制计数器，描述如例 6.7-2 所示，时序如图 6.7-2 所示。

【例 6.7-2】 带有异步复位，同步计数使能和可预置型十进制计数器。

```
module CNT_D (CLK,EN,nRST,LOAD,DIN,Q,COUT);
    parameter SIZE = 4;          //4 位二进制位宽计数器
    parameter TOP = 9;           //十进制计数器
    input CLK,EN,nRST,LOAD;      //时钟，时钟使能，复位，同步加载控制信号
    input[SIZE-1:0] DIN;         //并行加载输入信号
    output[SIZE-1:0]Q;           //计数器输出
```

```
        output COUT;                    //计数器进位输出
        reg[SIZE-1:0] Q1;
        always @( posedge CLK ,negedge nRST) begin
            if(!nRST)Q1<= 0;            //异步清零
            else if(EN) begin           //同步计数或预置使能
                if(LOAD)Q1<= DIN;       //LOAD高电平同步预置计数器值
            else if(Q1<TOP)Q1<= Q1 + 1;
            else Q1<= 0;
            end
        end
        assign COUT= (Q1==TOP)?1:0;
        assign Q = Q1;
    endmodule
```

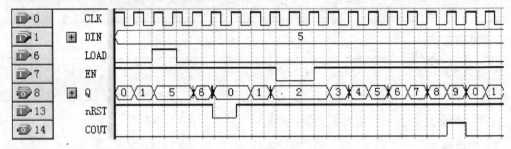

图 6.7-2　CNT_D 工作时序图

图 6.7-2 清晰的展示了此计数器的工作特性：

(1) nRST 在任意时刻有效(出现低电平)都会异步清零计数器。

(2) 当 EN=1，且在 LOAD=1 加载有效时，CLK 上升沿 DIN 引脚值加载到计数器内部，直至 LOAD=0 后，计数器在此初值基础上在 CLK 时钟上升沿时刻加 1 计数。

(3) 当 EN=1，计数器计到 9，COUT 输出 1。

另外，当计数从 7 到 8 时有一毛刺信号，这是因为 7(0111) 到 8(1000) 每一位都发生了变化，导致各个位信号传输路径不一致性增大。当然，毛刺在此处出现不是绝对的。如果期间速度快，且系统优化恰当，不一定出现毛刺。如果选择 Cyclone 系列 FPGA，会出现毛刺，而选择 Cyclone III 系列高速 FPGA 就不会出现该毛刺。

6.7.2　基于计数器的 PWM 波形发生器设计

脉宽调制(Pulse Width Modulation，PWM)是一种方波控制技术，广泛应用在测量、通信到功率控制与变换的许多领域中。PWM 通过高分辨率计数器的使用，方波的周期和占空比被调

图 6.7-3　PWM 波

制。 PWM 波形如图 6.7-3 所示，占空比为 T1/T。PWM 技术已经逐步成为现代电子技术输出控制的核心技术。基于计数器的 PWM 波形发生器描述如例 6.7-3，仿真时序如图 6.7-4 所示。

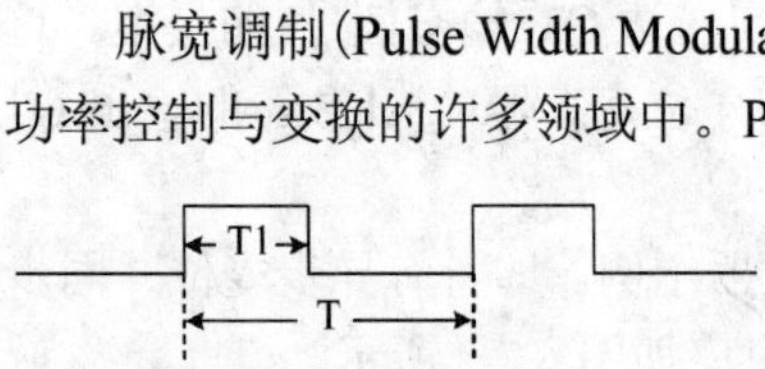

【例 6.7-3】 基于计数器的 PWM 波形发生器描述。

```
    module PWM(CLK,TOP,OCR,PWM_out,EN);
        input CLK;
        input [7:0] TOP;                //周期
        input [7:0] OCR;                //高电平区间
```

```
            input EN;
            output PWM_out;
            reg wave;
            reg [7:0] CNT;
            always @(posedge CLK) begin
                if(CNT<TOP)CNT<=CNT+1'b1;
                else CNT<=8'b0;
                if(CNT==8'b0)wave<=1'b1;
                if(CNT==OCR) wave<=1'b0;
            end
            assign PWM_out=EN?wave:1'bz;
        endmodule
```

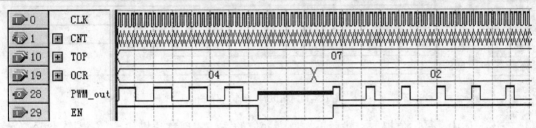

图 6.7-4　PWM 的仿真时序图

在例 6.7-3 中，8 位计数器 CNT 为 PWM 的时间轴，当 CLK 输入固定频率的方波后，(TOP+1)控制周期，比较值 OCR 控制高电平时间，占空比=OCR/(TOP+1)。

6.8　基于 Verilog HDL 的移位寄存器设计

移位寄存器广泛应用于串并转换和串行通信接口等领域。本节将介绍基于 Verilog HDL 的移位寄存器设计方法。

6.8.1　8 位双向移位寄存器的 Verilog HDL 描述

例 6.8-1 实现 8 位双向移位寄存器。　该寄存器有一个时钟输入端(CLK)，一个异步清零端(nCLR)和一个同步预置使能信号(LOAD)，用于清零寄存器和将 8 位并行预置引脚(D)的信息同步读入寄存器。信号串行输入(DIN)，8 位并行输出(Q)。在左移和右移信号(LnR)的控制下，每个 CLK 时钟上升沿寄存器左(右)移一位，同时将串行输入的一位补充到输出信号的最低(高)位。并设有输出三态控制引脚(nOE)。描述如下，时序如图 6.8-1 所示。

【例 6.8-1】 带有异步清零、同步预置 8 位双向移位寄存器描述。

```
    module shifter1(nCLR,CLK,LnR,LOAD,DIN,nOE,D,Q);
        input nCLR,CLK,LnR,LOAD,DIN,nOE;
        input[7:0] D;                           //8 位并行预置输入口
        output [7:0] Q;                         //8 位移位输出口
        reg [7:0] shifter R8;                   //定义内部的 8 位移位寄存器
        always@(posedge CLK,negedge nCLR)
            if(!nCLR)
                shifter R8<=8'h00;              //寄存器异步清零
            else if(LOAD)begin
                shifter R8<=D;                  //并行同步预置
        end
        else begin
```

```
            if(LnR)
                shifter R8<={shifter R8[6:0],DIN}; //左移
            else
                shifter R8<={DIN,shifter R8[7:1]};//右移
            end
        assign Q = nOE?8'hzz:shifter R8;
    endmodule
```

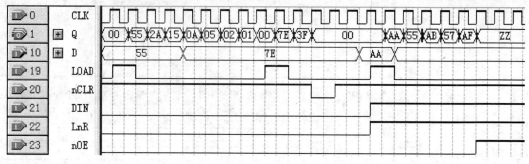

图 6.8-1　shifter1 工作时序图

在该描述中，采用位提取，然后再按位序并位的方法实现移位操作。"位提取，再按位序并位"是 HDL 的重要描述方法，请读者细细品味。

左移时(LnR=1)，即低位向高位移动时，若对应 CPLD 或 FPGA 器件的 Q[7]引脚和 DIN 引脚相连，此时，为循环左移的移位寄存器，即自 Q[7]移出的信息通过 DIN 引脚进入 Q[0]；相应的，右移时(LnR=0)，即高位向低位移动时，若对应 CPLD 或 FPGA 器件的 Q[0]引脚和 DIN 引脚相连，此时，为循环右移的移位寄存器，即自 Q[0]移出的信息通过 DIN 引脚进入 Q[7]。

6.8.2　使用移位操作符设计移位寄存器

Verilog HDL 中的左移(<<)和右移(>>)操作与 C 语言中的左移(<<)和右移(>>)含义一致，只不过 Verilog HDL 中的左移(<<)和右移(>>)只针对无符号数操作。左移时，低位补充 0，右移时，高位补充 0。格式为：

```
    sh>>n 或 sh<<n
```

表示操作数或变量 sh 中的数据右移或左移 n 位。

采用移位操作符例 6.8-1 重新描述如下。其实，只有移位描述方法不一样，其他部分的描述和综合结果一致。

【例6.8-2】 带有异步清零、同步预置 8 位双向移位寄存器描述（采用移位操作符）。

```
module shifter1(nCLR,CLK,LnR,LOAD,DIN,nOE,D,Q);
    input nCLR,CLK,LnR,LOAD,DIN,nOE;
    input[7:0] D;                        //8 位并行预置输入口
    output [7:0] Q;                      //8 位移位输出口
    reg [7:0] shifter_R8;                //定义内部的 8 位移位寄存器
    always@(posedge CLK,negedge nCLR)
    if(!nCLR)
        shifter_R8<=8'h00;               //寄存器异步清零
    else if(LOAD)begin
```

```
            shifter_R8<=D;                    //并行同步预置
        end
    else begin
        if(LnR)begin
            shifter_R8<= shifter_R8<<1;       //左移
            shifter_R8[0]<=DIN;
        end
        else begin
            shifter_R8<= shifter_R8>>1;       //右移
            shifter_R8[7]<=DIN;
        end
    end
    assign Q = nOE?8'hzz:shifter_R8;
endmodule
```

Verilog-2001 版本还增加了对有符号数左右移的操作符。"<<<" 和 ">>>" 分别为有符号数左移和有符号数右移。格式为：

```
    sh>>>n 或 sh<<<n
```

表示操作数或变量中的数据右移或左移 n 位。其中，"<<<" 与 "<<" 的移位方法一样，建议统一使用 "<<"。而综合 ">>>" 时一律将符号位(最高位)填补上原位的值，其实，">>>" 就是计算机体系结构中的算术右移。

6.8.3　带两级锁存的串入并出移位寄存器 74HC595 的描述

在有些场合，需要较多的输出引脚，利用移位寄存器可以很方便地实现串并的转换，以获得较多的输出引脚。例如 LED 点阵屏，每一行都有几十、几百或几千个 LED，一般都是利用移位寄存器进行串并转换进行 I/O 扩展。

74HC595 是一典型并被广泛应用的串入并出接口芯片，其采取两级锁存，芯片引脚如图 6.8-2 所示，74HC595 内部结构如图 6.8-3 所示，引脚说明如表 6.8-1 所示。74HC595 的 Verilog HDL 描述如例 6.8-3。

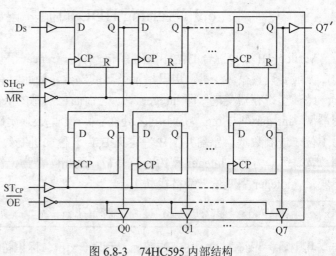

图 6.8-2　74HC595 引脚　　　　　　　　　图 6.8-3　74HC595 内部结构

表 6.8-1　74HC595 引脚说明

引脚名称	引脚序号	功能说明
Q0~Q7	15、1~7	并行数据输出口
GND	8	电源地
Q7'	9	串行数据输出端
$\overline{MR}$	10	一级锁存(移位寄存器)的异步清零端
SH_{CP}	11	移位寄存器时钟输入,上升沿移入1位数据
ST_{CP}	12	锁存输出时钟,上升沿有效
$\overline{OE}$	13	输出三态使能控制
D_S	14	串行数据输入端
V_{CC}	16	供电电源

【例 6.8-3】 带两级锁存的串入并出移位寄存器 74HC595 的描述。

```verilog
module D74595(Ds,SHCP,STCP,nMR,nOE ,Q,Q7t);
    input Ds,SHCP,STCP,nMR,nOE;
    output [7:0] Q;                         //8 位输出口
    output Q7t;
    reg [7:0] shifter_R8;                   //定义内部的8位移位寄存器
    reg [7:0] Q8;                           //定义内部的8位输出锁存器
    always@(posedge SHCP,negedge nMR)begin
        if(!nMR)
            shifter_R8<=8'h00;              //异步清零
        else shifter_R8<={shifter_R8[6:0],Ds};
    end
    always@(posedge STCP)begin
        Q8<=shifter_R8;                     //将移位寄存器的数据锁存输出
    end
    assign Q = nOE?8'hzz:Q8;
    assign Q7t = shifter_R8[7];
endmodule
```

6.9　Verilog HDL 的循环语句及应用

Verilog HDL 可综合的循环语句有 for 语句、repeat 语句和 while 语句。例如,for 循环语句,一般要设置循环变量,用以指示循环的次数。为此,首先介绍整数型寄存器变量。

整数型寄存器变量,即 integer 型,与前面已熟悉的 reg 型都同属于寄存器类型,或称为变量型。integer 型与 reg 型的不同之处在于,reg 型必须明确定义其位数,如 "reg A;" 定义 A 为 1 位二进制数宽,"reg[7:1] B;" 定义 B 为 8 位二进制数宽;而 integer 型固定为 32 位二进制数宽。另一方面,integer 型为有符号数,而 reg 型为无符号数。integer 型变量多被用做循环变量。integer 型变量一般格式如下:

```
integer 标识符1,标识符2,…,标识符 x[p:q],…;
```

其中,标识符 1、标识符 2、…、标识符 x[p]、标识符 x[p-1]、…、x[q+1] 和 x[q] 都是 32

位二进制数宽的变量。这里要注意与 reg 型的区别，"integer 标识符 x[p:q];"定义的是均为 32 位宽的数组，数组成员个数为"p–q+1"。关于数组详见 6.10.2 节。

另一方面，在 Verilog-2001 标准中可以利用关键字 signed 声明一个 reg 或网线型变量为有符号数，而且支持任意长度的向量的有符号数定义，如：

```
reg signed[15:0] a;           //a 为 16 位有符号数
```

实现硬件乘法器的方法有很多，下面，采用移位相加方式以实现 8 位乘法器为例说明 Verilog HDL 可综合的循环语句及其应用方法。

6.9.1　for 语句用法

for 语句的一般格式表述如下：

```
for(循环变量初始值设置表达式,循环控制条件表达式,循环控制变量增量表达式)
   begin 循环体语句结构  end
```

与 C 语言的 for 语句理解上非常类似，只要"循环控制条件表达式"为真就会执行一次循环体，然后进行"循环控制变量增量表达式"运算，运算后再次进行"循环控制条件表达式"判断。采用 for 语句，并结合移位相加原理实现 8 位乘法器描述如例 6.9-1，时序如图 6.9-1 所示。

【例 6.9-1】　采用 for 语句，并结合移位相加原理实现 8 位乘法器。

```
module mult_8b(a,b,r);
    parameter WIDE = 8;                  //定义乘法位数
input[WIDE-1:0] a,b;                     //被乘数和乘数
output[WIDE*2-1:0] r;                    //结果为因数的 2 倍位宽
reg[WIDE*2-1:0] r;
integer i;
always@(a,b)begin
    r = 0;                               //结果寄存器阻塞赋值先清零
    for(i = 0;i < WIDE;i = i + 1)begin
      if(b[i])r = r + (a<<i);
    end
  end
endmodule
```

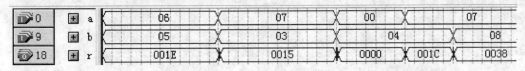

图 6.9-1　mult_8b 工作时序图

6.9.2　repeat 语句用法

与 for 语句不同，repeat 语句的循环次数在进入此语句之前就已经决定了，无需循环次数控制增量表达式及其计算等。repeat 语句的一般格式如下：

```
repeat(循环次数表达式)
   begin 循环体语句结构  end
```

语句中的"循环次数表达式"可以是常量、变量等。采用 repeat 语句，并结合移位相加原理实现 8 位乘法器描述如例 6.9-2 所示。

【例 6.9-2】 采用 repeat 语句，并结合移位相加原理实现 8 位乘法器。

```
module mult_8b(a,b,r);
parameter WIDE = 8;                    //定义乘法位数
   input[WIDE-1:0] a,b;                //被乘数和乘数
   output[WIDE*2-1:0] r;               //结果为因数的 2 倍位宽
   reg[WIDE*2-1:0] r,temp_a;
   reg[WIDE-1:0] temp_b;
   always@(a,b)begin
   temp_a = a;
   temp_b = b;
      r = 0;                           //结果寄存器阻塞赋值先清零
      repeat(WIDE)begin
        if(temp_b [0])r = r + temp_a;
        temp_a = temp_a<<1;
        temp_b = temp_b>>1;
        end
    end
endmodule
```

6.9.3 while 语句用法

while 语句的一般格式为：

```
while(循环控制条件表达式)
   begin 循环体语句结构   end
```

同样，与 C 语言的 while 语句用法非常类似。此语句执行时，首先根据"循环控制条件表达式"的计算所得判断是否满足继续循环的条件，如果为真，执行一次循环体，否则结束循环。采用 while 语句，并结合移位相加原理实现 8 位乘法器描述如例 6.9-3 所示。

【例 6.9-3】 采用 while 语句，并结合移位相加原理实现 8 位乘法器。

```
module mult_8b(a,b,r);
   parameter WIDE = 8;                 //定义乘法位数
   input[WIDE-1:0] a,b;                //被乘数和乘数
   output[WIDE*2-1:0] r;               //结果为因数的 2 倍位宽
   reg[WIDE*2-1:0] r,temp_a;
   reg[WIDE-1:0] temp_b;
   integer i;
   always@(a,b)begin
   i = WIDE;
   temp_a = a;
   temp_b = b;
      r = 0;                           //结果寄存器阻塞赋值先清零
      while(i>0)begin
        if(temp_b [0])r = r + temp_a;
```

```
            temp_a = temp_a<<1;
            temp_b = temp_b>>1;
            i = i-1;
        end
    end
endmodule
```

6.9.4　Verilog HDL 循环语句应用要点

在循环语句的使用中，需要特别注意的就是，不要把它们混同于计算机软件的循环语句。在计算机软件中，只要时间允许，无论多少次循环都不会额外增减任何资源和成本。而作为 HDL 的循环语句，每多一次循环就要多加一个相应功能的硬件模块。因此，循环语句的使用要时刻关注逻辑宏资源的消耗量、利用率，以及性价比。此外，与计算机语言编程不同，基于 HDL 的代码优劣标准不再是语法的玄妙应用，而是可综合、高性能、高速度和高资源利用率。

例如，上面的三个乘法器设计，代码结构可算作精美，但缺乏实用性。因为随着乘法器位数的增加，构成其电路模块的加法器和多路选择器等的数量和位数也将大幅增加，从而导致大幅耗费逻辑宏资源，工作速度也大幅降低。

6.10　双向端口与存储器设计

实际应用中常常会用到 inout 双向端口。双向端口，顾名思义，既可以作为输入端口，也可以作为输出端口。CPU 与存储器所共享的数据总线就是一类双向端口。在很多设计中，如果采用双向端口可以成倍地减少设计的端口数量，提高资源的利用率，缩小芯片面积，降低生产成本。

双向端口设计必须要考虑端口的三态控制，因为双向端口在完成输入功能时，必须使先前作为输出模式的端口呈现高阻态，否则待输入的外部数据势必会与端口处原有电平发生"线与"，导致无法将外部数据正确的读入以实现双向功能，甚至可能烧毁。

例 6.10-1 是一个 1 位双向端口描述，RTL 图如图 6.10-1 所示。双向口 data 可自 din 获取数据，也可将端口数据传导到 dout。EN 的三态控制和 dout 的缓冲器是实现双向端口的关键。更重要的是，inout 型端口一般要定义 wire 型变量，因为要通过持续赋值语句实现端口的三态控制，而 assign 引导的持续赋值语句的赋值对象必须为 wire 型。

【例 6.10-1】　1 位双向端口描述。

```
module tri_port(data,din,dout,EN);
    inout data;
    input din,EN;
    output dout;
    assign data = EN? din : 1'bz;
    assign dout = data;
endmodule
```

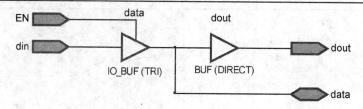

图 6.10-1 1 位双向端口描述之 RTL 图

6.10.1 8 位双向总线驱动器设计

74HC245 是 8 位双向总线驱动器，其 DIR 引脚用于控制方向。$\overline{OE}$ 为输出能使控制引脚，低有效。74HC245 的引脚及逻辑功能如图 6.10-2 所示。例 6.10-2 为 74HC245 的 Verilog HDL 描述，RTL 图如图 6.10-3 所示。

1	DIR	VCC	20
2	A1	$\overline{OE}$	19
3	A2	B1	18
4	A3	B2	17
5	A4	B3	16
6	A5	B4	15
7	A6	B5	14
8	A7	B6	13
9	A8	B7	12
10	GND	B8	11

输入		输入/输出	
$\overline{OE}$	DIR	An	Bn
L	L	A=B	输入
L	H	输入	B=A
H	X	Z	Z

图 6.10-2 74HC245 的引脚及逻辑功能

【例 6.10-2】 74HC245 的 Verilog HDL 描述。

```
module D74245(nOE,DIR,A,B);
   input nOE,DIR;
   inout[7:0] A ,B;
   assign A = ((~nOE)& (~DIR))? B : 8'bz;
   assign B = ((~nOE)& DIR )? A : 8'bz;
endmodule
```

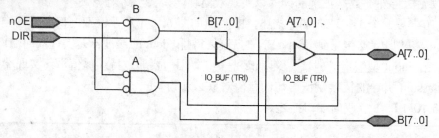

图 6.10-3 74HC245 之 RTL 图

可以看出，正确地进行三态控制设计是成功进行双向端口设计的基础。

6.10.2 存储器设计

存储器是一个寄存器数组。存储器的定义方法如下：

```
reg [msb: 1sb] MMY [N-1: 0]; //定义位宽为(msb-1sb+1),深度为 N 的寄存器组 MMY
```

例如：

```
reg [3:0 ] MyMem [0:63] ;        //MyMem 为 64 个 4 位寄存器的数组
reg Bog [1:5];                   //Bog 为 5 个 1 位寄存器的数组
```

MyMem 和 Bog 都是存储器。数组的维数不能大于 2。注意存储器属于寄存器数组类型。线网数据类型没有相应的存储器类型。

单个寄存器说明既能够用于说明寄存器类型，也可以用于说明存储器类型。如：

```
parameter ADDR_SIZE = 16 ,WORD_SIZE = 8;
reg [WORD_SIZE -1:0] RamPar [ ADDR_SIZE-1 : 0],DataReg;
```

RamPar 是由 16 个 8 位寄存器数组构成的存储器，而 DataReg 是 8 位寄存器。

对存储器被赋值时，需要定义一个索引，通过索引每次只能对一个存储单元赋值，而不能一次性对所有存储单元赋值。其与 C 语言数组元素调用方法相同。如下赋值过程就是错误的应用方法。

```
reg Bog[1:5];                    //Bog 为 5 个 1 位寄存器的存储器
    ...
Bog = 5'b11011;                  //错误的应用方法
```

正确的方法举例如下：

```
reg [7:0] Xram [3:0];
    ...
Xram[0] = 8'hAB;
Xram[1] = 8'h89;
Xram[2] = 8'hF0;
Xram[3] = 8'h23;
```

下面以一个 RAM 存储器的设计为例进一步说明双向总线设计方法，并展示存储器的设计过程。按图 6.10-4 所示的工作时序进行设计，例 6.10-3 为 8 字节 RAM 的 Verilog HDL 描述，对应 RTL 图如图 6.10-5 所示。

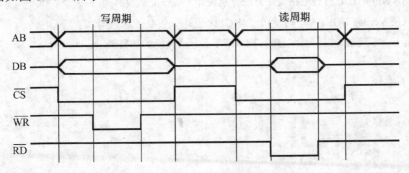

图 6.10-4　8 字节 RAM 的功能时序图

【例 6.10-3】　8 字节 RAM 的 Verilog HDL 描述。

```
module ram(DB,AB,nRD,nWR,nCS);
    parameter ADDR_SIZE = 3;
```

```
        parameter WORD_SIZE= 8;
        inout [WORD_SIZE-1:0] DB;                    //数据总线
        input [ADDR_SIZE-1:0] AB;                    //地址总线
        input nRD,nWR,nCS;                           //控制总线

        //定义 2^ADDR_SIZE 个字的存储阵列,每个字 8 位
        reg [WORD_SIZE-1:0] memory [0:(1<<ADDR_SIZE)-1];

        assign DB = (!nCS && !nRD && nWR)? memory[AB] : {WORD_SIZE{1'bz}};
        always @(nCS,nWR,nRD)begin
            if (!nCS && !nWR && nRD)memory[AB] = DB;
        end
    endmodule
```

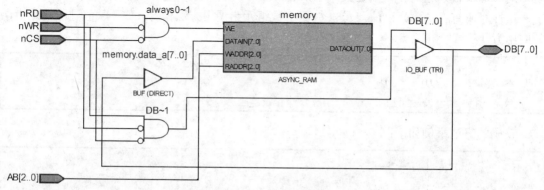

图 6.10-5   8 字节 RAM 的 RTL 图

习题与思考题

6.1   wire 型和 reg 型变量有什么本质不同？它们都可以用做哪些可综合语句中？

6.2   阻塞赋值和非阻塞赋值有何区别？

6.3   请用 Verilog HDL 三种电路设计方法分别设计 1 位一位全减器。

6.4   请采用 Verilog HDL，并基于两个 74HC138 设计一个 4-16 译码器。

6.5   设计 6 位模可控 60 进位，且带有同步清零和计数使能的计数器。

第 7 章　D/A 转换器与 A/D 转换器及其应用

随着半导体技术和计算机技术的发展，数字与模拟混合应用电路越来越多。作为数模混合电路的核心，A/D 转换器和 D/A 转换器是数模混合电路设计的关键。

本章将介绍 A/D 转换器和 D/A 转换器的原理和几个常用的 A/D 转换器和 D/A 转换器器件。8.2 节和 9.5 节将给出 A/D 转换器和 D/A 转换器的应用实例。

7.1　D/A 转换器与 A/D 转换器概述

目前，数字信号处理技术广泛应用于现代测控和通信系统中。当数字电子技术用于实时控制、智能仪表等应用系统中时，经常会遇到对连续变化的模拟量信号进行分析或处理，如电压、电流等。若输入的是温度、压力、速度等非电信号物理量，还需要经过传感器转换成模拟电信号，这些模拟量必须先转换成数字量才能送给数字电子系统进行处理。当数字系统处理后，也常常需要把数字量转换成模拟量后再送给外部设备。典型的模拟信号的数字系统处理示意框图如图 7.1-1 所示。实现模拟量转换成数字量的器件称为模数转换器（Analog-to-Digital Conversion，A/D 转换器或 ADC），数字量转换成模拟量的器件称为数模转换器（Digital-to-Analog Conversion，D/A 转换器或 DAC）。

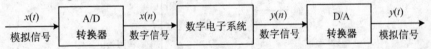

图 7.1-1　模拟信号的数字系统处理示意框图

典型的数模混合电子技术应用系统如图 7.1-2 所示。在用数字电子系统，尤其是计算机对生产过程进行控制时，经常要把压力、流量、温度和液位等物理量通过传感器检测出来，

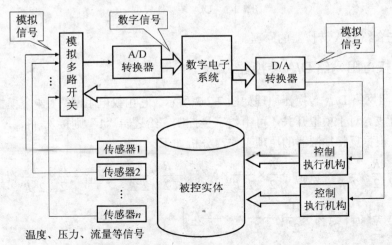

图 7.1-2　典型的数模混合电子技术应用系统

并变换成相应的模拟电流或电压，再由 A/D 转换器转换为数字信号，送入计算机处理。计算机处理后所得到的仍然是数字量，若执行机构是伺服马达等模拟控制器，则需要采用 D/A 转换器将数字量转换为相应的模拟信号，以控制伺服马达等机构执行规定的操作。可以看出，D/A 转换器和 A/D 转换器是数模混合电子应用系统的核心，承接着模拟电路与数字电路的接口作用。

实际上，在数据传输系统、自动测试设备、医疗信息处理、电视信号的数字化、图像信号的处理和识别、数字通信和语音信号处理等方面都离不开 A/D 转换器和 D/A 转换器。当然，A/D 转换器和 D/A 转换器不一定同时需要，可能在具体的应用中只需要使用 A/D 转换器，如只是为了测量温度；也可能只需要使用 D/A 转换器，如仅是为了提高一个电压源信号等。本章将介绍 A/D 转换器和 D/A 转换器的原理及相关应用技术。

7.2 D/A 转换器原理

D/A 转换器实现把数字量转换成模拟量，在数模混合电子技术应用系统设计中经常用到。M 位 D/A 转换器模型如图 7.2-1 所示，M 位二进制数字量输入为 $D = b_{M-1}b_{M-2}\cdots b_2b_1$，$v_o$（或 i_o）为模拟量输出，MSB（Most Significant Bit）和 LSB（Least Significant Bit）分别指 D 的最高有效位和最低有效位。输出量与输入量之间的关系式为

$$v_o\left(\text{或} i_0\right) = kD$$

式中，k 为常数，与基准电压和数字量位数 M 有关，后边会介绍。也就是说，模拟量输出与数字量输入成正比，这是组成 D/A 转换器的指导思想。

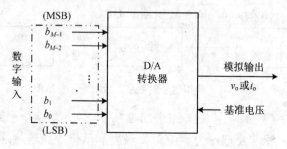

图 7.2-1 D/A 转换器模型

下面首先介绍 D/A 转换器的原理。

7.2.1 权电阻网络 D/A 转换器

4 位权电阻网络 D/A 转换器原理如图 7.2-2 所示。它由权电阻网络、4 个模拟开关和 1 个求和放大器组成。对于模拟开关，可由数字量控制，给逻辑"1"则接入 V_{REF}，给逻辑"0"则接入到地。根据反相加法器的原理工作，分析如下：

$$v_O = -\frac{R}{2} \times \frac{1}{2^3 R} \times b_0 V_{\text{REF}} - \frac{R}{2} \times \frac{1}{2^2 R} \times b_1 V_{\text{REF}} - \frac{R}{2} \times \frac{1}{2^1 R} \times b_2 V_{\text{REF}} - \frac{R}{2} \times \frac{1}{2^0 R} \times b_3 V_{\text{REF}}$$

$$= -\frac{1}{2} V_{\text{REF}} \left(\frac{1}{2^3} b_0 + \frac{1}{2^2} b_1 + \frac{1}{2^1} b_2 + \frac{1}{2^0} b_3 \right)$$

$$= -\frac{V_{\text{REF}}}{2^4}(2^3 b_3 + 2^2 b_2 + 2^1 b_1 + 2^0 b_0)$$

$$= -\frac{V_{\text{REF}}}{2^4}D$$

其中，$D = 2^3 b_3 + 2^2 b_2 + 2^1 b_1 + 2^0 b_0$。

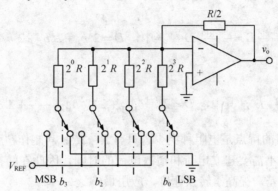

图 7.2-2　权电阻网络 D/A 转换器原理

权电阻网络 D/A 转换器的 $k = -V_{\text{REF}}/2^4$，若参考电压 V_{REF} 不变，则 k 为常数。权电阻网络 D/A 转换器结构比较简单，所用的电阻元件数很少。但是，权电阻网络 D/A 转换器的各个电阻阻值相差较大，尤其在输入信号的位数较多时，这个问题更加突出。要想在极为宽广的阻值范围内保证每个电阻都有很高的精度是十分困难的，尤其对制作集成电路更加不利。

7.2.2　R-2R T 型电阻网络 D/A 转换器

4 位 R-2R T 型电阻网络 D/A 转换器原理如图 7.2-3 所示。电路中只有 R 和 $2R$ 两个阻值的电阻类型（$R_b = R$）。根据运放的虚短特性，I_{OUT1} 是虚地的，即图中的开关无论接入哪一侧都接入到零电势。又因为，D、C、B 和 A 节点右侧的等效电阻值都为 R，所以，总电流 $I_{\text{REF}} = V_{\text{REF}}/R$，各个支路的电流分别为 $I_{\text{REF}}/2$、$I_{\text{REF}}/4$、$I_{\text{REF}}/8$ 和 $I_{\text{REF}}/16$。多位的 R-2R T 型电阻网络 D/A 转换器的原理依此类推。

由运放的虚断特性，每个支路电流直接流入地，还是经由电阻 $R_b(=R)$ 由 4 个模拟开关决定，倒置 T 型网络 D/A 转换器的转换过程计算如下。

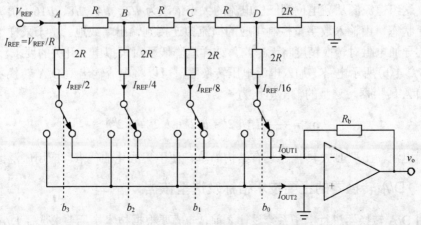

图 7.2-3　R-2R T 型电阻网络 D/A 原理图

$$I_{OUT1} = \frac{1}{2}I_{REF}b_3 + \frac{1}{4}I_{REF}b_2 + \frac{1}{8}I_{REF}b_1 + \frac{1}{16}I_{REF}b_0$$

$$= \frac{I_{REF}}{2^4 \cdot R}(2^3 b_3 + 2^2 b_2 + 2^1 b_1 + 2^0 b_0)$$

$$v_o = -I_{OUT1} \cdot R_b = \frac{I_{REF}}{2^4}(2^3 b_3 + 2^2 b_2 + 2^1 b_1 + 2^0 b_0)$$

$$= -\frac{V_{REF}R_b}{2^4 \cdot R}D = -\frac{V_{REF}}{2^4}D，\text{其中，} D = 2^3 b_3 + 2^2 b_2 + 2^1 b_1 + 2^0 b_0$$

对于 M 位，则有

$$v_o = -\frac{V_{REF}}{2^M}D，\text{其中，} D = 2^{M-1}b_{M-1} + 2^{M-2}b_{M-2} + \cdots + 2^1 b_1 + 2^0 b_0$$

R-2R T 型电阻网络的特点是电阻种类少，只有 R、$2R$，其制作精度提高。电路中的开关在地与虚地之间转换，不需要建立电荷和消散电荷的时间，因此在转换过程中不易产生尖脉冲干扰，减少了动态误差，提高了转换速度，应用最广泛。

但应用 R-2R T 型电阻网络时需要注意，由于运放输出电压为负，所以，运放必须采用双电源供电。

D/A 转换器品种繁多、性能各异，但 D/A 转换器的内部电路构成无太大差异。大多数 D/A 转换器由电阻阵列和 M 个电压开关(或电流开关)构成，通过数字输入值切换开关，产生比例于输入的电压(或电流)。按输入数字量的位数可以分为 8 位、10 位、12 位和 16 位等；按传送数字量的输入方式可以分为并行方式和串行方式；按输出形式可以分为电流输出型、电压输出型等。如前面所述的电压开关型电路为直接输出电压型 D/A 转换器。尽管 R-2R T 型电阻网络 D/A 转换器具有较高的转换速度，但由于电路中存在模拟开关自身内阻压降，当流过各支路的电流稍有变化时，就会产生转换误差。因此，一般说来，由于电流开关的切换误差小，转换精度相对较高。电流开关型电路如果直接输出生成的电流，则为电流输出型 D/A 转换器，如果经电流电压转换也可形成电压型 D/A 转换器。

7.2.3　电流输出型和电压输出型 D/A 转换器

4 位电流输出型 D/A 转换器如图 7.2-4(a)所示。电路中，用一组恒流源代替了 R-2R T 型电阻网络。这组恒流源从高电位到低位电流的大小依次为 $I/2$、$I/4$、$I/8$、$I/16$。恒流源一般总是处于接通状态，由输入数字量控制相应的横流源连接到输出端或地。由于采样恒流源，故模拟开关的导通电阻对转换精度将无影响，这样就降低了对模拟电子开关的要求。

如图 7.2-4(b)所示电路，加入电流电压转换器，可以将电流输出型 D/A 转换器转变为电压输出型 D/A 转换器。这是的输出电压为

$$v_o = -\frac{I \cdot R_f}{2^4}(b_3 2^3 + b_2 2^2 + b_1 2^1 + b_0 2^0)$$

同样，电流输出型 D/A 转换器具有结构简单、便于集成化的优点，应用广泛。

7.2.4　D/A 转换器的主要技术指标及选型依据

在应用 D/A 转换器进行电子系统设计之前，一般要根据技术指标要求选择 D/A 转换器芯片。下面介绍一下 D/A 转换器的主要性能指标。

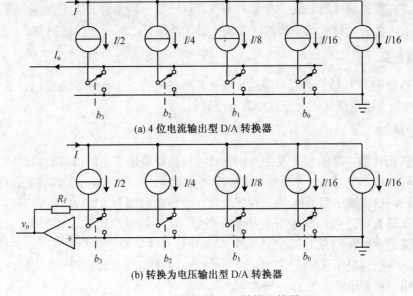

(a) 4 位电流输出型 D/A 转换器

(b) 转换为电压输出型 D/A 转换器

图 7.2-4　电流输出型 D/A 转换器的原理

1. 分辨率

分辨率是指 D/A 转换器最小输出模拟量增量与最大输出模拟量之比，也就是数字量 LSB 所对应的模拟值与参考模拟量之比。M 位 D/A 转换器的分辨率为

$$分辨率 = \frac{1}{2^M}$$

这个参数反映 D/A 转换器对模拟量的分辨能力。显然，输入数字量位数越多，参考电压分的份数就越多，即分辨率越高。例如，8 位的 D/A 转换器的分辨率为满量程信号值的 1/256，12 位 D/A 转换器的分辨率为满量程时信号值的 1/4096。

2. 转换精度

由于 D/A 转换器中受到电路元件参数误差、参考电压 V_{REF} 不稳定、运算放大器的零漂等因素的影响，D/A 转换器的模拟输出量实际值与理论值之间存在偏差。D/A 转换器的转换精度定义为这些综合误差的最大值，用于衡量 D/A 转换器在将数字量转换成模拟量时，所得模拟量的精确程度。主要决定转换精度的因素就是参考电压 V_{REF}，因为

$$v_o = -\frac{V_{REF}}{2^M}D$$

输入量 D 不变，影响输出的量就是参考电压 V_{REF} 和分辨率 M。若 M 固定，参考电压 V_{REF} 不稳定，输出自然会有随 V_{REF} 变化而变化的误差。当然，在选择高精准的电压源电路作为参考电压源 V_{REF} 的同时，提高分辨率，即增大 M，可以提高在参考电压范围内输出任意模拟量的精度。

由于电路中各个模拟开关不同的导通电压、导通电阻、电阻网络中的电阻的误差等，都会导致 D/A 转换器的非线性误差。一般来说，D/A 转换器的非线性误差应小于 ±1LSB。

再者，运算放大器的零漂不为零，会使 D/A 转换器的输出产生一个整体增大或减小的失调电压平移。因此，运算放大器电路要有抑制或调整失调电压的功能。

因此，要获得高精度的 D/A 转换器，不仅应选择高分辨率的 D/A 转换器，更重要的是要选用高性能的电压源电路和低零漂的运算放大器等器件与之配合才能达到要求。

3．温度系数

温度系数表明 D/A 转换器具有受温度变化影响的特性。一般用满刻度输出条件下温度每升高 1℃，输出模拟量变化的百分数作为温度系数。

4．建立时间

建立时间指从数字量输入端发生变化开始，到模拟输出稳定时所需要的时间。它是描述 D/A 转换器转换速率快慢的一个参数，通常以 V/μs 为单位。该参数与运算放大器的压摆率 SR 类似。一般地，电流输出型 D/A 建立时间较短，电压输出型 D/A 则较长。

模拟电子开关电路有 CMOS 开关型和双极型开关型两种。其中，双极型开关型又有电流开关型和开关速度更高的 ECL 开关型两种。模拟电子开关电路是影响建立时间的最关键因素。在速度要求不高的情况下，可选用 CMOS 开关型模拟开关 D/A 转换器；如果要求较高的转换速率则应选用双极型电流开关 D/A 转换器。

以上各个指标就是选择 D/A 转换器的依据。每个 D/A 转换器产品，在其数据手册（Datasheet）中都有其详细的技术指标。学会查看英文的器件手册是电子工程师的基本能力。

7.2.5　基于 TL431 的基准电压源设计

基准电压源是 D/A 转换器和 A/D 转换器转换精度的决定性要素。TL431 是一个有良好的热稳定性能的三端可调分流基准源，其等效内部结构、电路符号和典型封装如图 7.2-5 所示。

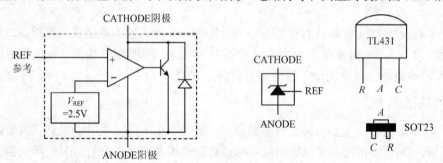

图 7.2-5　TL431 等效内部结构、电路符号和典型封装

由图可以看到，V_{REF} 是一个内部的 2.5V 基准源（其实，参考电压的出场典型值为 2.495V，最小到 2.440V，最大为 2.550V），接在运放的反相输入端。由运放的特性可知，REF 端（同相端）的电压非常相对阳极为 2.5V，且具有虚断特性。

它的输出电压用两个电阻就可以任意地设置到从 V_{REF}（2.5V）到 36V 的任何值。该器件的典型动态阻抗为 0.2Ω，在很多应用中可以用它代替齐纳二极管，如数字电压表，运放电路、可调压电源，开关电源等。2.5~36V 恒压电路和 2.5V 应用分别如图 7.2-6(a) 和图 7.2-6(b) 所示。在图 7.2-6(b) 中，当 R_1 与 R_2 阻值相等时，输出电压即 5V。所以需要注意的是，当 TL431 阴极电流很小时无稳压作用，通常流过其阴极电流必须在 1mA 以上（1~500mA），且当把 TL431 阴极对地与电容并联时，电容不要在 0.01~3μF，否则会在某个区域产生震荡。

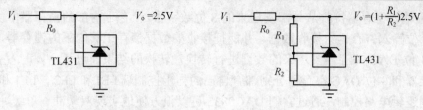

(a) 基于 TL431 的 2.5V 参考电压源　　　　(b) 基于 TL431 的 2.5V~36V 参考电压源

图 7.2-6　TL431 的恒压电路

恒流源是电路中广泛使用的一个组件。基于 TL431 的恒流源电路如图 7.2-7 所示。

两个电路分别输出和吸入恒定电流，通过 REF 引脚的虚断特性很容易分析。其中的三极管替换为场效应管可以得到更好的精度。值得注意的是，TL431 的温度系数为 30ppm/℃，所以输出恒流的温度特性要比普通镜像恒流源或恒流二极管好得多，因而在应用中无需附加温度补偿电路。

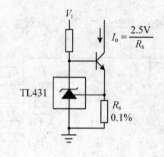

图 7.2-7　基于 TL431 的恒流源电路

7.3　DAC0832 及其应用

7.3.1　D/A 转换器芯片——DAC0832

1. DAC0832 芯片简介

DAC0832 是一个采用 R-2R T 型电阻网络的 8 位 D/A 转换器芯片，需要外扩运放形成电压型 D/A 转换器，建立时间为 1μs。DAC0832 与外部数字系统接口方便，转换控制容易，价格便宜，在实际工作中使用广泛。数字输入端具有双重缓冲功能，可以双缓冲、单缓冲或直通方式输入，它的内部结构如图 7.3-1 所示。

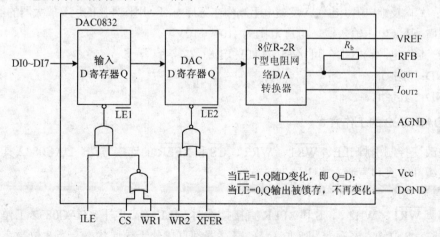

图 7.3-1　DAC0832 的内部结构图

DAC0832 内部主要由 8 位输入寄存器、8 位 DAC 寄存器、8 位 D/A 转换器和控制逻辑电路组成。8位输入寄存器接收从外部发送来的8位数字量,锁存于内部的锁存器中,8位DAC寄存器从8位输入寄存器中接收数据,并能把接收的数据锁存于其内部的锁存器,8位D/A转换器对8位DAC寄存器发送来的数据进行转换,转换的结果通过I_{OUT1}和I_{OUT2}输出。8位输入寄存器和8位DAC寄存器分别都有自己的异步控制端LE1和LE2,LE1和LE2通过相应的控制逻辑电路控制,通过它们DAC0832可以很方便地实现双缓冲、单缓冲或直通方式处理。

2. DAC0832 的引脚

DAC0832采用20引脚双列直插式封装,如图7.3-2所示。

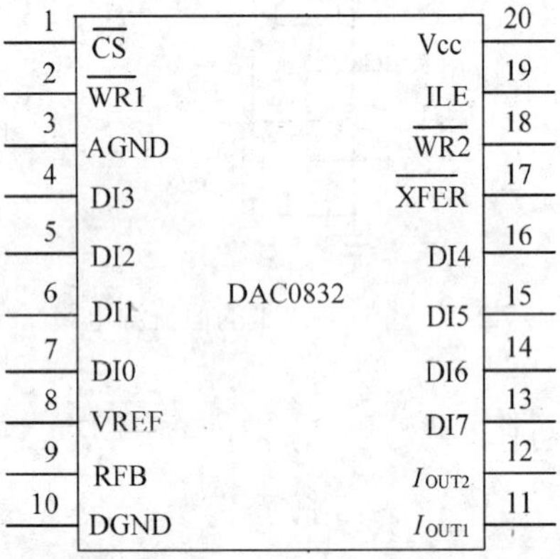

图 7.3-2　DAC0832 引脚图

其中:

DI7～DI0（LSB）:8位数字量输入端。

ILE:数据允许控制输入线,高电平有效,同$\overline{CS}$组合选通$\overline{WR1}$。

$\overline{CS}$:数组寄存器的选通信号,低电平有效,同ILE组合选通$\overline{WR1}$。

$\overline{WR1}$:输入寄存器写信号,低电平有效,在$\overline{CS}$与ILE均有效时,$\overline{WR1}$为低,则LE1为高,将数据装入输入寄存器,即"透明"状态。当$\overline{WR1}$变高或是ILE变低时数据锁存。

$\overline{WR2}$:DAC寄存器写信号,低电平有效,当$\overline{WR2}$和$\overline{XFER}$同时有效时,LE2为高,将输入寄存器的数据装入DAC寄存器。LE2负跳变锁存装入的数据。

$\overline{XFER}$:数据传送控制信号输入线,低电平有效,用来控制$\overline{WR2}$选通DAC寄存器。

I_{OUT1}:模拟电流输出线1,它是数字量输入为"1"的模拟电流输出端。

I_{OUT2}:模拟电流输出线2,它是数字量输入为"0"的模拟电流输出端,采用单极性输出时,I_{OUT2}常常接地。

RFB:片内反馈电阻引出线,反馈电阻制作在芯片内部,用作外接的运算放大器的反馈电阻。

VREF:基准电压输入线。电压范围为–10～+10V。

Vcc:工作电源输入端,可接+5～+15V电源。

AGND:模拟地。

DGND:数字地。

3. DAC0832 的工作方式

通过改变控制引脚 ILE、$\overline{WR1}$、$\overline{WR2}$、$\overline{CS}$ 和 $\overline{XFER}$ 的连接方法。DAC0832 具有单缓冲方式、双缓冲方式和直通方式3种工作方式。

1) 直通方式

当引脚$\overline{WR1}$、$\overline{WR2}$、$\overline{CS}$和$\overline{XFER}$直接接地时,ILE接高电平,DAC0832工作于直通方式下,此时,8位输入寄存器和8位DAC寄存器都直接处于导通状态,当8位数字量一到达DI0～DI7,就立即进行 D/A 转换,从输出端得到转换的模拟量。这种方式处理简单,DI7～DI0 直接与外部数字系统相连即可。

2）单缓冲方式

通过连接 ILE、$\overline{\text{WR1}}$、$\overline{\text{WR2}}$、$\overline{\text{CS}}$ 和 $\overline{\text{XFER}}$ 引脚，使得两个锁存器中的一个处于直通状态，另一个处于受控制状态，或者两个同时被控制，DAC0832 就工作于单缓冲方式。如图 7.3-3 所示就是一种单缓冲方式的连接，$\overline{\text{CS}}$、$\overline{\text{WR2}}$ 和 $\overline{\text{XFER}}$ 直接接地。ILE 接电源，$\overline{\text{WR1}}$ 低电平时数字量直通到 R-2R T 型电阻网络 D/A 转换并输出。

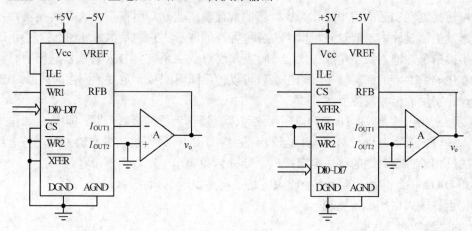

图 7.3-3　DAC0832 单缓冲方式的连接图　　　　图 7.3-4　DAC0832 双缓冲方式的连接图

3）双缓冲方式

当 8 位输入锁存器和 8 位 DAC 寄存器分开控制导通时，DAC0832 工作于双缓冲方式，如图 7.3-4 所示的双缓冲方式的连接。此时单片机对 DAC0832 的操作分为两步：第一步，拉低 $\overline{\text{CS}}$，再拉低 $\overline{\text{WR1}}$ 和 $\overline{\text{WR2}}$，将 8 位数字量写入 8 位输入锁存器中，然后将 $\overline{\text{CS}}$、$\overline{\text{WR1}}$ 和 $\overline{\text{WR2}}$ 置高；第二步，拉低 $\overline{\text{XFER}}$，再拉低 $\overline{\text{WR1}}$ 和 $\overline{\text{WR2}}$，8 位数字量从 8 位输入锁存器送入 8 位 DAC 寄存器。第二步只使 DAC 寄存器导通，在数据输入端接入的数据无意义。

4. 输出极性的控制

1）单极性输出

在图 7.3-3 和图 7.3-4 中，电压输出为：$-V_{\text{REF}} \times D/2^8$，其为负电压，称为单极性输出。很多时候还需要正负对称范围的双极性输出。

2）双极性输出

如图 7.3-5 所示，有

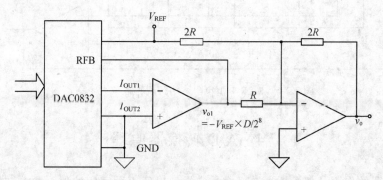

图 7.3-5　DAC0832 双极性输出应用示意图

$$v_o = -V_{REF} - 2v_{o1} = -V_{REF} + 2\frac{V_{REF}}{2^8}D = \left(\frac{D}{2^7} - 1\right)V_{REF} = \frac{D - 128}{2^7}V_{REF}$$

当$D \geq 128$时，$v_o > 0$；当$D < 128$时，$v_o < 0$。同样，该应用中，运放也要双电源供电。

7.3.2 DAC0832的应用

D/A转换器在实际应用中除作为执行器的数控输出器件，用作实现A/D转换器，还经常用于波形发生器设计中，通过它可以产生各种各样的波形。它的基本原理如下：利用D/A转换器输出模拟量与输入数字量成正比这一特点，通过数字系统向D/A转换器送出随时间呈一定规律变化的数字，则D/A转换器输出端就可以输出随时间按一定规律变化的波形。9.5节将基于此设计实用的信号发生器。

需要特别指出的是，R-2R T型电阻网络可以直接作为程控衰减电路，即V_{REF}端作为模拟信号输入即可。带宽可以与D/A转换器的转换速率相同，只不过当带宽较大时，考虑到运算放大器的反相输入端对地的寄生电容，R_b上要并接微调小电容以调整带宽。

利用DAC0832也可以实现程控放大电路，电路如图7.3-6所示。

根据运算放大器的虚地原理，可以得到

$$\frac{v_i}{R} = \frac{-v_o}{2^8 \cdot R}D$$

式中，$D = 2^7 b_7 + 2^6 b_6 + \cdots + 2^1 b_1 + 2^0 b_0$。

所以放大倍数为

$$A = \frac{v_o}{v_i} = -\frac{2^8}{D}$$

式中

$$D = 2^7 b_7 + 2^6 b_6 + \cdots + 2^1 b_1 + 2^0 b_0$$

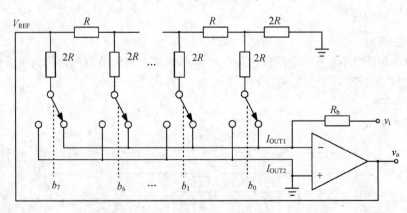

图7.3-6 R-2R T型电阻网络实现程控放大电路

7.4 A/D转换器原理

A/D转换器的作用是把模拟量转换成数字量，以便于数字化处理。A/D转换器是将时间和幅度都连续的模拟量转换为时间和幅值都离散的数字量。采样过程一定要满足奈奎斯特采样定理，且一般要经过采样保持、量化和编码三个步骤过程。其中，采样是在时间轴上对信号离散化；量化是在幅度轴上对信号数字化；编码则是按一定格式记录采样和量化后的数字数据。

采样保持（Sample Hold，S/H）电路用在 A/D 转换系统中，作用是在 A/D 转换过程中保持模拟输入电压不变，以获得正确的数字量结果。采样保持电路是 A/D 转换系统的重要组成部分，它的性能决定着整个 A/D 转换系统的性能。很多集成 A/D 转换器都内建采样保持器，简化了电路设计。当 A/D 转换器芯片没有内置采样保持电路，需要外接专用采样保持器电路或者同一时刻要采集多个模拟量信号时，也需要外接多个采样保持器电路。采样保持器的选择要综合考虑捕获时间、孔隙时间、保持时间、下降率等参数。采样保持电路一般利用电容的记忆效应实现，如图 7.4-1 所示，A1 用于提高输入阻抗，A2 则增强保持能力。常用的采样保持器有 AD582、AD583、LF398 等。加采样保持电路的原则：一般情况下直流和变化非常缓慢的信号可以不用采样保持电路，其他情况都要加采样保持电路。

量化过程中所取最小数量单位称为量化单位。它是数字信号最低位为 1 时所对应的模拟量，即 1LSB。任何一个数字量的大小只能是某个规定的最小数量单位的整数倍。在量化过程中，由于采样电压不一定能被量化单位整除，所以量化前后不可避免地存在误差，此误差我们称为量化误差。量化误差属原理误差，它是无法消

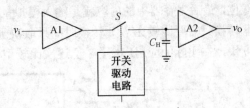

图 7.4-1　采样保持电路

除的。A/D 转换器的位数越多，各离散电平之间的差值越小，量化误差越小。近似量化方式有两种：只舍不入量化方式和四舍五入的量化方式。

随着超大规模集成电路技术的飞速发展，现在有很多类型的 A/D 转换器芯片，不同的芯片，其内部结构不一样，转换原理也不同。各种 A/D 转换芯片根据转换原理可分为计数型 A/D 转换器、逐次比较型 A/D 转换器、双积分型 A/D 转换器等。

7.4.1　计数型 A/D 转换器

计数型 A/D 转换器由 D/A 转换器、计数器和比较器组成，原理如图 7.4-2 所示。工作时，计数器由零开始计数，每计一次数后，计数值送往 D/A 转换器进行转换，并将生成的模拟信号与输入的模拟信号在比较器内进行比较，若前者小于后者，则计数值加 1，重复 D/A 转换

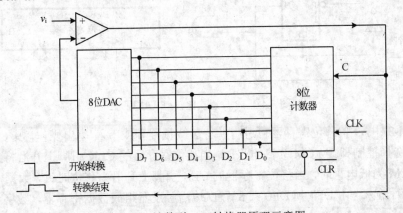

图 7.4-2　计数型 A/D 转换器原理示意图

及比较过程。依此类推，直到 D/A 转换后的模拟信号与输入的模拟信号相同时，则停止计数。这时，计数器中的当前值就为输入模拟量对应的数字量。这种 A/D 转换器结构简单、原理清楚，在集成智能传感器中经常用到。

7.4.2 逐次比较型 A/D 转换器

逐次比较型 A/D 转换器是应用最广泛的 A/D 转换器，由一个比较器、一个 D/A 转换器、一个逐次比较寄存器(Successive Approximation Register，SAR)及控制电路组成。与计数型 A/D 转换器相同，也要进行比较以得到转换的数字量。但逐次比较型 A/D 转换器是用一个寄存器从高位到低位依次开始逐位试探比较的。寄存器输出与 D/A 转换器的输入相连。转换过程如下：开始时寄存器各位清 0，转换时，先将最高位置 1，送 D/A 转换器转换，转换结果($V_{REF}/2$)与输入的模拟量比较，如果转换的模拟量比输入的模拟量小，则 1 保留；如果转换的模拟量比输入的模拟量大，则 A/D 结果的最高位确定为 0。然后从第二位依次重复上述过程直至最低位，最后寄存器中的内容就是输入模拟量对应的数字量。一个 M 位的逐次逼近型 A/D 转换器转换只需要比较 M 次，转换时间只取决于位数和时钟周期。逐次比较型 A/D 转换器转换速度快，在实际中应用广泛。8 位逐次比较型 A/D 内部结构原理如图 7.4-3 所示。

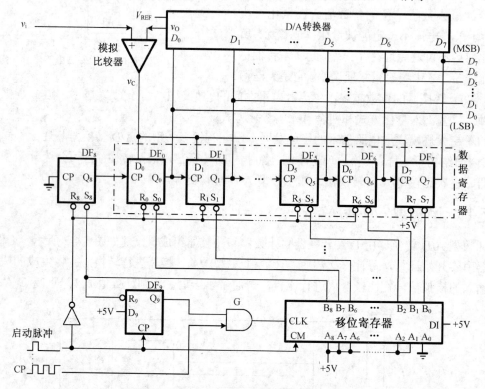

图 7.4-3 8 位逐次比较型 A/D 原理

在图 7.4-3 中，9 位移位寄存器可进行并行装载预置和或串入/串出操作，其 CM 引脚为时钟工作模式选择控制脚。当 CM 为高电平时，当移位寄存器的 CLK 引脚上升沿将致使 B[8:0]=A[8:0]；当 CM 为低电平时，当移位寄存器的 CLK 引脚上升沿为移位时钟，数据向高位移动。DI 为高位串行输入。由 DF7 到 DF0 共 8 个 D 边沿触发器组成数据寄存器，数字量从 $Q_7 \sim Q_0$ 输出。

在启动脉冲的高脉冲使 $DF_0 \sim DF_6$ 和 DF_8 异步清零；启动脉冲的上升沿使 Q_9 置 1，与门 G 开启，移位寄存器的移位时钟使能，逐次比较型 A/D 转换器进入到转换时间。

在第一个 CP 脉冲上升沿作用下，此时，启动脉冲处于高电平的最后时刻，CM 引脚为高，移位寄存器装载初值 111111110。B0 为 0，DF7 被异步置 1，即 Q7 输出为高。D/A 转换器将输入数字量 10000000 转换为 $V_{REF}/2$ 输出 v_o，并与输入 v_i 比较，若 $v_i > v_o$，则比较器输出 v_c 为 1，表示 $v_i > V_{REF}/2$；否则为 0，表示 $v_i < V_{REF}/2$。比较输出结果与 $DF7 \sim DF0$ 的 8 个输入端 $D7 \sim D0$ 相连。

第二个 CP 脉冲到来后，移位寄存器的 B1 为 0，B0 移入 1。B1 为 0，DF6 被异步置 1 使 Q6 输出 1，Q6 由 0 变为 1，这个正跳变作为有效触发信号加到 DF7 的时钟端，使第一次的比较结果保存到 Q7。此时，由于其他 D 触发器无时钟脉冲正跳沿，保持原来状态不变。Q6 变 1 后建立了新的 D/A 转换器的数据，输入电压再与此时刻的 D/A 转换器输出电压进行比较，比较结果在第三个时钟脉冲作用下保存于 Q6 中……如此进行，直到 B8 由 1 变为 0，使 Q8 由 1 变为 0，Q9 被异步清 0，与门 G 被封锁，转换完成。此时，$D7 \sim D0$ 为转换结果。

因此，逐次比较型 A/D 转换器完成一次转换所需时间与其位数和时钟脉冲频率有关，位数越少，时钟频率越高，转换所需时间越短。

7.4.3 双积分型 A/D 转换器

双积分型 A/D 转换器将输入电压先变换成与对输入积分的平均值成正比的时间间隔，然后再把此时间间隔转换成数字量，其工作波形和原理如图 7.4-4 所示。双积分型 A/D 转换器的转换过程分为采样和比较两个过程。采样即用积分器对输入模拟电压进行固定时间(T_1)的积分，输入模拟电压值越大，采样值越大，比较就是用基准电压对积分器进行反向积分，直至积分器的值为 0，由于基准电压值固定，所以采样值越大，反向积分时积分时间越长，反向积分时间(T_2)与输入电压值成正比，最后把反向积分时间转换成数字量，则该数字量就为输入模拟量对应的数字量。一般，双积分型 A/D 转换器采用计数器计时，也就是说当计数器的时钟频率固定，T_2 时间段计数器的计数值就为转换结果。由于在转换过程中进行了两次积分，因此称为双积分型。双积分型 A/D 转换器转换精度高，稳定性好，测量的是输入电压在一段时间的平均值，而不是输入电压的瞬间值，因此它的抗干扰能力强。但是其转换速度慢。双重积分型 A/D 转换器在工业上应用也比较广泛。

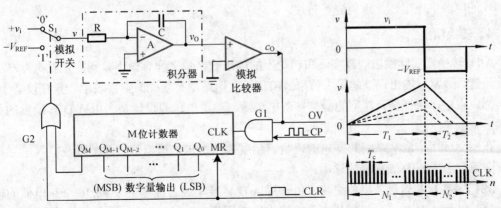

图 7.4-4 双积分型 A/D 转换器工作波形及原理

首先，给出 CLR 启动 A/D 转换信号。CLR 高电平将计数器异步清零，同时，CLR 为高时，模拟开关将参考电压(负值)接入积分器。监测 OV 引脚，当 OV 为低电平后，拉低 CLR，模拟开关将待转换的模拟量接入积分器。

稍许当模拟比较器的同相输入端大于零而使模拟比较器反转输出高电平，与门导通，计数器开始计数，转换开始进入第一阶段的对输入信号等时间积分阶段。

当计数值达到 2^M，QM 输出为 1 致使模拟开关将参考电压(负值)接入积分器，低 M 位自 0 开始重新计数，进入对参考电压反相去积分阶段。这时，开始监测 OV 引脚，当积分器输入刚小于 0 时，OV 为低，与门开关截止。此时读出计数器低 M 位的值就是 A/D 转换结果。

由于转换结果与时间常数 RC 无关，从而消除了积分非线性带来的误差。同时，由于双积分 A/D 转换器在 T_1 时间内采用的是输入电压的平均值，因此具有很强的抗干扰的能力。

7.4.4 A/D 转换器的主要性能指标

A/D 转换器的主要技术指标有分辨率、转换精度、转换速率等。选择 A/D 转换器时除考虑这几项技术指标外，还应注意满足其输入电压的范围、工作温度范围等方面的要求。

1. 分辨率

分辨率指 A/D 转换器能分辨的最小输入模拟量。通常转换输出的二进制数字量的位数越高，分辨率越高。例如，8 位 A/D 转换器的分辨率为 $1/2^8$，对应的电压分度为 $V_{REF}/2^8$。

2. 转换时间

转换时间指完成一次 A/D 转换所需要的时间，是从启动 A/D 转换器开始到转换结束并得到稳定的数字输出量为止的时间。一般来说，转换时间越短，转换速度越快。

不同类型的 A/D 转换器的转换速度相差甚远。比如，逐次比较型 A/D 转换器的速度每秒可以为几十 kB 到几百 kB，甚至为兆级速度，而双积分型 A/D 转换器则仅为每秒几次到几百次而已。

3. 量程

量程指所能转换的输入电压范围。一般输入电压要小于参考电压，并一定要小于 A/D 转换芯片的电源供电电压，以免烧坏芯片。

4. 转换精度

A/D 转换器实际输出的数字量和理论上的输出数字量之间有微小差别，也就是存在转换精度问题。通常以输出误差的最大值形式给出，常用最低有效位的倍数表示转换精度。不过，在实际应用中，保证转换精度的确是参考电压源，参考电压源设计是应用 A/D 转换器的关键技术。

在实际应用中应从系统数据总的位数、精度要求、输入模拟信号的范围及输入信号极性等方面综合考虑 A/D 转换器的选用。

【例 7.4-1】某信号采集系统要求用一片 A/D 转换集成芯片在 1s 内对 16 个热电偶的输出电压分时进行 A/D 转换。已知热电偶输出电压范围为 0~0.025V(对应于 0~450℃温度)，需要分辨的温度为 0.1℃，试问应选择多少位的 A/D 转换器，其转换时间为多少？

解：由题意可知分辨率为

$$\frac{0.1}{450} = \frac{1}{4500}$$

12 位 A/D 转换器的分辨率为

$$\frac{1}{2^{12}-1} = \frac{1}{4095}$$

故必须选用 13 位的 A/D 转换器。

系统的采样速率为 16 次/s，采样时间为 62.5ms。对于这样慢速的采样，除个别双积分 A/D 转换器其他转换器都可满足要求。

7.5　逐次比较型 A/D 转换器——ADC0809

7.5.1　ADC0809 芯片简介

ADC0809 是 CMOS 单片型逐次比较型 A/D 转换器，具有 8 路模拟量输入通道，有转换起停控制，模拟输入电压范畴为 0～+5V，转换时间为 100μs，它的内部结构如图 7.5-1 所示。

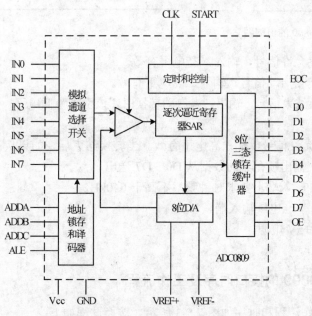

图 7.5-1　ADC0809 的内部结构图

ADC0809 由 8 路模拟通道选择开关、地址锁存与译码器、比较器、8 位开关树型 D/A 转换器、逐次逼近型寄存器、定时和控制电路、三态输出锁存器等组成。其中，8 路模拟通道选择开关实现从 8 路输入模拟量中选择一路送给后面的比较器进行比较；地址锁存与译码器用于当 ALE 信号有效时锁存从 ADDA、ADDB、ADDC 3 根地址线上送来的 3 位地址，译码后产生通道选择信号，从 8 路模拟通道中选择当前模拟通道；比较器、8 位开关树型 D/A 转换器、逐次逼近型寄存器、定时和控制电路组成 8 位 A/D 转换器，当 START 信号有效时，就开始对输入的当前通道的模拟量进行转换，转换完后，把转换得到的数字量送到 8 位三态输出锁存器，同时通过 EOC 引脚送出转换结束信号。三态输出锁存器保存当前模拟通道转换得到的数字量，当 OE 信号有效时，把转换的结果通过 D0～D7 送出。

ADC0809 芯片有 28 个引脚，采用双列直插式封装，如图 7.5-2 所示。其中，

IN0～IN7：8 路模拟量输入端。

D0～D7：8 位数字量输出端。

ADDA、ADDB、ADDC：3 位地址输入线，用于选择 8 路模拟通道中的一路，选择情况见表 7.5-1。

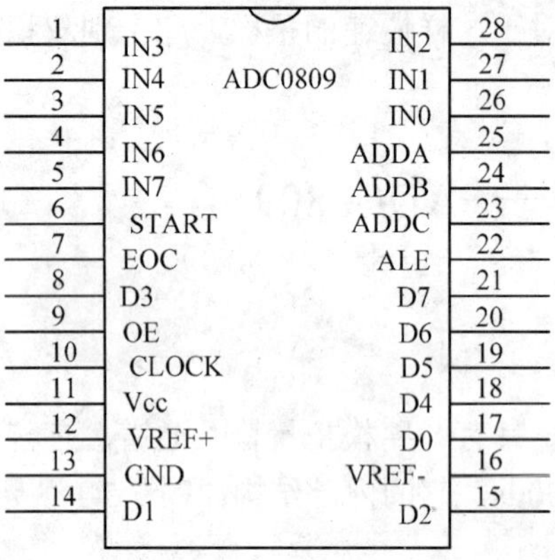

图 7.5-2　ADC0809 的引脚图

表 7.5-1　ADC0809 模拟通道地址选择表

ADDC	ADDB	ADDA	选择通道
0	0	0	IN0
0	0	1	IN1
0	1	0	IN2
0	1	1	IN3
1	0	0	IN4
1	0	1	IN5
1	1	0	IN6
1	1	1	IN7

ALE：地址锁存允许信号，输入，高电平有效。

START：A/D 转换启动信号，输入，高电平有效。

EOC：A/D 转换结束信号，输出。当启动转换时，该引脚为低电平，当 A/D 转换结束时，该引脚输出高电平。

OE：数据输出允许信号，输入高电平有效。当转换结束后，如果从该引脚输入高电平，则打开输出三态门，输出锁存器的数据从 D0～D7 送出。

CLK：时钟脉冲输入端。要求时钟频率不高于 640kHz。

REF+、REF−：基准电压输入端。

Vcc：电源，接+5V 电源。

GND：地。

7.5.2　ADC0809 的接口时序及工作流程

ADC0809 的工作流程和时序如图 7.5-3 所示。转换过程如下：

（1）输入 3 位地址，并使 ALE=1，将地址存入地址锁存器中，经地址译码器译码从 8 路模拟通道中选通一路模拟量送到比较器。

（2）送 START 一高脉冲，START 的上升沿使逐次比较寄存器复位，下降沿启动 A/D 转换，并使 EOC 信号为低电平。

（3）当转换结束时，转换的结果送入到三态输出锁存器中，并使 EOC 信号回到高电平，通知 CPU 已转换结束。

（4）当 CPU 执行一读数据指令时，使 OE 为高电平，则从输出端 D0～D1 读出数据。

关于 ADC0809 的接口应用方法将在 8.2 节详细讲述。

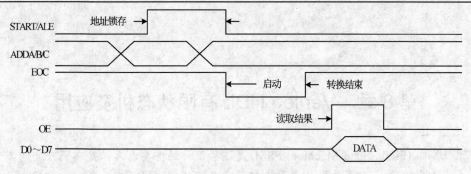

图 7.5-3　ADC0809 的工作流程图

习题与思考题

7.1　请说明 D/A 转换器应用要点及工程意义。

7.2　请说明电压的测量技术要点及工程意义。

7.3　D/A 转换器和 A/D 转换器的主要技术指标中，"量化误差"，"分辨率"和"精度"有何区别？

7.4　判断下列说法是否正确？

(1)　"转换速度"这一指标仅适用于 A/D 转换器，D/A 转换器不用考虑"转换速度"这一问题。

(2)　输出模拟量的最小变化量称为 A/D 转换器的分辨率。

(3)　对于周期性的干扰电压，可使用双积分的 A/D 转换器，并选择合适的积分元件，可以将该周期性的干扰电压带来的转换误差消除。

7.5　目前应用较广泛的 A/D 转换器主要有哪几种类型？它们各有什么特点？

第 8 章   Verilog HDL 有限状态机及应用

有限状态机(Finite State Machine, FSM)是逻辑设计的重要内容，是实现可靠的高速控制逻辑系统的重要方法。FSM 的设计水平直接反映工程师的逻辑功底，所以在许多公司的硬件和逻辑工程师面试中，FSM 设计几乎是必选题目。广义而论，凡是涉及触发器的电路，无论系统大小，都能用 FSM 的方法实现。因此，对于数字系统设计工程师，面对的只要是时序电路设计，FSM 的方法必须贯穿于整个设计始终。特别是对那些操作和控制流程非常明确的系统设计，在数字通信领域、自动化控制领域、CPU 设计以及家电设计领域都有重要的应用。本章在引入 FSM 设计思想的基础上，重点讨论如何写好 FSM。

8.1   FSM 设计相关语句

8.1.1   有限状态机

在前面时序逻辑电路部分学习过 FSM 的基本概念，了解了一些使用状态机描述时序电路的基本方法。其实，FSM 不仅仅是一种时序电路设计工具，它更是一种思想方法。

我们先看一个简单的例子。一些地铁和轮渡等场所配备了自动检票机，其基本结构框图如图 8.1-1 所示。假设用 FSM 的方法去指导设计其中控制器的程序，经过分析可知其工作状态有三个——锁定状态、开锁状态和非法通过状态，进而画出如图 8.1-2 所示的控制状态图。状态图中用圆形框给出各种状态，并在状态框中标示出需要执行的输出操作；各个状态之间的转移用曲线标示，曲线上给出转移动作的条件(这些条件最终会映射到相应的硬件操作，并细化成一个逻辑表达式，以便指导后续编程工作)。应用此状态图可以清晰地描述自动检票机的控制过程，并最终指导程序的编写。

通过这个简单的例子不难发现，FSM 特别适合描述那些发生有先后顺序或者有逻辑规律的事情，其实这就是 FSM 的本质。FSM 就是对具有逻辑顺序或时序规律的事件进行描述的一种方法。这个论断中最重要的两个词就是"逻辑顺序"和"时序规律"，这两点是 FSM 所要描述的核心和强项，换言之，所有具有逻辑顺序和时序规律的事情都适合用 FSM 描述。

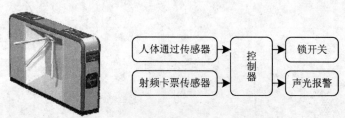

图 8.1-1   自动检票机及其系统基本结构框图

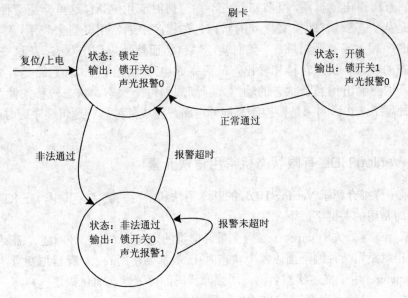

图 8.1-2　自动检票机的控制状态图

从图 8.1-2 中可以发现 FSM 的基本要素有三个，分别是状态、输出和转换条件。

（1）状态：程序中也叫状态变量。在逻辑设计中，使用状态划分逻辑顺序和时序规律。例如，设计的随机码发生器时，可以用移位寄存器序列作为状态；设计电机控制电路时，可以将电机的不同转速作为状态；设计通信系统时，可以将信令的状态作为状态变量等。

（2）输出：输出特指在某一个状态时特定发生的事件。例如，设计电机控制电路时，如果电机转速过高，则输出为转速过高报警，也可以伴随减速指令或降温措施等。

（3）转移条件：指 FSM 中状态之间转换的条件，有的 FSM 没有转移条件，其中的状态转移较为简单，有的 FSM 有转移条件，当某个转移条件存在时才能转移到相应的状态。

FSM 设计的一般步骤：

（1）逻辑抽象，得出状态转换图。即把给出的一个实际逻辑关系表示为时序逻辑函数，可以用状态转换表来描述，也可以用状态转换图来描述。这就需要：① 分析给定的逻辑问题，确定输入变量、输出变量以及电路的状态数。通常取原因（或条件）作为输入变量，取结果作为输出变量；② 定义输入、输出逻辑状态的含意，并将电路状态顺序编号；③ 按照要求列出电路的状态转换表或画出状态转换图。

这样，就把给定的逻辑问题抽象到一个时序逻辑函数了。

（2）状态化简。如果在状态转换图中出现这样两个状态，它们在相同的输入下转换到同一状态去，并得到一样的输出，则称它们为等价状态。显然等价状态是重复的，可以合并为一个。电路的状态数越少，存储电路也就越简单。状态化简的目的在于将等价状态尽可能地合并，以得到最简的状态转换图。

（3）状态分配。状态分配又称状态编码。通常有很多编码方法，编码方案选择得当，设计的电路可以简单，反之，选得不好，则设计的电路就会复杂许多。实际设计时，需综合考虑电路复杂度与电路性能之间的折中，在触发器资源丰富的 FPGA 或 ASIC 设计中采用独热编码（One-Hot-Coding），既可以使电路性能得到保证又可充分利用其触发器数量多的优势。

（4）选定触发器的类型并求出状态方程、驱动方程和输出方程。

（5）按照方程得出逻辑图。很多初学者不知道何时应用 FSM，这里介绍两种应用思路，第一种思路是从状态变量（即前文提到的状态，在程序中通常用变量来表示）入手。如果一个电路具有时序规律或者逻辑顺序，我们就可以自然而然地规划出状态，从这些状态入手，分析每个状态的输入、状态转移和输出，从而完成电路功能；第二种思路是首先明确电路的输出关系，这些输出相当于状态的输出，回溯规划每个状态、状态转移条件及状态输入等。无论哪种思路，其目的都是要控制某部分电路，完成某种具有逻辑顺序或时序规律的电路设计。

8.1.2　Verilog HDL 有限状态机常用语法元素

本书附录中详细介绍了 Verilog HDL 的基本语法和常用关键字，其中，在 RTL 级设计可综合的 FSM 时常用的关键字如下：

（1）wire、reg 等。关于 wire、reg 等变量、向量的定义第 6 章已经阐述。需要补充的是，状态编码时（也就是用某种编码描述各个状态时）一般都要使用 reg 寄存器型变量。

（2）parameter，用于描述状态名称，增强源代码的可读性，简化描述。

例如，某状态机使用初始值为"0"的独热码（One-Hot）编码方式定义的 4bit 宽度的状态变量 NS（代表 Next State，下一状态）和 CS（代表 Current State，当前状态），且状态机包含 5 个具体状态 IDLE（空闲状态）、S1（工作状态 1）、S2（工作状态 2）、S3（工作状态 3）和 ERROR（告警状态），则代码如下：

```
reg [3:0] NS , CS;
parameter [3:0]              //独热编码
IDLE = 4'b0000,
S1 = 4'b0001,
S2 = 4'b0010,
S3 = 4'b0100,
ERROR = 4'b1000;
```

在 FSM 设计中有三种 always 的使用方法，第一种用法是根据主时钟沿完成同步时序的状态迁移。

例如，某 FSM 从当前状态 CS 迁移到下一个状态 NS 可以表述如下：

```
always a (posedge clk,  negedge nrst) begin
        if (!nrst)
            CS <= IDLE;
        else
            CS <= NS;
    end
```

always 的第二种用法是根据信号敏感表完成组合逻辑的输出。

always 的第三种用法是根据时钟沿完成同步时序逻辑的输出。

case/endcase 是 FSM 描述中最重要的语法关键字，其语法结构如下：

```
Case (case_expression)
        case_item1 : case_item_statement1;
        case_item2 : case_item_statement2;
```

```
        case_item3 : case_item_statement3;
        case_item4 : case_item_statement4;
        default : case_item_statement5;
    endcase
```

其中，case_expression 是 case 结构的判断条件表达式，在 FSM 描述中一般为当前状态寄存器；每个 case_item 是 case 语句的分支列表，在 FSM 描述中一般为 FSM 中所有状态的罗列，从中还可以分析出状态的编码方式；case_item_statement 为进入每个 case_item 的对应操作，在 FSM 描述中即为每个状态对应的状态转移或者输出，如果 case_item_statement 包含的操作不只一条，可以用 begin/end 嵌套多条操作；default 是个可选的关键字，用以指明当所列的所有 case_item 与 case_expression 都不匹配时的操作，在 FSM 设计中，为了提高设计的安全性，避免所设计的 FSM 进入死循环，一般要求加上 default 关键字来描述 FSM 所需状态的补集状态下的操作。另外，Verilog HDL 还支持 casex 和 casez 等不同关键字，但是由于综合器对这两个关键字的支持情况略有差异，因此笔者建议初学者使用完整的 case 结构，而不使用 casex 或 casez。

例如，某 FSM 的状态转移用 case/endcase 结构描述如下：

```
    case(CS)
        IDLE: begin
            IDLE_out;
            if (~i1)            NS = IDLE;
            if (i1 && i2)       NS = S1;
            if (i1 && ~i2)      NS = ERROR;
        end
        S1: begin
            S1_out;
            if ( ~ i2)          NS = S1;
            if (i2 && i1)       NS = S2;
            if (i2 && (~i1))    NS = ERROR;
        end
        S2: begin
            S2_out;
            if (i2)             NS = S2;
            if (~i2 && i1)      NS = IDLE;
            if (~i2 && (~i1))       NS = ERROR;
        end
        ERROR: begin
            ERROR_out;
            if (i1)             NS_ERROR;
            if (~i1)            NS_IDLE;
        end
        default: begin
            default_out;
            NS = ERROR;
        end
    endcase
```

task/endtask 在描述 FSM 时的主要用途是将不同状态所对应的输出用 task/endtask 封装，增强了代码的可维护性和可读性。

例如，某 FSM IDLE 状态的输出可以用 task/endtask 封装为 "IDEL out" 任务：

```
task IDLE_out;
begin
        {w_ol, w_o2, w_err} = 3'b000;
end
```

当然，在描述 FSM 时也会使用到其他一些常用的 RTL 级语法，如 if/else 和 assign 等，它们的功能与一般的 RTL 描述方法一致，这里就不再赘述了。

8.1.3 Verilog HDL 状态机的程序结构

描述 FSM 时关键是要描述清楚前面提到的几个 FSM 要素，即如何进行状态转移，每个状态的输出是什么，状态转移是否与输入条件相关等。描述这些要素的方法多种多样，有的设计者习惯将整个状态机写到一个 always 模块里，在该模块中既描述状态转移，又描述状态的输入和输出，这种写法一般称为一段式 FSM 描述方法。还有一种写法是使用两个 always 模块，其中一个 always 模块采用同步时序的方式描述状态转移，而另一个 always 模块采用组合逻辑的方式判断状态转移条件，描述状态转移规律，这种写法称为两段式 FSM 描述方法。还有一种写法是在阅段式描述方法的基础上发展而来的，这种写法使用三个 always 模块：一个 always 模块采用同步时序的方式描述状态转移；一个 always 模块采用组合逻辑的方式判断状态转移条件，描述状态转移规律；第三个 always 模块使用同步时序电路描述每个状态的输出，这种写法本教材称为三段式 FSM 描述方法。

一般而言，推荐使用后两种 FSM 描述方法，即两段式 FSM 描述方法和三段式 FSM 描述方法。其原因是 FSM 和其他设计一样，最好使用同步时序方式设计，以提高设计的稳定性，消除毛刺。两段式 FSM 描述方法之所以比一段式 FSM 描述方法编码合理，就在于它将同步时序和组合逻辑分别放到不同的 always 程序块中实现。这样做的好处不仅仅是便于阅读、理解和维护，更重要的是利于综合器优化代码，利于用户添加合适的时序约束条件，利于布局布线器实现设计。而一段式 FSM 描述方法不利于时序约束、功能更改及调试等，容易写出 Latches，导致逻辑功能错误。

在两段式 FSM 描述方法中，为了便于描述当前状态的输出，很多设计者习惯将当前状态的输出用组合逻辑实现。但是这种组合逻辑仍然有产生毛刺的可能性，而且不利于约束，不利于综合器和布局布线器实现高性能的设计。因此，如果设计允许插入一个额外的时钟节拍（Latency），要尽量对状态机的输出用寄存器寄存一拍。但是很多情况不允许插入一个寄存节拍，则可以采用三段式描述方法。三段式 FSM 描述方法与两段式 FSM 描述方法相比，其优势在于能够根据状态转移规律，在上一状态根据输入条件判断出当前状态的输出，从而在不插入额外时钟节拍的前提下实现寄存器输出。

为了便于理解，下面通过一个实例说明这三种描述方法不同的写法。在这个范例中我们将用一段式、两段式、三段式分别描述图 8.1-3 中所示的状态机。共有 4 种状态，即 IDLE、S1、S2 和 ERROR，输入信号包括时钟"clk"，低电平异步复位信号"nrst"和信号"i1"、"i2"，输出信号为"o1"、"o2"和"err"，状态关系如图 8.1-3 所示。状态的输出如下：

IDLE 状态的输出为{o1，o2，err} = 3'b000;

S1 状态的输出为{o1，o2，err} = 3'bl00;

S2 状态的输出为{o1，o2，err} = 3'b010;

ERROR 状态的输出为{o1，o2，err} = 3'b 111。

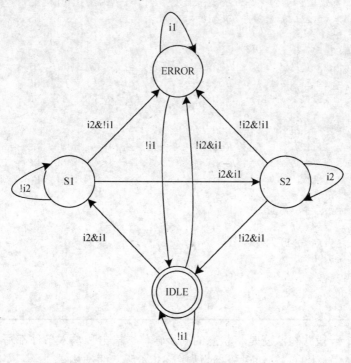

图 8.1-3　实例的状态转移图

1. 一段式 FSM 描述方法

该例的一段式描述代码如下，注意，这是应该避免的写法。

```verilog
//在一个 always 模块中描述输入条件、状态转换和输出
module state1 (nrst, clk , i1, i2, o1, o2,err);
   input    nrst , clk;
   input    i1 , i2;
   output   o1, o2, err;
   reg  o1, o2, err;
   reg[2:0]    NS;              //下一状态寄存器
   parameter[2:0]              //独热状态编码
       IDLE = 3'b000 , S1 = 3'b001 ,S2 = 3'b010 , ERROR = 3'b100;
   always a (posedge clk , negedge nrst)
       if (! nrst) begin
               NS <= IDLE;
               {o1 , o2 , err} <= 3'b000;
       end
       else begin
               NS <= 3'bx;
               {o1 , o2 , err} <= 3'b000;
```

```
      end
    case(NS)
      IDLE: begin
        if(~i1)       begin {o1, o2, err}<=3'b000; NS <= IDLE;  end
        if(i1&&i2)    begin {o1, o2, err}<=3'b100; NS <= S1;    end
        if(i1&&(~i2)) begin {o1, o2, err}<=3'b111; NS <= ERROR; end
      end
      S1: begin
        if (~i2)      begin {o1, o2, err}<=3'b100; NS <= S1;    end
        if(i2&& i1)   begin{o1, o2, err}<=3'b010; NS <= S2;    end
        if(i2&&(~i1)) begin{o1, o2, err}<=3'b111;  NS <= ERROR; end
      end
      S2: begin
        if(i2)        begin{ o1, o2, err}<=3'b010; NS <= S2;    end
        if(~i2&&i1)   begin{ o1, o2, err}<=3'b000; NS<= IDLE;   end
        if(~i2&&(~i1)) begin{ o1, o2, err}<=3'b111; NS<= ERROR;  end
      end
      ERROR: begin
        if(i1)     begin { o1, o2, err}<=3'b111;  NS<= ERROR;end
        if(~i1)    begin { o1, o2, err}<=3'b000;  NS <= IDLE; end
      end
    endcase
  end
endmodule
```

如前面所说，一段式写法就是将状态的同步转移、输出和输入条件都写在一个 always 模块中，一段式 FSM 描述的写法可以概括为如图 8.1-4 所示的结构。

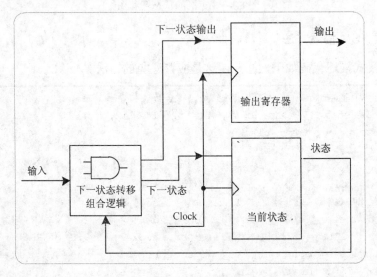

图 8.1-4　一段式 FSM 描述结构图

一段式 FSM 描述方法将状态转移判断的组合逻辑和状态寄存器转移的时序逻辑混写在同一个 always 模块中，不符合将时序和组合逻辑分开描述的代码风格 (Coding Style)，而且在描述当前状态时还要考虑下一个状态的输出，整个代码不清晰，不利于维护和修改，不利于附加约束，不利于综合器和布局布线器对设计的优化。

另外，这种描述相对于两段式描述来讲比较冗长。为了便于初学者掌握，本例选择了一个非常简单的状态机，不能很好地反映一段式 FSM 描述冗长的缺点，如果状态机相对复杂一些，一段式代码的长度会比两段式代码的长度长 80%～150%。所以不推荐使用一段式 FSM 描述结构。

2．两段式 FSM 描述方法

为了使 FSM 描述清晰简洁，易于维护，易于附加时序约束，便于综合器和布局布线器更好地优化设计，推荐使用两段式 FSM 描述方法。

本例的两段式 FSM 描述代码如下：

```verilog
//在一个时序 always 模块中描述状态转换
//在另一个组合 always 模块中描述状态转换条件
//在任务中封装输出，并将输出锁存
module state2 (nrst, clk , i1, i2 , o1, o2 , err );
input      nrst , clk;
input      i1 , i2;
output     o1, o2, err;
reg        o1, o2, err;
reg[2:0]      NS;                //下一状态寄存器
parameter[2:0]                   //独热状态编码
      IDLE = 3'b000 , S1 = 3'b001 , S2 = 3'b010 , ERROR = 3'b100;
   //状态转换
   always @ (posedge clk , negedge nrst)
         if (!nrst)  CS <= IDLE;
         else    CS <=NS;
   //转换条件判断
   always @ (CS , i1 , i2) begin
         NS = 3'bx;
         ERROR_out;
         case (CS)
            IDLE: begin
                IDLE_out;
                if (~i1)       NS = IDLE;
                if (i1&&i2)    NS = S1;
                if (i1&&(~i2)) NS = ERROR;
            end
            S1: begin
                S1_out;
                if (~i2)       NS = S1;
                if (i2&&i1)    NS = S2;
                if (i2&&(~i1)) NS = ERROR;
            end
            S2: begin
                S2_out;
                if (i2)      NS = S2;
                if (~i2&&i1)   NS = IDLE;
                if (~i2&&(~i1))   NS = ERROR;
```

```
                            end
                        ERROR: begin
                            ERROR_out;
                            if (i1)      NS = ERROR;
                            if (~i1)       NS = IDLE;
                        end
                    endcase
        end

        //输出任务
        task IDLE_out;
                {o1, o2, err} = 3'b000;
        endtask
        task S1_out;
                {o1, o2, err} = 3'b100;
        endtask
        task S2_out;
                {o1, o2, err} = 3'b010;
        endtask
        task ERROR_out;
                {o1, o2, err} = 3'b111;
        endtask
endmodule
```

　　两段式 FSM 描述的写法是推荐的 FSM 描述方法之一，在此仔细讨论一下代码的结构。两段式 FSM 描述的核心思想是一个 always 模块采用同步时序方式描述状态转移；另一个 always 模块采用组合逻辑方式判断状态转移条件，描述状态转移规律。两段式 FSM 描述写法可以概括为如图 8.1-5 所示的结构。

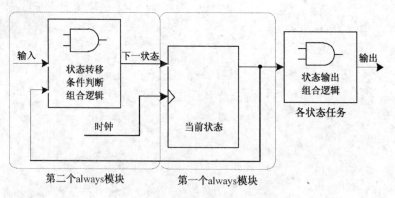

图 8.1-5　两段式 FSM 描述结构图

　　本例中，同步时序描述状态转移的 always 模块代码如下：

```
always @ (posedge clk, negedge nrst) begin
    if (!nrst)  CS <= IDLE;
    else        CS <= NS;
end
```

　　其实这是一种程式化的描述结构，无论具体到何种 FSM 设计，都可以定义两个状态寄存器"CS"和"NS"，它们分别代表当前状态和下一状态，然后根据所需的复位方式(同步复位或异步复位)，在时钟沿到达时将 NS 赋给 CS。需要注意的是，这个同步时序模块的赋值要采用非阻塞赋值"<="。

　　本例中，另一个采用组合逻辑判断状态转移条件的 always 模块代码如下：

```verilog
always @(nrst , CS , i1 , i2)begin
    NS = 3'bx;
    ERROR_out;
    case(CS)
        IDLE: begin
            IDLE_out;
            if (~i1)           NS = IDLE;
            if (i1&&i2)        NS = S1;
            if (i1 &&(~i2)     NS = ERROR;
        end
        S1: begin
            S1_out;
            if(~i2)            NS = S1;
            if(i2&&il)     NS = S2;
            if(i2&&(-il))      NS = ERROR;
        end
        S2: begin
            S2_out;
            if(i2)          NS = S2;
            if(~i2&&i1)        NS = IDLE;
            if(~i2&&(~i1))     NS = ERROR;
        end
        ERROR: begin
            ERROR_out;
            if(i1)             NS = ERROR;
            if(~i1)            NS  IDLE;
        end
    endcase
end
```

　　这个使用组合逻辑判断状态转移条件的 always 模块也可以采用格式化的结构书写。其中，always 的敏感列表为当前状态须有输入条件(如果是摩尔状态机，则敏感列表和后续逻辑判定没有输入)，请读者注意，电平敏感列表必须完整。本例中的这段电平敏感列表为：

```verilog
always @ (nrst , CS , i1 , i2)
```

　　一般来说，要先在这个组合 always 敏感表列下写出默认的下一状态"NS"的描述，然后根据实际的状态转移条件由内部的 case 或者 if.else 条件判断确定正确的转移，如本例中下面这段代码：

```
      …
begin
        NS = ERROR;
        ERROR_out;
        case (CS)
        …
```

推荐将敏感列表后描述的默认状态设计为不定状态 X，这样描述的好处有两个，第一个是在仿真时可以很好地考察所设计的 FSM 的完备性，如果所设计的 FSM 不完备，则会进入任意状态，仿真时很容易发现。第二个好处是综合器对不定态 X 的处理是"Don't Care"，即任何没有定义的状态寄存器向量都会被忽略。这里赋值不定态的效果和使用 casez 或 casex 替代 case 的效果非常相似。

每个 case 模块的内部结构也非常相似，都是先描述当前状态的组合逻辑输出，然后根据输入条件判定下一个状态。

该组合逻辑模块中所有的赋值推荐采用阻塞赋值"="。

注意：虽然下一状态寄存器 NS 为寄存器类型，但是在两段式 FSM 判断状态转移条件的 always 模块中，实际上对应的真实硬件电路是纯组合逻辑电路。

每个输出一般都用组合逻辑描述，比较简便的方法就是用 task/endtask 将输出封装起来，这样做的好处不仅仅是写法简单，而且利于复用共同的输出。例如，本例中 S1 状态的输出被封装为 S1_out，在组合逻辑 always 模块中直接调用即可。

```
task S1_out;
        {o1, o2 , err} = 3'b100;
endtask
```

组合逻辑容易产生毛刺，因此如果时序允许，请尽量对组合逻辑的输出插入一个寄存器节拍，这样可以更好地保证输出信号的稳定性。

3. 三段式 FSM 描述方法

两段式 FSM 描述方法虽然有很多好处，但是它有一个明显的弱点，就是其输出一般使用组合逻辑描述，而组合逻辑易产生毛刺等不稳定因素，并且在 FPGA/CPLD 等逻辑器件中过多的组合逻辑会影响实现的速率(这点与 ASIC 设计不同)，所以在本节中特别提到了在两段式 FSM 描述方法中，如果时序允许插入一个额外的时钟节拍，则尽量在后级电路对 FSM 的组合逻辑输出用寄存器寄存一个节拍，这样可以有效地消除毛刺。但是在很多情况下，设计并不允许插入额外的节拍(Latency)，此时就需要采用三段式 FSM 描述方法。三段式 FSM 描述方法与两段式 FSM 描述方法相比，关键在于使用同步时序逻辑寄存 FSM 的输出。推荐使用。

本例的三段式描述代码如下：

```
        //在第一个 always 模块中描述顺序状态转换
        //在第二个 always 模块中描述状态转换条件
        //在第三个 always 模块中描述 FSM 的输出
module state3 (nrst , clk , .i1, i2 , o1, o2 , err );
   input        nrst , clk;
```

```
input        i1 , i2;
output       o1, o2, err;
reg     o1, o2, err;
reg[2:0]    NS;
parameter[2:0]
              IDLE = 3'b000 , S1 = 3'b001 , S2 = 3'b010 , ERROR = 3'b100;
//第一个 always 模块，顺序状态转换
always @ (posedge clk , negedge nrst)
    if (!nrst)  CS <= IDLE;
    else        CS <= NS;
//第二个 always 模块，状态转换条件
always @ (nrst , CS , i1 , i2) begin
    NS = 3'bx:
    case (CS)
        IDLE: begin
            if (~i1)       NS = IDLE;
            if(i1&&i2)     NS = S1;
            if(i1&&(~i2))  NS = ERROR;
        end
        S1: begin
            if(~i2)        NS = S1;
            if(i2&&i1)     NS = S2;
            if(i2&&(~i1))  NS = ERROR;
        end
        S2: begin
            if(i2)             NS = S2;
            if(~i2&&i1)        NS = IDLE;
            if(~i2&&(~i1))     NS = ERROR;
        end
        ERROR: begin
            if(i1)             NS = ERROR;
            if(~i1)            NS = IDLE;
        end
    endcase
end
//第三个 always 模块，FSM 的输出
always @ (posedge clk , negedge nrst)
    if(! nrst) (o1, o2, err) <= 3'b000;
    else begin
    NS = IDLE;
    begin
        (o1, o2 , err) <= 3'b000;
        case(NS)
            IDLE:   {o1, o2, err) <= 3'b000;
            S1: {o1, o2, err} <= 3'b100;
            S2: {o1, o2, err} <= 3'b010;
            ERROR:  {o1, 02, err) <= 3'b111;
        endcase
```

```
        end
      end
    endmodule
```

三段式写法可以概括为如图 8.1-6 所示的结构。

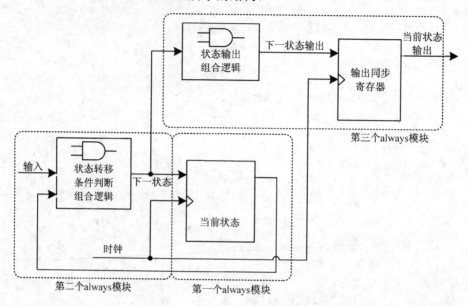

图 8.1-6　三段式 FSM 描述结构图

对比两段式 FSM 的描述，可以清晰地发现三段式 FSM 描述与两段式 FSM 描述的最大区别在于两段式 FSM 描述采用了组合逻辑输出，而三段式 FSM 描述则巧妙地根据对下一状态的判断，用同步时序逻辑寄存 FSM 的输出，如本例中的下面一段代码：

```
always @ (posedge clk , negedge nrst) begin
    if (!nrst) {o1, o2, err} <= 3'b000;
    else begin
        {o1, o2, err} <=  3'b000;
        case (NS)
            IDLE:   {o1, 02, err} <=3'b000;
            S1: {o1, o2, err} <=3'b100;
            S2:     {o1, o2, err} <=3'b010;
            ERROR: {o1, o2, err} <=3'b111;
        endcase
    end
end
```

有的读者可能会问，一段式 FSM 描述的写法也是用寄存器同步了 FSM 的输出，为什么说一段式 FSM 描述的输出代码容易混淆，不利于维护呢？请读者对比一下这段一段式输出的代码：

```
…
case (NS)
    IDLE: begin
```

```
            if(~i1)      begin{o1, o2, err} <= 3'b000; NS <= IDLE;  end
            if(i1&&i2) begin{o1, o2, err} <= 3'b100;  NS <= S1;     end
            if(i1&&~i2) begin{o1, o2, err} <= 3'b111; NS <= ERROR; end
        end
    ...
```

通过对比可以清晰地看到，使用一段式建模 FSM 的寄存器输出时，必须要综合考虑现态在何种状态转移条件下会进入哪些次态，然后在每个现态的 case 分支下分别描述每个次态的输出，这显然不符合思维习惯；而三段式建模描述 FSM 的状态机输出时，只需指定 case 敏感表为次态寄存器，然后直接在每个次态的 case 分支中描述该状态的输出即可，根本不用考虑状态转移条件。本例的 FSM 描述很简单，如果设计的 FSM 复杂一些，三段式 FSM 描述的优势就会凸显出来。

另一方面，三段式 FSM 描述方法与两段式描述相比，虽然代码结构复杂了一些，但是换来的却是使 FSM 做到了同步寄存器输出，消除了组合逻辑输出的不稳定性，而且更利于时序路径分组。一般来说，其在 FPGA/CPLD 等可编程逻辑器件上的综合与布局布线效果更佳。

请读者注意，在三段式 FSM 描述结构中，判断状态转移的 always 模块的 case 语句判断的条件是当前条件"CS"，而在同步时序 FSM 输出的 always 模块的 case 语句判断的条件是下一状态"NS"。

4. 三种描述方法与状态机建模问题的引申

可以说合理的状态机描述与状态机的建模技巧是本章的重中之重。这里需要引申讨论几个问题。

1) n 段式描述方法和 always 语法块的个数

通过学习可知标准的一段式、两段式、三段式 FSM 描述方法分别使用了 1、2、3 个 always 语法块。但是请读者注意，这个命题的反命题不成立，不能说一段 FSM 的描述中使用了 n 个 always 语法块，就是 n 段式描述方法。这是因为我们特指的一段式、两段式、三段式 FSM 描述方法中每个 always 语法块都有固定的描述内容和格式化的结构，其实也就是通过这些特定的描述内容和格式化的结构，确立了三种 FSM 的建模方式。例如，两段式写法中，第一个 always 模块格式化地使用同步时序电路描述次态寄存器到现态寄存器的转移，而第二个 always 模块格式化地使用纯组合逻辑描述状态转移条件。也就是说，本书所指的两段式建模方法所对应的硬件电路结构就是图 8.1-5 所示的电路结构。其实从语法角度上说，总可以将一个 always 模块拆分成多个 always 模块，或者反之将多个 always 模块合并为一个 always 模块。所以请读者注意，n 段式 FSM 描述方法强调的是一种建模思路，绝不是简单的 always 语法块个数。

2) FSM 的建模方式

这里反复强调的 n 段式描述方法其实就是 FSM 的三种建模方式。回顾一下图 8.1-3 中描述的 FSM，在学习本节之前，读者可能会有各种不同的描述思路，通过本节的学习，希望读者能够自然而然地想到用图 8.1-5(对应两段式思路)和图 8.1-6(对应三段式思路)所示的结构建模。对于绝大多数 FSM 来说，都可以采用图 8.1-4、图 8.1-5 或图 8.1-6 所示的结构建模。一般来说，笔者推荐使用后两种结构建模。这是因为采用两段式思路建模结构清晰，描述简洁，便于约束，而且如果输出逻辑允许插入一个时钟节拍，就可以通过插入输出寄存器来改善输出逻辑的时序，并在一定程度上避免组合逻辑产生毛刺；而采用三段式思路建模结构清晰，格式化的结构解决了在不改变时序要求的前提下用寄存器做状态输出的问题。

3）一段式建模和三段式建模的关系

请读者比较一下图 8.1-4 和图 8.1-6，如果将图 8.1-6 中所示的两部分组合逻辑合并起来，则三段式建模电路与一段式建模电路的结构就完全一致了。一段式建模与三段式建模的区别前面已经介绍过了，这里不再赘述。

4）两段式建模和三段式建模的关系

从代码上看，三段式建模的前两段与两段式建模完全相同，仅仅多了一段寄存器 FSM 输出。一般来说，使用寄存器输出不仅可以改善输出的时序条件，而且还能避免出现组合电路的毛刺，但是电路设计不是一成不变的，在某些情况下，两段式结构比三段式结构更有优势。分析一下图 8.1-5 和图 8.1-6 中所示的结构，细心的读者就会发现，两段式 FSM 描述用状态寄存器分割了两部分组合逻辑(状态转移条件组合逻辑和输出组合逻辑)，而三段式 FSM 描述结构中，从输入到寄存器状态输出的路径上要经过两部分组合逻辑(状态转移条件组合逻辑和输出组合逻辑)，从时序上看，这两部分组合逻辑完全可以看为一体。这样这条路径的组合逻辑就会比较繁杂，该路径的时序相对紧张。也就是说，两段式建模中用状态寄存器分割了组合逻辑，而三段式建模将寄存器移到组合逻辑的最后端。如果寄存器前的组合逻辑过于复杂，势必会成为整个设计的关键路径，此时就不须再使用三段式建模，而要使用两段式建模了。解决两段式建模组合逻辑输出产生毛刺的方法是，额外在 FSM 后级电路中插入寄存器，调整时序，完成功能。

5）三种描述 FSM 方法的比较

一般来说，这三种 FSM 描述方法可以从表 8.1-1 中所示的几个方面进行比较。但是请读者注意，任何一种描述的优劣只是一般规律，而不是绝对性规律。例如，一般来说不推荐使用一段式描述，但是如果 FSM 的结构十分简单，状态很少，状态转移条件和状态输出都十分简洁，那么使用一段式建模的效率则会很高，这些经验需要读者逐步积累。

表 8.1-1　三种描述 FSM 方法的比较

比较项目	一段式描述	两段式描述	三段式描述
推荐等级	不推荐	推荐	最优推荐
代码简洁程度	冗长	最简洁	简洁
是否利于时序约束	不利	有利	有利
是否有组合逻辑输出	可以无组合逻辑输出	多数情况有组合逻辑输出	无组合逻辑输出
是否有利于综合与布局布线	不利	有利	有利
代码的可靠性与可维护度	低	高	最好
代码的规范性	低	规范	规范

8.2　Moore 型有限状态机

从 FSM 的信号输出方式上可将状态机分为两大类，即摩尔(Moore)型状态机和米勒(Mealy)型状态机。对应于 4.5 节介绍的 Moore 型和 Mealy 型两种时序逻辑电路。

（1）Moore 型状态机：Moore 型状态机的输出仅仅依赖于当前状态，而与输入条件无关。

（2）Mealy 型状态机：Mealy 型状态机的输出不仅依赖于当前状态，而且取决于该状态的输入条件。

以下介绍 Moore 型状态机的一个应用实例，即用状态机设计一个 A/D 转换器采样控制器。

对 A/D 转换器进行采样控制，传统方法多数是用单片机完成。其具有编程简单，控制灵活的特点，但缺点明显，即速度太慢。特别是对于采样速度要求高的 A/D 转换器，或是需要快速控制的 A/D 转换器，如串行 A/D 转换器等。CPU 不相称的慢速极大地限制了 A/D 转换器性能的正常发挥。

这里以一种速度并不算快的 AD674 来具体说明。AD674 的采样周期约 15μs，即从启动采样到完成将模拟信号转换成 12 位数字信号的时间。实际应用中通常对某一个模拟信号至少必须进行一个周期的连续采样，在此假设为 50 个采样点，AD674 需用时 15μs × 50 = 0.75ms。以 51 单片机为例，在控制 A/D 转换器进行一个采样周期中必须完成的操作是：①初始化AD674；②启动采样；③等待约 15μs；④发出读数命令；⑤分两次将 12 位转换好的数从 AD674读进单片机中；⑥再分两次将此数存入外部 RAM 中；⑦外部 RAM 地址加 1，此后再进行第二次采样周期的控制。在整个控制周期，最少需要 30 条指令，每条指令平均为两个机器周期，如果单片机时钟的频率为 12MHz，则一个机器周期为 1μs，每条指令平均耗时约 2μs，30 条指令的执行周期为 60μs，加上 AD674 等待采样的周期是 15us，共约 75μs。50 个采样周期需时约 4ms。显然，用单片机控制 AD674 远远不能发挥其高速采样的特性，至于更高速的 A/D转换器器件，如 TLC5540（采样速率为 40MHz，采样周期 0.025gs，远远小于一条单片机指令的指令周期）将更加无能为力了。

但如果使用状态机来控制 A/D 转换器采样，包括将采得的数据存入 RAM（FPGA 内部RAM 存储速率小于 10ns），整个采样周期需要 4~5 个状态即可完成。若 FPGA 的时钟频率为100MHz（实际频率可以比此高得多），则从一个状态向另一状态转移的时间为一个时钟周期，即 10ns，那么一个采样周期约 50ns，不到单片机采样周期的千分之一。

为了便于说明和实验验证，以下以更为常用的 ADC0809 为例，说明控制器的设计方法。用状态机对 ADC0809 进行采样控制首先必须了解其工作时序，然后据此做出状态图，最后写出相应的 Verilog 代码。图 8.2-1 和图 8.2-2 分别是 ADC0809 工作时序和芯片引脚图、采样控制状态图。在时序图中，START 为转换启动控制信号，高电平有效；ALE 为模拟信号输入选通端口地址锁存信号，上升沿有效；一旦 START 有效后，状态信号 EOC 即变为低电平，表示进入转换状态，转换时间约 100μs。转换结束后，EOC 变为高电平，控制器可以据此了

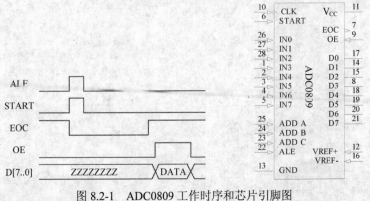

图 8.2-1　ADC0809 工作时序和芯片引脚图

解转换情况。此后，外部控制可以使 OE 由低电平变为高电平(输出有效)，此时，ADC0809 的输出数据总线 D[7..0]从原来的高阻态变为输出数据有效。

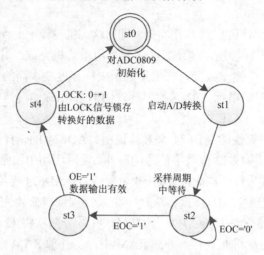

图 8.2-2　控制 ADC0809 采样状态图

由图 8.2-2 也可以看到，在状态 st2 中需要对 ADC0809 工作状态信号 EOC 进行监测，如果为低电平，表示转换尚未结束，仍需要停留在 st2 状态中等待，直到变成高电平后才说明转换结束，于是在下一时钟脉冲到来时转向状态 st3。在状态 st3，由状态机向 ADC0809 发出转换好的 8 位数据输出允许命令，这一状态周期同时可作为数据输出稳定周期，以便能在下一状态中向锁存器中锁入可靠的数据。在状态 st4，由状态机向锁存器发出锁存信号(LOCK 的上升沿)，将 ADC0809 输出的数据进行锁存。

ADC0809 采样控制器的描述如例 8.2-1 所示，其描述的状态机属于一个多过程结构的 Moore 型状态机，在一个完整的采样周期中，状态机中最先被启动的是以 CLK 为敏感信号的时序过程，接着组合过程被启动，因为它们以信号 CS 为敏感信号。最后被启动的是锁存器过程，它是在状态机进入状态 st4 后才被启动的，即此时 LOCK 产生了一个上升沿信号，从而启动过程 LATCH，将 ADC0809 在本采样周期输出的 8 位数据锁存到寄存器中，以便外部电路能从 Q 端读到稳定正确的数据。当然，也可以另外再做一个控制电路，将转换好的数据直接存入 RAM 或 FIFO，而不是简单的锁存器中。

【例 8.2-1】　ADC0809 采样控制器的描述。

```
module adc0809(D,CLK,EOC,RST,ALE,START,OE,ADDA,Q,LOCK_T);
    input[7:0]    D;              //来自 ADC0809 转换好的 8 位数据
    input    CLK,RST;            //状态机工作时钟和系统复位控制
    input    EOC;                //转换状态指示，低电平表示正在转换
    output    ALE;               //8 个模拟信号通道地址锁存信号
    output    START,OE;          //转换启动信号和数据输出三态控制信号
    output    ADDA,LOCK_T;       //信号通道控制信号和锁存测试信号
    output[7:0]    Q;
    reg    ALE,START,OE;
    parameter    s0=0,s1=1,s2=2,s3=3,s4=4;    //定义各状态子类型
    reg[4:0]    cs, next_state; //为了便于仿真，现态命名为 cs
    reg[7:0]    REGL;
```

```
        reg        LOCK;              //转换后数据输出锁存时钟信号
        always @(cs , EOC) begin      //组合过程，规定各状态转换方式
            case(cs)
                s0:begin ALE=0;START=0;OE=0;LOCK=0;
                    next_state<=s1;end //ADC0809初始化
                s1:begin ALE=1;START=1;OE=0;LOCK=0;
                    next_state<=s2;end //启动采样信号START
                s2:begin ALE=0;START=0;OE=0;LOCK=0;
                    if(EOC=1'b1)next_state<=s3;//EOC=0表明转换结束
                    else next_state<=s2;end    //转换未结束，继续等待
                s3:begin ALE=0;START=0;OE=1;LOCK=0; //开启OE,打开数据接口
                    next_state<=s4;end         //下一状态无条件转向s4
                s4:begin ALE=0;START=0;OE=1;LOCK=1; //开启数据锁存信号
                    next_state<=s0;end
                default:begin ALE=0;START=0;OE=0;LOCK=0;
                    next_state<=s0;end
            endcase
        end
        always @(posedge CLK , posedge RST) begin  //时序过程
            if(RST) cs<=s0;
            else cs<=next_state;          //由现态变量cs将当前状态值带出过程
        end
        always @(posedge LOCK)begin      //寄存器过程
            if(LOCK) REGL<=D;            //在LOCK的上升沿将转换好的数据锁入
        end
        assign ADDA=0; assign Q=REGL;   //选择模拟信号进入通道IN0
        assign LOCK_T=LOCK;             //将测试信号输出
    endmodule
```

8.3　Mealy 型有限状态机建模

与 Moore 型有限状态机相比，Mealy 型状态机的输出变化要领先一个周期，即一旦输入信号或状态发生变化，输出信号即发生变化。Moore 型状态机和 Mealy 型状态机在设计上基本相同，稍有不同之处是，Mealy 型状态机的组合过程结构中的输出信号是当前状态和当前输入的函数。

我们来考察例 8.3-1 描述的两段式 Mealy 型状态机。这是一个比较通用的 Mealy 状态机模型，由程序可知，其各状态的转换方式由输入信号 DIN1 控制；对外的控制信号码输出则由DIN2 控制。

【例 8.3-1】　两段式 Mcaly 型状态机示例。

```
module mealy_FSM(CLK,DIN1,DIN2,RST,Q);
    input        CLK,DIN1,DIN2,RST;
    output[4:0]  Q;
    parameter    st0=0,st1=1,st2=2,st3=3,st4=4;
    reg[4:0]     PST;
    reg[4:0]     Q;
```

```
always @(posedge CLK , posedge RST) begin
    if(RST) PST<=st0;
    else begin
        case(PST)
            st0:begin
                begin if(DIN2=1'b1) Q=5'H10; else Q=5'H0A; end
                begin if(DIN1=1'b1) PST<=st1; else PST<=st0; end
                end
            st1:begin
                begin if(DIN2=1'b0) Q=5'H17; else Q=5'H14; end
                begin if(DIN1=1'b1) PST<=st2; else PST<=st1; end
                end
            st2:begin
                begin if(DIN2=1'b1) Q=5'H15; else Q=5'H13; end
                begin if(DIN1=1'b1) PST<=st3; else PST<=st2; end
                end
            st3:begin
                begin if(DIN2=1'b0) Q=5'H1B; else Q=5'H09; end
                begin if(DIN1=1'b1) PST<=st4; else PST<=st3; end
                end
            st4:begin
                begin if(DIN2=1'b1) Q=5'H1D; else Q=5'H0D; end
                begin if(DIN1=1'b0) PST<=st0; else PST<=st4; end
                end
            default:begin PST<=st0; Q=5'b00000; end
        endcase
    end
end
endmodule
```

图 8.3-1 是例 8.3-1 的仿真时序波形图，图中的 RST 是现态转换情况。根据程序设定，当复位后，且 DIN1 为 0 时，都处于状态 st0，输出码 0AH；而当 DIN1 都为 1 时，每一个时钟上升沿后都转入下一状态，直到状态 s4，同时输出设定的控制码。一直到 DIN1 为 0，才回到初始态 s0。

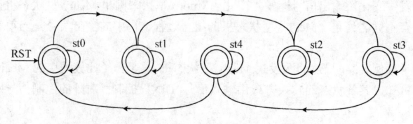

图 8.3-1　例 8.3-1 的仿真时序波形图

8.4　状 态 编 码

常用的 FSM 编码方式有三种：顺序码、独热码和格雷码。下面简单对这三种编码方式进行分析。

顺序码：顺序码是初学设计的人最常用的编码。这种编码方式的特点是简单，符合人们通常的计数规则。比如，IDLE=0，WAIT=1，HOLD=2，……

独热码：独热码的特点是每个状态中只有一位有效。比如，IDLE=4'b0001，WAIT=4'b0010，HOLD=4'b0100，……采用这样的编码方式，需要更多的寄存器来存储状态，在一定程度上会增加设计的面积。但是它需要的译码电路最简单，译码速度快，而且能避免译码时引起毛刺，因此在一些大型电路中使用的较多。用独热码的挑战是"dead states"，一定要确保状态机中没有任何异步输入，没有"fast paths"（直通道，即一个触发器的输入是另一个触发器的输出，除了连线中间没有任何延时器件）。

格雷码：它的特点是相邻的两个数只有一位变化。比如，IDLE=4'b0001，WAIT=4'b0011，HOLD=4'b0010，……采用格雷码的时候，如果数据是顺序变化的，那么同一时刻总线上只有一位在翻转，数据变化速度快，也能最大限度地避免总线内的"glitch"，因此它最常用的地方是异步的 FIFO 和一些 Cross Domain 的地方。对于小的状态机来说，可以通过人工干预的方法保证状态转换的时候只有一位变化，但是对大的状态机来说，这很难实现。

后记：虽然现在不管在程序中如何编码，都可以在逻辑综合的时候让工具自动转换到其他类型的编码形式，但是综合工具选择的编码在某些情况下并不是最优的。在可能的情况下，最好还是根据设计的需求选用不同的编码类型。二进制码和格雷编码使用较少的触发器和较多的组合逻辑。而独热编码反之。由于 CPLD 更多的提供组合逻辑资源，而 FPGA 更多的提供触发器资源，所以 CPLD 多使用格雷码，而 FPGA 多使用独热编码。另一方面，对于小型设计使用格雷码和二进制编码更有效，而大型状态机使用独热编码更高效。

8.5 状态机安全设计

在 FSM 的技术指标中，除满足需求的功能特性和速度等基本指标外，安全性和稳定性也是 FSM 性能的重要考核内容。实用状态机和实验室状态机的本质区别也在于此。忽视了可靠容错性能的 FSM 在实用中将存在巨大隐患。

在状态机设计中，无论使用枚举数据类型还是直接指定状态编码的程序中，特别是使用了一位热码编码方式后，总是不可避免地出现大量剩余状态，即未被定义的编码组合。这些状态在状态机的正常运行中是不需要出现的，通常称为非法状态。在状态机的设计中，如果没有对这些非法状态进行合理的处理，在外界不确定的干扰下，或是随机上电的初始启动后，状态机都有可能进入不可预测的非法状态，其后果是对外界出现短暂失控，或是完全无法摆脱非法状态而失去正常的功能，除非使用复位控制信号 Reset。但在无人控制情况下，就无法获取复位信号了。因此，对于重要且稳定性要求高的控制电路，状态机的剩余状态的处理，即状态机系统容错技术的应用是设计者必须慎重考虑的问题。

另外，剩余状态的处理会不同程度地耗用逻辑资源，这就要求设计者在选用何种状态机结构、何种状态编码方式、何种容错技术及系统的工作速度与资源利用率等诸方面作权衡比较，以适应自己的设计要求。以例 8.2-1 为例，该程序共定义了 5 个合法状态（有效状态）：s0、s1、s2、s3 和 s4。如果使用顺序编码方式指定状态，则最少需 3 个触发器，这样最多有 8 种可能的状态。其编码表如表 8.5-1 所示，最后 3 个状态 s5、s6、s7 都是非法状态，对应的编码都是非法状态码。如果要使此 5 状态的状态机有可靠的工作性能，必须设法使系统在任何不利情况下都在落入这些非法状态后还能返回正常的状态转移路径中。为了使状态机能可靠运行，有多种方法可资利用。

表 8.5-1　例 8.2-1 的编码表

状态	s0	s1	s2	s3	s4	s5	s6	s7
顺序编码	000	001	010	011	100	101	110	111

在状态元素定义中针对所有的状态，包括多余状态都做出定义，并在以后的语句中加以处理。即在语句中对每一个非法状态都作出明确的状态转换指示，如在原来的 case 语句中增加诸如以下语句：

```
    Parameter  s0=0, s1=1, s2=2, s3=3, s4=4, s5=5, s6=6, s7=7;
    …
    S5 : next_state = s0;
    S6 : next_state = s0;
    S7 : next_state = s0;
    default : begin next_state=s0;
```

以上剩余状态的转向设置中，也不一定都将其指向初始态 s0，只要导向专门用于处理出错恢复的状态就可以了。这种方法的优点是直观可靠，但缺点是可处理的非法状态少，如果非法状态太多，则耗用逻辑资源太大。所以，此方法只适合于顺序编码类状态机。当然，设计之前必须确定综合器采用的是什么编码方式。

这时读者或许会想，按照 default 语句字面的含义，它本身就能排除所有其他未定义的状态编码的，最上的三条语句程序好像是多余的。需要提醒的是，对于不同的综合器，default 语句的功能也并非一致，多数综合器并不会如 default 语句指示的那样，将所有剩余状态都转向初始态或指定态，特别对于一位热码编码(但又必须加上此句)。所以建议尽量不要依赖于这种方法来避免非法状态，即绝不要指望 default 语句生成可靠状态机。

对于采用一位热码编码方式来设计状态机，其剩余状态数将随有效状态数的增加呈指数方式剧增。例如，对于 6 状态的状态机来说，将有 58 种剩余状态，总状态数达 64 个，即对于有 n 个合法状态的状态机，其合法与非法状态之和的最大可能状态数有 $m = 2^n$。如前所述，选用一位热码编码方式的重要目的之一，就是要减少状态转换间译码数据的变化，提高变化速度。但如果使用以上介绍的剩余状态处理方法，势必导致耗用太多的逻辑资源。所以，可以选择以下的方法来应对一位热码编码方式产生的过多的剩余状态的问题。

鉴于一位热码编码方式的特点，正常的状态只可能有一个触发器的状态为 1，其余所有的触发器的状态皆为 0。即任何多于一个触发器为 1 的状态都属于非法状态。据此，可以在状态机设计程序中加入对状态编码中 1 的个数是否大于 1 的监测判断逻辑，当发现有多个状态触发器为 1 时，产生一个警告信号 alarm，系统可根据此信号是否有效来决定是否调整状态转向或复位。对此情况的监测逻辑可以有多种形式。

如将任一状态的编码相加，大于 1，则必为非法状态，于是发出警告信号。即当 alarm 为高电平时，表明状态机进入了非法状态，可以由此信号启动状态机复位操作。对于更多状态的状态机的报警程序也类似于此。设计一个逻辑监测模块，只要发现出现表 8-1 所示的 5 个状态码以外的码，必为非法，即可复位。这样的逻辑模块所耗用的逻辑资源不会大。这是一种排除法。

其实无论怎样的编码方式，状态机的非法状态总是有限的，所以利用状态码监测法从非法状态中返回正常工作情况总是可以实现的。相比之下，CPU 系统就不会这么幸运。因为 CPU 跑飞后死机进入的状态是无限的，所以在无人复位情况下，用任何方式都不可能绝对保证 CPU 的恢复。

8.6　状态机图形化设计方法

可以利用 Quartus II 的状态机图形编辑器很容易地仅通过参数设置和图形编辑即可完成状态机设计。方法如下：

（1）点击 Quartus II 的菜单项"File>New"，在弹出的文件类型对话框选择状态机文件"State Machine File"，然后打开状态机图形编辑窗。

（2）打开状态机图形编辑窗后，再点击 Quartus II 的菜单项"Tools>State Machine Wizard"。

（3）在状态机编辑器"State Machine Wizard"最初的对话框中选择生成一个新状态机"Create a New State Machine Design"，如图 8.6-1 所示；然后在后面出来的框中分别选择复位信号控制方式和有效方式，如异步和高电平有效：Asynchronous 和 Active-High，如图 8.6-2 所示。

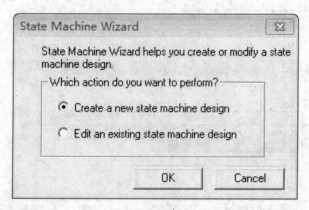

图 8.6-1　状态机设计向导

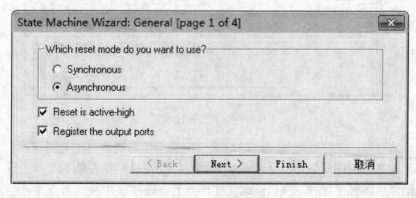

图 8.6-2　一般项设置

（4）在状态机编辑器对话框（图 8.6-3 和图 8.6-4）中设置状态元素，输入输出信号、状态转换条件等。

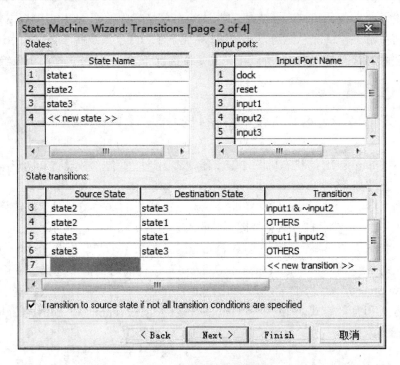

图 8.6-3　状态转换设置

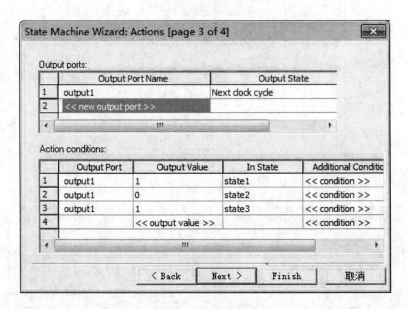

图 8.6-4　状态输出设置

　　（5）完成后存盘，文件后缀是 .smf。这是一个图形状态机表述，如图 8.6-5 所示。这可以从图 8.6-5 的状态机图形编辑器上看到转换图形，还可以利用左侧的工具进行一些修改补充。将这个图形状态机存盘后，可以以此文件作为工程进行设计。

　　（6）也可以将这个图形状态机文件转变成 HDL 文件。点击菜单项 "Tools>Generate HDL File"。在打开的窗口中（图 8.6-6）选择需要转变的 HDL 项，包括 VHDL、Verilog HDL 或 System Verilog。

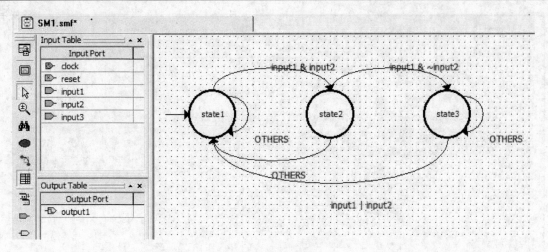

8.6-5　生成的状态转换图

图 8.6-6　生成 Verilog HDL 文件

例 8.6-1 所示的完整程序示例是以上设计的 Verilog HDL 程序。

【例 8.6-1】　完整程序示例。

```verilog
module SM1 (clock,reset,input1,input2,output1);
    input       clock;
    input       reset;
    input       input1;
    input       input2;
    tri0        reset;
    tri0        input1;
    tri0        input2;
    output      output1;
    reg         output1;
    reg         reg_output1;
    reg [2:0]   fstate;
    reg [2:0]   reg_fstate;
    parameter   state1=0,state2=1,state3=2;
    always @(posedge clock , posedge reset) begin
        if (reset) begin
            fstate <= state1;
            output1 <= 1'b0;
        end
```

```
            else begin
                fstate <= reg_fstate;
                output1 <= reg_output1;
            end
        end
        always @(fstate , input1 , input2) begin
            reg_output1 <= 1'b0;
            case (fstate)
                state1: begin
                    if ((input1 & input2))
                        reg_fstate <= state2;
                    else
                        reg_fstate <= state1;
                    reg_output1 <= 1'b1;
                end
                state2: begin
                    if ((input1 & ~(input2)))
                        reg_fstate <= state3;
                    else
                        reg_fstate <= state1;
                    reg_output1 <= 1'b0;
                end
                state3: begin
                    if ((input1 | input2))
                        reg_fstate <= state1;
                    else
                        reg_fstate <= state3;

                    reg_output1 <= 1'b1;
                end
                default: begin
                    reg_output1 <= 1'bx;
                    $display ("Reach undefined state");
                end
            endcase
        end
endmodule // SM1
```

习题与思考题

8.1 说明一段式、二段式和三段式 FSM 各自的优缺点。

8.2 用 Mealy 型状态机，写出控制 ADC0809 采样的状态机。

8.3 根据如下的状态图，分别按照图(b)和图(c)写出对应结构的 Verilog HDL 状态机。

8.4 根据 8.6 节，用表格法和绘图法设计状态机，实现例 8.2-1 的功能，并用时序仿真波形图验证。最后将其转变成 Verilog HDL 程序，将此程序与例 8.2-1 对比。

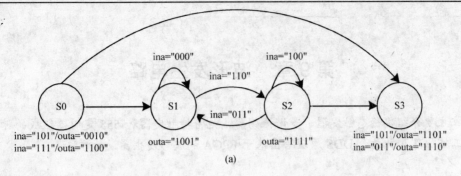

(a)

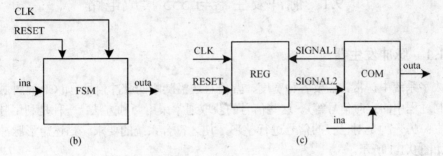

(b)　　　　　　　　　　　　(c)

习题 8.3 状态图

第 9 章　波形发生电路

本章主要介绍单稳态触发器、多谐振荡器、施密特触发器和 555 定时器组成的脉冲变换电路的工作原理，并结合 DDS 原理给出基于 FPGA 的波形发生器设计方法。

9.1　脉冲发生器与 555 集成电路

9.1.1　脉冲发生器

在数字系统中，常常需要各种宽度、幅值且边沿陡峭的脉冲信号(如 CP 时钟脉冲信号、生产控制过程中的定时信号等)。这些信号的获取通常采用两种方法：一种是利用脉冲振荡器直接产生；另一种是对已有的信号进行整形，使之符合系统的要求。描述矩形脉冲的几个主要参数如图 9.1-1 所示。

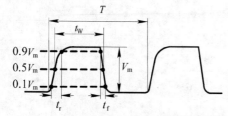

图 9.1-1　描述矩形脉冲特性的主要参数

(1) 脉冲周期 T——周期性重复的脉冲序列中，两个相邻脉冲之间的时间间隔。有时也使用频率 $f=1/T$ 表示单位时间内脉冲重复的次数。

(2) 脉冲幅度 V_m——脉冲电压的最大变化幅度。

(3) 脉冲宽度 t_w——从脉冲前沿到达 $0.5V_m$ 起，到脉冲后沿到达 $0.5V_m$ 为止的一段时间。

(4) 上升时间 t_r——脉冲上升沿从 $0.1V_m$ 上升到 $0.9V_m$ 所需要的时间。

(5) 下降时间 t_f——脉冲下降沿从 $0.9V_m$ 下降到 $0.1V_m$ 所需要的时间。

(6) 占空比 q——脉冲宽度与脉冲周期的比值，即 $q = t_w/T$。

9.1.2　555 定时器的电路结构与功能

用于脉冲产生的集成电路很多，以 555 定时器应用最为广泛。本章将基于 555 定时器进行各种脉冲波形发生器设计。下面，首先介绍 555 定时器的内部结构及功能。

555 定时器是一种多用途的数字–模拟混合集成电路，利用它能极方便地构成施密特触发器、单稳态触发器和多谐振荡器。由于使用灵活、方便，555 定时器在波形的产生与变换、测量与控制、家用电器、电子玩具等许多领域中都得到了应用。

正因为如此，自从 Signetics 公司于 1972 年推出这种产品以后，国际上各主要的电子器件公司也都相继地生产了各自的 555 定时器产品。尽管产品型号繁多，但所有双极型产品型号最后的 3 位数码都是 555，所有 CMOS 产品型号最后 4 位数码都是 7555。而且，它们的功能和外部引脚的排列完全相同，没有本质的区别。一般来说，双极型定时器的驱动能力较强，电源电压范围为 5～16V，最大负载电流可达 200mA。而 CMOS 定时器的电源电压范围为 3～18V，最大负载电流在 4mA 以下，具有功率低、输入电阻高等优点。为了提高集成度，随后又生产了双定时器产品 556(双极型)和 7556(CMOS 型)。

1. 电路结构

555 定时器的内部电路由比较器 C1 和 C2、基本 RS 触发器和集电极开路的放电三极管 T 及缓冲器 G 组成，其内部结构如图 9.1-2 所示。三个 5kΩ 电阻串联组成分压器，为比较器 C1 和 C2 提供参考电压。当控制端 5 脚悬空时（可对地接上 0.01μF 左右的电容），比较器 C1 和 C2 的基准电压分别为 $\frac{2}{3}V_{CC}$ 和 $\frac{1}{3}V_{CC}$。

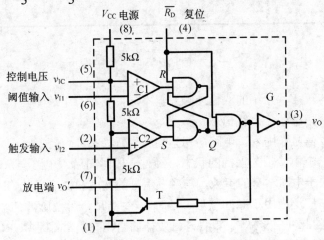

图 9.1-2　CB555 计时器的电路结构图

v_{I1} 是比较器 C1 的信号输入端，称为阈值输入端，v_{I2} 是比较器 C2 的信号输入端，称为触发输入端。如果控制输入端(5)外接电压 v_{IC}，则比较器 C1 和 C2 的基准电压就变为 v_{IC} 和 $\frac{v_{IC}}{2}$。放电三极管 T 为外接电路提供放电通路，在使用定时器时，改三极管的集电极(7)脚一般要接一个上拉电阻。

$\overline{R}_D$ 是直接置零输入端，只要在 $\overline{R}_D$ 端接低电平，输出端 v_O 便立即被置成低电平，不受其他输入端状态的影响。正常工作时必须使 $\overline{R}_D$ 处于高电平。

由图 9.1-2 可知，当 $v_{I1} > \frac{2}{3}V_{CC}$，$v_{I2} > \frac{1}{3}V_{CC}$ 时，比较器 C1 输出低电平，比较器 C2 输出高电平，基本 RS 触发器 Q 端被置 0，三极管 T 导通，同时 v_O 为低电平。

当 $v_{I1} < \frac{2}{3}V_{CC}$，$v_{I1} < \frac{1}{3}V_{CC}$ 时，比较器 C1 输出高电平，比较器 C2 输出低电平，基本 RS 触发器 Q 端被置 1，放电三极管 T 截止，同时 v_O 为高电平。

当 $v_{I1} < \frac{2}{3}V_{CC}$，$v_{I2} > \frac{1}{3}V_{CC}$ 时，基本 RS 触发器 $R = 1$，$S = 1$，电路保持原状态。

2. 电路功能

555 定时器的功能表，如表 9.1-1 所示。

表 9.1-1　CB555 的功能表

输入			输出	
阈值输入(v_{I1})	触发输入(v_{I2})	复位($\overline{R}_D$)	输出(v_O)	放电管 T
×	×	0	0	导通

续表

输入			输出	
阈值输入(v_{I1})	触发输入(v_{I2})	复位($\overline{R_D}$)	输出(v_O)	放电管 T
$< \frac{2}{3}V_{CC}$	$< \frac{1}{3}V_{CC}$	1	1	截止
$> \frac{2}{3}V_{CC}$	$> \frac{1}{3}V_{CC}$	1	0	导通
$< \frac{2}{3}V_{CC}$	$> \frac{1}{3}V_{CC}$	1	不变	不变

9.2 单稳态触发器

单稳态触发器与第 4 章介绍的双稳态触发器不同，它具有下述特点：

（1）电路有一个稳态，一个暂稳态。

（2）在外来触发信号作用下，电路由稳态翻转到暂稳态。

（3）暂稳态是一个不能长久保持的状态，经过一段时间后，电路会自动返回到稳态。暂稳态的持续时间取决于电路本身的参数，与触发信号的宽度和幅度无关。

单稳态触发器被广泛应用于脉冲整形、延时(产生滞后于触发脉冲的输出脉冲)以及定时(产生固定时间宽度的脉冲信号)等。单稳态触发器的暂稳态通常都是靠 RC 电路的充放电过程来维持的，根据 RC 电路不同接法，把单稳态触发器分为微分型和积分型两种。

9.2.1 用 CMOS 门电路组成的微分型单稳态触发器

图 9.2-1 是用 CMOS 门电路和 RC 微分电路构成的微分型单稳态触发器。

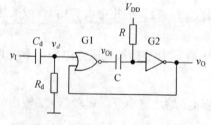

图 9.2-1 微分型单稳态触发器过程

对于 CMOS 门电路，可以近似地认为 $V_{OH} \approx V_{DD}$、$V_{OL} \approx 0$，而且通常 $V_{TH} \approx V_{DD}/2$。在稳态 $v_I = 0$、$v_{I2} = V_{DD}$，故 $v_O = 0$、$v_{O1} = V_{DD}$，电容 C 上没有电压。

当触发脉冲 v_I 加到输入端时，在 R_d 和 C_d 组成的微分电路输出端得到很窄的正、负脉冲 v_d。当 v_d 上升到 V_{TH} 以后，将引发如下的正反馈过程。

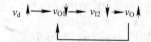

使 v_{O1} 迅速跳变为低电平。由于电容上的电压不可能发生突跳，所以 v_{I2} 也同时跳变至低电平，并使 v_O 跳变为高电平，电路进入暂稳态。这时，即使 v_d 回到低电平，v_O 的高电平仍将维持。

与此同时，电容 C 开始充电。随着充电过程的进行 v_{I2} 逐渐升高，当升至 $v_{I2}=V_{TH}$ 时，又引发如下的另外一个正反馈过程。

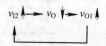

如果这时触发脉冲已消失(v_d 已回到低电平)，则 v_{O1}、v_{I2} 迅速跳变为高电平，并使输出返

回 $v_O=0$ 状态。同时，电容 C 通过电阻 R 和门 G2 的输入保护电路向 V_{DD} 放电，直至电容 C 上的电压为 0，电路恢复到稳定状态。

根据以上的分析，即可画出电路中各点的电压波形，如图 9.2-2 所示。

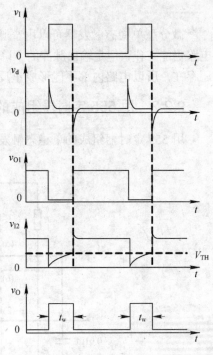

为了定量地描述单稳态触发器的性能，经常使用输出脉冲宽度 t_w、输出脉冲幅度 V_m、恢复时间 T_{re}、分辨时间 T_d 等几个参数。

由图 9.2-2 可见，输出脉冲宽度 t_w 等于从电容 C 开始充电到 v_{I2} 上升至 V_{TH} 的这段时间。电容 C 充电的等效电路如图 9.2-3 所示，图中的 R_{ON} 是或非门 G1 输出低电平时的输出电阻。在 $R_{ON} \ll R$ 的情况下，等效电路可以简化为简单的 RC 串联电路。

根据对 RC 电路过渡过程的分析可知，在电容充、放电过程中，电容 C 上的电压 v_C 从充、放电开始到变化至某一数值 V_{TH} 所经过的时间可以用下式计算

$$t = RC \ln \frac{v_C(\infty) - v_C(0)}{c_C(\infty) - V_{TH}} \tag{9.2-1}$$

图 9.2-2　电路的电压波形

其中，$v_C(0)$ 是电容电压的起始值，$v_C(\infty)$ 是电容电压充、放电的终了值。

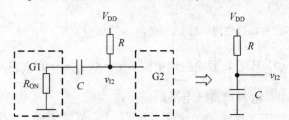

图 9.2-3　电路中电容 C 充电的等效电路

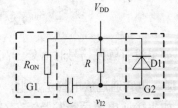

图 9.2-4　电路中电容 C 放电的等效电路

由图 9.2-2 的波形图可见，图 9.2-1 电路中电容电压从 0 充至 V_{TH} 的时间都为 t_w。将 $v_C(0)=0$，$v_C(\infty)=V_{DD}$ 代入式 (9.1-1) 得到

$$t = RC \ln \frac{V_{DD} - 0}{V_{DD} - V_{TH}} = RC \ln 2 = 0.69RC$$

输出脉冲的幅度为 $V_m = V_{OH} - V_{OL} \approx V_{DD}$

在 v_o 返回低电平以后，还要等到电容 C 放电完毕电路才恢复为起始的稳态，一般认为经过电路时间常数 τ 的 3～5 倍时间后，RC 电路已基本达到稳态。图 9.1-2 电路中电容 C 放电的等效电路如图 9.2-4 所示。

图 9.2-4 中的 D1 是反相器 G2 输入保护电路的二极管。如果 D1 的正向导通电阻比 R 和 G1 的输出电阻 R_{ON} 小得多，则恢复时间为

$$t_{re} = (3 \sim 5)R_{ON}C \tag{9.2-2}$$

分辨时间 T_d 是指在保证电路能正常工作的前提下，允许两个相邻触发脉冲之间的最小时间间隔，故有

$$T_d = t_w + t_{re} \tag{9.2-3}$$

微分型单稳态触发器可以用窄脉冲触发。在 v_d 的脉冲宽度大于输出脉冲宽度的情况下，电路仍能工作，但是输出脉冲的下降沿较差。因为在 v_O 返回低电平的过程中 v_d 输入的高电平还存在．所以电路内部不能形成正反馈。

9.2.2 用 555 定时器组成的单稳态触发器

用 555 定时器组成的单稳态触发器如图 9.2-5 所示。

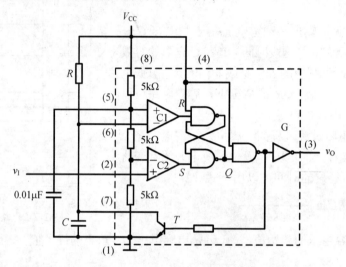

图 9.2-5 用 555 定时器接成的单稳态触发器

如果没有触发信号时 v_I 处于高电平 $(v_I > \frac{1}{3}V_{CC})$，假定接通电源后 $Q = 0$，$v_O = 0$ 的状态，则 T 导通。电容通过放电管 T 放电，使 $v_C = 0$。v_O 将维持低电平不变。

如果接通电源后触发器停在 $Q = 1$ 的状态，这时 T 一定就会截止，V_{CC} 便经 R 向 C 充电。当充到 $v_C = \frac{2}{3}V_{CC}$ 时，$v_C = 0$，于是将触发器置 0。同时 T 导通，电容 C 经 T 迅速放电，$v_C \approx 0$。此后由于 $R = S = 1$，触发器保持 0 状态不变，输出也相应地稳定在 $v_O = 0$ 的状态。因此，通电后电路便自动地停在 $v_O = 0$ 的稳态。

当触发脉冲的下降沿到达时，使 v_I 跳变到 $\frac{1}{3}V_{CC}$ 以下时，使 $S = 0$（此时 $R = 1$），触发器被置 1，v_O 跳变为高电平，电路进入暂稳态。与此同时 T 截止，V_{CC} 经 R 开始向电容 C 充电。

当充到 $v_C = \frac{2}{3}V_{CC}$ 时，R 变成 0。如果此时输入端的触发脉冲已消失，v_I 回到了高电平，则触发器将被置 0，于是输出返回 $v_C = 0$ 的状态。同时 T 又变为导通状态，电容 C 经 T 迅速放电，直至 $v_C = 0$，电路恢复到稳态。图 9.4-5 画出了在触发信号作用下 v_C 和 v_O 相应的波形。

输出脉冲的宽度 t_w 等于暂稳态的持续时间，而暂稳态的持续时间取决于外接电阻 R 和电容 C 的大小。

由图 9.2-6 可知，t_w 等于电容电压在充电过程中从 0 上升到 $\frac{2}{3}V_{CC}$ 所需要的时间，得到

$$t_{\mathrm{w}} = RC\ln\frac{V_{\mathrm{CC}} - 0}{V_{\mathrm{CC}} - \dfrac{2}{3}V_{\mathrm{CC}}} = RC\ln 3 = 1.1RC \qquad (9.2\text{-}4)$$

通常 R 的取值在几百欧姆到几兆欧姆之间，电容的取值范围为几百皮法到几百微法，t_{w} 的范围为几微秒到几分钟。但必须注意，随着 t_{w} 的宽度增加它的精度和稳定度也将下降。

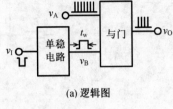

(a) 逻辑图

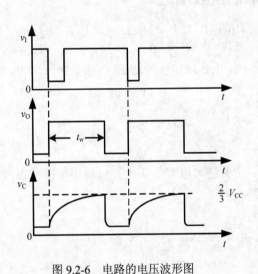

图 9.2-6 电路的电压波形图

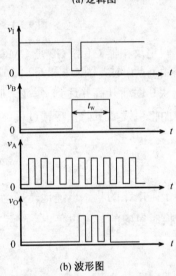

(b) 波形图

图 9.2-7 集成单稳态触发器作定时电路的应用

9.2.3 单稳态触发器的定时应用

单稳态触发器能产生一定宽度 t_{w} 的矩形输出脉冲，利用这个矩形脉冲去控制某电路，则可在 t_{w} 时间内动作(或不动作)，即实现定时应用。例如，利用宽度为 t_{w} 的正矩形脉冲作为与门输入的信号之一，如图 9.2-7 所示，则只有这个矩形波存在的 t_{w} 时间内，信号 v_{A} 才有可能通过与门。

9.3 施密特触发器

施密特触发器是脉冲波形变换中常使用的一种电路，它在性能上有两个重要的特点：第一，输入信号从低电平上升时的转换电平和从高电平下降时的转换电平不同；第二，在电路状态转换时，通过电路内部的正反馈过程使输出电压波形的边沿变得很陡。利用这两个特点，可以将边沿变化缓慢的信号波形整形为边沿陡峭的矩形波，而且可以将叠加与矩形脉冲信号高、低电平上的噪声有效地消除。

9.3.1 用门电路组成的施密特触发器

将两级反相器串联起来，同时通过分压电阻把输出端的电压反馈到输入端，就构成了图 9.3-1(a)所示的施密特触发器电路。

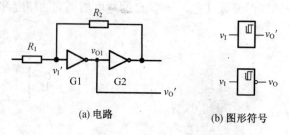

(a) 电路   (b) 图形符号

图 9.3-1 用 CMOS 反相器构成的施密特触发器

假定反相器 G1 和 G2 是 CMOS 电路，它们的阈值电压为 $V_{\text{TH}} \approx 1/2 V_{\text{DD}}$，且 $R_1 < R_2$。

当 $v_I = 0$ 时，因 G1 和 G2 接成了正反馈电路，所以 $v_O = V_{\text{OL}} \approx 0$。这时 G_1 的输入 $v_O' \approx 0$。

当 v_I 从 0 逐渐升高并达到 $v_I' = V_{\text{TH}}$ 时，由于 G1 进入了电压传输特性的转折区(放大区)，所以 v_I' 的增加将引发如下的正反馈过程：

$$v_I' \uparrow \longrightarrow v_{O1} \downarrow \longrightarrow v_O \uparrow$$

于是电路的状态迅速地转换为 $v_O = V_{\text{OH}} \approx V_{\text{DD}}$。由此便可以求出 v_I 上升过程中电路状态发生转换时对应的输入电平 $V_{\text{T}+}$。因为这时有

$$v_I' = V_{\text{TH}} \approx \frac{R_2}{R_1 + R_2} V_{\text{T}+}$$

所以

$$V_{\text{T}+} = \frac{R_1 + R_2}{R_2} V_{\text{TH}} = \left(1 + \frac{R_1}{R_2}\right) V_{\text{TH}} \tag{9.3-1}$$

其中，$V_{\text{T}+}$ 称为正向阈值电压。

当 v_I 从高电平 V_{DD} 逐渐下降并达到 $v_I' = V_{\text{TH}}$ 时，v_I' 的下降会引发又一个如下的正反馈过程：

$$v_I' \downarrow \longrightarrow v_{O1} \uparrow \longrightarrow v_O \downarrow$$

使电路的状态迅速转换为 $v_O = V_{\text{OL}} \approx 0$。由此又可以求出 v_I 下降过程中电路状态发生转换时对应的输入电平 $V_{\text{T}-}$。由于这时有

$$v_I' = V_{\text{TH}} \approx V_{\text{DD}} - (V_{\text{DD}} - V_{\text{T}-}) \frac{R_2}{R_1 + R_2}$$

所以

$$V_{\text{T}-} = \frac{R_1 + R_2}{R_2} V_{\text{TH}} - \frac{R_1}{R_2} V_{\text{DD}}$$

将 $V_{\text{DD}} = 2 V_{\text{TH}}$ 代入上式后得到

$$V_{T-} = \left(1 - \frac{R_1}{R_2}\right) V_{TH} \tag{9.3-2}$$

其中，V_{T-} 称为负向阈值电压。

将 V_{T+} 与 V_{T-} 之差定义为回差电压 ΔV_T，即

$$\Delta V_T = V_{T+} - V_{T-} \tag{9.3-3}$$

根据式(9.3-2)和式(9.3-3)画出的电压传输特性如图 9.3-2(a)所示。因为 v_O 和 v_I 的高、低电平是同相的，所以也把这种形式的电压传输特性叫做同相输出的施密特触发特性。

如果以图 9.3-2(a)中的 v_O' 作为输出端，则得到的电压传输特性将如图 9.3-2(b)所示。由于 v_O' 与 v_I 的高低电平是反相的，所以把这种形式的电压传输特性叫做反相输出的施密特触发特性。

通过改变 R_1 和 R_2 的比值可以调节 V_{T+}、V_{T-} 和回差电压的大小。但 R_1 必须大于 R_2，否则电路将进入自锁状态，不能正常工作。

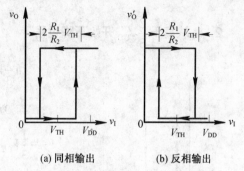

(a) 同相输出　　　(b) 反相输出

图 9.3-2　电路的电压传输特性

9.3.2　用 555 定时器组成的施密特触发器

将 555 定时器的 v_{I1} 和 v_{I2} 两个输入端连在一起作为信号输入端，如图 9.3-3 所示，即得到施密特触发器。

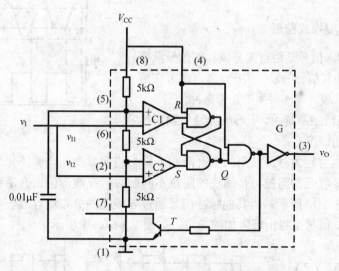

图 9.3-3　用 555 定时器接成的施密特触发器

由于比较器 C1 和 C2 的参考电压不同，因而基本 RS 触发器的置 0 信号($R=0$)和置 1 信号($S=0$)必然发生在输入信号的不同电平。因此，输出电压 v_O 由高电平变为低电平和由低电平变为高电平对应的值也不相同，这样就形成了施密特触发器。

为提高比较器参考电压 V_{R1} 和 V_{R2} 的稳定性，通常在端接有 0.01μF 左右的滤波电容。

1. v_I 从 0 逐渐升高过程 $\frac{2}{3}V_{CC}$

当 $v_I < \frac{1}{3}V_{CC}$ 时，$R = 1$，$S = 0$，$Q = 1$，故 $v_O = V_{OH}$；

当 $\frac{1}{3}V_{CC} < v_I < \frac{2}{3}V_{CC}$ 时，$R = S = 1$，故 $v_O = V_{OH}$ 保持不变；

当 $v_I > \frac{2}{3}V_{CC}$ 以后，$v_{C1} = 0$，$v_{C1} = 1$，$Q = 0$，故 $v_O = V_{OL}$，因此，$V_{T+} = \frac{2}{3}V_{CC}$。

2. v_I 从高于 $\frac{2}{3}V_{CC}$ 开始下降过程

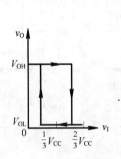

当 $\frac{1}{3}V_{CC} < v_I < \frac{2}{3}V_{CC}$ 时，$v_{C1} = v_{C2} = 1$，故 $v_O = V_{OL}$ 不变；

当 $v_I < \frac{1}{3}V_{CC}$ 以后，$R = 1$，$S = 0$，$Q = 1$，故 $v_O = V_{OH}$。因此

$V_{T-} = \frac{1}{3}V_{CC}$。由此得到电路的回差电压为

$$\Delta V_T = V_{T+} - V_{T-} = \frac{1}{3}V_{CC}$$

图 9.3-4　电路的电压传输特性　　　图 9.3-4 是图 9.3-3 电路的电压传输特性，它是一个典型的反相输出施密特触发特性。

9.3.3　施密特触发器的应用

1. 用于波形变换或整形

如图 9.3-5 输入信号是由直流分量和正弦分量叠加而成的，只要输入信号的幅度大于 V_{T+}，即可在施密特触发器的输出端得到同频率的矩形脉冲信号。

如图 9.3-5 在数字系统中，矩形脉冲经传输后往往发生波形畸变的情况。

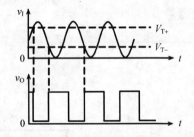

图 9.3-5　用施密特触发器实现波形变换

当传输线上电容较大时，波形的上升沿和下降沿将明显变坏，如图 9.3-6(a) 所示。当传输线较长，而且接收端的阻抗与传输线的阻抗不匹配时，在波形的上升沿和下降沿将产生振荡现象，如图 9.3-6(b) 所示。当其他脉冲信号通过导线间的分布电容或公共电源线叠加到矩形脉冲信号上时，信号上将出现附加的噪声，如图 9.3-6(c) 中所示。

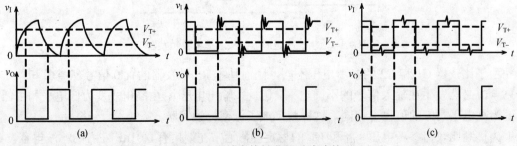

| (a) | (b) | (c) |

图 9.3-6　用施密特触发器对脉冲整形

无论出现上述的哪一种情况，都可以通过用施密特触发器整形而获得比较理想的矩形脉冲波形。由图 9.3-6 可见，只要施密特触发器的 V_{T+} 和 V_{T-} 设置合适，均能收到满意的整形效果。作为整形电路时，若要求输出与输入同相，则可在施密特反相器后再加一级反相器即可。

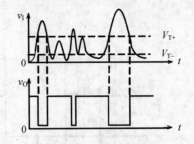

2．用于脉冲鉴幅

如图 9.3-7 所示，若将一系列幅度各异的脉冲信号加到施密特触发器的输入端时，只有哪些幅度大于 V_{T+} 的脉冲才会在输出端产生输出信号。因此，施密特触发器能将幅度大于 V_{T+} 的脉冲选出，具有脉冲鉴幅的能力。

图 9.3-7　用施密特触发器对脉冲整形

利用施密特触发器还可以构成多谐振荡器，将在下一节讲述。

9.4　多谐振荡器

多谐振荡器是一种自激振荡器，在接通电源以后，不需要外加触发信号，便能自动地产生矩形脉冲。由于矩形波中含有丰富的高次谐波分量，所以习惯上又把矩形波振荡器叫做多谐振荡器。

9.4.1　用门电路组成的多谐振荡器

用 CMOS 反相器与 R、C 元件组成的多谐振荡器电路如图 9.4-1(a) 所示，由于 CMOS 反相器 G1 在输入和输出端之间并接电阻 R，而 CMOS 电路输入电流 $I = 0$，故 R 上电流也近于零。因此静态时电阻两端各自的电位 $v_{I1} = v_{O1}$，它所表示的直线与 CMOS 反相器的电压传输特性的交点即为门 G1 的静态工作点，如图 9.4-1(b) 中 Q 点所示。位于反相器电压传输特性的转折区，以保证有较大的电压放大倍数。而使反相器 G1 输出翻转的输入阈值电压为 $V_{TH} = \frac{1}{2} V_{DD}$。即，当 $v_{I1} \geqslant V_{TH}$ 时，当 $v_{I1} < V_{TH}$ 时，$v_{O1} = V_{DD}$。下面分析振荡器工作过程。图 9.4-2(a)、(b) 所示分别出了电路在振荡时电容充、放电回路和工作波形。

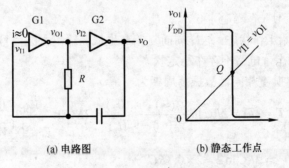

(a) 电路图　　　　　　(b) 静态工作点

图 9.4-1　CMOS 反相器组成的多谐振荡器

(1) 在 $t_0 \sim t_1$ 期间：设 $v_{O1} = V_{DD}$，则 $v_{O2} = 0V$，这时 T_{P1}、T_{N2} 管导通；T_{N1}、T_{P2} 截止，电源 V_{DD} 通过 $T_{P1} \rightarrow R \rightarrow C \rightarrow T_{N2} \rightarrow$ 地回路对 C 充电，使 v_{I1} 按指数规律上升。当 $v_{I1} \geqslant V_{TH} = \frac{1}{2} V_{DD}$ 时，

在 t_1 时刻产生下列正反馈过程：

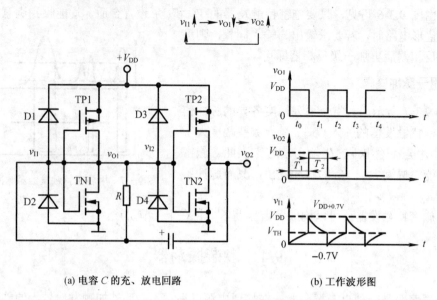

(a) 电容 C 的充、放电回路   (b) 工作波形图

图 9.4-2   CMOS 反相器组成的多谐振荡器工作过程

使 v_{O1} 很快翻转为 0V，而 v_{O2} 由 0 上跳为 V_{DD}。此时电容两端电压不能突变，故 v_{I1} 在 $\frac{1}{2}V_{DD}$ 基础上也上跳一个 V_{DD}，但由于 D1 的保护限幅，v_{I1} 只能上跳升到 $V_{DD}+0.7V$。这个状态是不稳定的。

(2) 在 $t_1 \sim t_2$ 期间，在 t_1 时刻已使 T_{N1}、T_{P2} 导通，T_{P1}、T_{N2} 截止，电容 C 开始放电，其路径为 $v_{C+} \to R \to T_{N1} \to$ 地 $\to V_{DD} \to T_{P2} \to v_{C-}$，使 v_{I1} 按指数规律下降，在 t_2 时刻，$v_{I1} < V_{TH} = \frac{1}{2}V_{DD}$ 时，产生下列正反馈过程：

使 v_{O1} 很快翻转为 V_{DD}，v_{O2} 由 V_{DD} 下跳到 0，因此 $v_{I1} = v_C$ 也要在 $\frac{1}{2}V_{DD}$ 的基础上下跳一个 V_{DD}，但由于 D2 保护限幅，使 v_{I1} 下跳到 −0.7V。

此后又重复 t_0 初始工作状态。这样周而复始产生振荡输出方波信号。把 $t_0 \sim t_1$ 称第一暂稳态，$t_1 \sim t_2$ 称第二暂稳态，电路不存在稳定状态。

输出方波 T_1 和 T_2 脉宽相同，故振荡周期为

$$T = 2T1 = 2RC\ln\frac{v_C(\infty)-v_C(0_+)}{v_C(\infty)-v_C(t_1)} = 2RC\ln\frac{V_{DD}-0}{V_{DD}-\frac{1}{2}V_{DD}} \tag{9.4-1}$$

$$= 2RC\ln 2 \approx 2\times0.7RC$$

振荡频率为

$$f = \frac{1}{T} = \frac{1}{1.4RC} \tag{9.4-2}$$

由门电路组成多谐振荡器电路形式很多，也可由 TTL 门电路组成，这里不再介绍。

9.4.2　用施密特触发器构成波形产生电路

由于施密特触发器有 V_{T+} 和 V_{T-} 两个不同的阈值电压，如果能使输入电压能在 V_{T+} 和 V_{T-} 之间不停地反复变化，就可以在它的输出端得到矩形波。具体的思路是将施密特触发器地输出端经 RC 积分电路接回输入端即可，电路如图 9.4-3（a）所示。

1. 工作原理

设接通电源瞬间，电容器 C 上地初始电压为零，输出电压 v_O 为高电平。v_O 通过电阻 R 对电容器 C 充电，当 v_C 达到 V_{T+} 时，施密特触发器翻转，v_O 跳变为低电平。此后，电容器 C 有开始放电，v_C 下降，当它下降到 V_{T-} 时，电路又开始翻转，v_O 又由低电平跳变为高电平，电容器 C 又被重新充电。如此周而复始，在电路的输出端，就得到了矩形波。v_C 和 v_O 的波形图如图 9.4-3（b）所示。

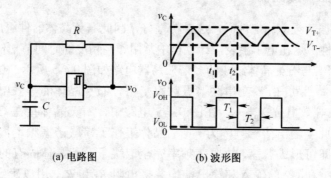

(a) 电路图　　　　　　　　(b) 波形图

图 9.4-3　施密特触发器构成波形产生电路

2. 振荡周期计算

设在图 9.4-3（a）中采用 CMOS 施密特触发器 CC40106，已知 $V_{TH} \approx V_{DD}$，$V_{OL} \approx 0\,\mathrm{V}$，则图 9.4-3（b）中输出电压 v_O 的周期 $T = T_1 + T_2$，计算如下所述。

1）T_1 的计算

以图 9.4-3（b）中 t_1 作为时间起点，根据 RC 电路暂态过渡过程公式则有

$$v_I(0^+) = V_{T-}, \quad v_I(\infty) = V_{DD}, \quad v_I(T_1) = V_{T+}, \quad \tau = RC$$

于是可以求出

$$T_1 = RC \ln \frac{V_{DD} - V_{T-}}{V_{DD} - V_{T+}} \tag{9.4-3}$$

2）T_2 的计算

以图 9.4-3（b）中 t_2 作为时间起点，则有

$$v_I(0^+) = V_{T+}, \quad v_I(\infty) = 0, \quad v_I(T_2) = V_{T-}, \quad \tau = RC$$

利用 RC 电路的暂态过程，可以求出

$$T_2 = RC \ln \frac{V_{T+}}{V_{T-}} \tag{9.4-4}$$

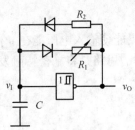

图 9.4-4 脉冲占空比可调的多谐振荡器

3) 振荡周期 T 的计算

$$T = T_1 + T_2 = RC \ln \frac{V_{DD} - V_{T-}}{V_{DD} - V_{T+}} + RC \ln \frac{V_{T+}}{V_{T-}}$$

$$= RC \ln \left(\frac{V_{DD} - V_{T-}}{V_{DD} - V_{T+}} \cdot \frac{V_{T+}}{V_{T-}} \right) \quad (9.4-5)$$

通过调节 R 和 C 的大小，即可改变振荡周期。此外，在这个电路的基础上稍加修改就能实现对输出脉冲占空比的调节，电路的接法如图 9.4-4 所示，在这个电路中，因为电容的充电和放电分别经过两个不同的电阻 R_1 和 R_2，所以只要改变 R_1 和 R_2 的比值，就能改变占空比。

9.4.3 石英晶体振荡器

由于石英晶体振荡频率稳定性高，选频特性好，因此石英晶体器件组成的多谐振荡器具有很高的频率稳定性。这在电子手表，计算机中常用作高精度的时间节拍信号。

由 CMOS 反相器与石英晶体组成的多谐振荡器电路如图 9.4-5 所示。由图 9.4-6 所示的石英晶体的电抗频率特性可知，在串联谐振频率 f_s 下，石英晶体的等效电抗 $X_s=0$；在并联谐振频率 f_p 下，其等效电抗 $X_p=\infty$，在图 9.4-5 电路中，石英晶体接在 G2 的输出端与 G1 的输入端之间，因此当输出信号频率为 f_s 时，晶体工作于串联谐振频率，其等效电抗最小，形成正反馈最大，即可形成振荡，故振荡频率完全取决于石英晶体固有的串联谐振频率 f_s。在电路中反相器 G1 和 G2 的输入和输出端均并接电阻 R_1 和 R_2，用以确定反相器的静态工作点 Q，这样可使反相器工作在传输特性转折线上的线性放大区，并具有较高的电压放大倍数。

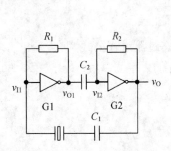

图 9.4-5 石英晶体多谐振荡器电路

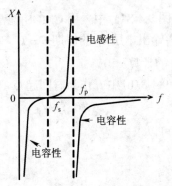

图 9.4-6 石英晶体的电抗频率特性

静态时

$$v_{I1} = v_{O1} = v_{I2}^* = v_O = \frac{1}{2} V_{DD}$$

电路的工作原理如下：

当电路接上电源 V_{DD} 后，在反相器 G2 输出 v_O 为噪声信号，经石英晶体通路，只从噪声中选出频率为 f_s 的正弦信号(晶体的等效电抗 $X_s \approx 0$)，并反馈到 v_{I1}，经 G1 线性反相放大，再通过耦合电容 C_2，再经 G2 线性放大。经多次反复放大后，使 v_O 幅值达到最大而被削顶失真，近似于方波输出。这即形成多谐振荡器。电路中 C_1 用来微调振荡频率。其振荡频率 f_0 由晶体谐振率 f_s 决定，最高可达几十兆赫。

9.4.4　用 555 定时器组成的多谐振荡器

既然用 555 定时器能很方便地接成施密特触发器，那么我们就可以先把它接成施密特触发器，然后利用前面讲过的方法，在施密特触发器的基础上改接成多谐振荡器，如图 9.4-7 所示。

接通电源后，电容 C 被充电到 $\frac{2}{3}V_{CC}$ 时，使 v_O 为低电平，同时放电管 T 导通，此时电容 C 通过 R_2 和 T 放电，v_C 下降。当 R_2 下降到 $\frac{1}{3}V_{CC}$ 时，v_O 翻转为高电平，电容 C 放电所需的时间为

$$t_{pL} = R_2 C \ln 2 \approx 0.7 R_2 C \tag{9.4-6}$$

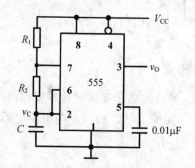

图 9.4-7　用 555 定时器接成的多谐振荡器

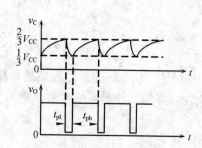

图 9.4-8　电路的工作波形图

当放电结束后，T 截止，V_{CC} 将通过 R_1、R_2 向电容 C 充电，v_C 由 $\frac{1}{3}V_{CC}$ 上升到 $\frac{2}{3}V_{CC}$ 所需的时间为

$$t_{pH} = (R_1 + R_2) C \ln 2 \approx 0.7(R_1 + R_2) C \tag{9.4-7}$$

当 v_C 上升到 $\frac{2}{3}V_{CC}$ 时，电路又翻转为低电平。如此周而复始，在电路的输出端就得到一个周期性的矩形波。电路的工作波形如图 9.4-8 所示，其振荡周期频率为

$$f = \frac{1}{t_{pL} + t_{pH}} \approx \frac{1}{(R_1 + 2R_2) C} \tag{9.4-8}$$

由于 555 定时器内部的比较器灵敏度较高，而且采用差分电路形式，多谐振荡器的振荡频率受电源电压及温度影响很小。

如果要实现占空比可调，可以采用如图 9.4-9 所示电路。由于电路中的二极管 D1、D2 的单向导电性，使电容 C 的充放电回路分开，调节电位器，就可以调节多谐振荡器的占空比。通过 R'、D1 向电容 C 充电，充电时间为

$$t_{pH} \approx 0.7 R' C \tag{9.4-9}$$

电容 C 通过 D2、R'' 及放电管 T 放电，放电时间为

$$t_{pH} \approx 0.7R''C \tag{9.4-10}$$

因而，振荡频率为

$$f = \frac{1}{t_{pL} + t_{pH}} \approx \frac{1}{(R' + R'')C} \tag{9.4-11}$$

电路输出波形的占空比为

$$q\% = \frac{R'}{R' + R''} \times 100\% \tag{9.4-12}$$

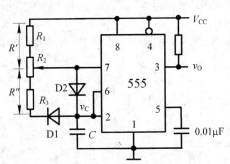

图 9.4-9　占空比可调的多谐振荡电路

上面仅讨论了由 555 定时器组成的单稳态触发器、多谐振荡器和施密特触发器，实际上，由于 555 定时器的比较器灵敏度高、输出驱动电流大、功能灵活，所以，在电子电路中应用广泛。

9.5　DDS 波形发生原理及正弦波信号发生器设计

随着计算机和微电子技术在测量中的应用及众多领域对波形信号的要求，任意波形发生器越来越成为测量领域的焦点。采用直接数字合成技术(DDS)来实现的任意波形发生器具有极快的频率切换速度，极高的频率分辨率，相位变化连续，易于集成的优点，本节以 FPGA 为基础，采用 DDS 技术，利用相位累加波形合成法产生标准波形，并可实现对波形的频率，采样点数进行控制的正弦波发生器。

9.5.1　DDS 工作原理

DDS 的原理是以连续信号的相位为基准，将这个信号取样、量化、编码，形成一个幅值查找表，存储于波形存储器(ROM)中。合成时通过改变相位累加器的频率控制字，来改变单时钟周期内的相位增量，而相位增量的不同将导致一个信号周期内取样点的不同，从而改变频率。在采样频率不变的情况下，通过改变相位累加器的频率控制字，将这种变化的相位/幅值量化的数字信号通过 D/A 变换及低通滤波器(LPF)即可得到合成的相位变化的模拟信号频率。

DDS 的基本功能方框图如图 9.5-1 所示，它主要由时钟、频率控制字、相位累加器、波形存储器、D/A 转换器和低通滤波器组成。图 9.5-1 中的参考时钟是一个稳定的晶体振荡器，用来同步整个 DDS 的各个组成部分。相位累加器类似于一个简单的计数器，在每个时钟脉冲输入时，它的输出就增加一个步长的相位增量值。相位累加器把频率控制字 K 的数据变成相位抽样来确定频率的大小。相位增量的大小随 K 的不同而不同，一旦给定了相位增量，输出频率也就确定了。当用这样的数据寻址时，就可以把存储在波存储器中的波幅度值读出来，并送给 D/A 转换器转换成模拟量，经低通滤波器进一步平滑掉带外杂散分量，得到需要的信号波形。

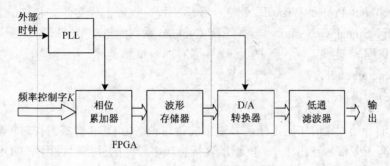

图 9.5-1　DDS 基本功能方框图

DDS 的数学模型可以这样描述：在每一个时钟周期内，频率控制字 K 和 N 位相位累加器累加一次，得到的相位值以二进制代码的形式对波形存储器进行寻址。设时钟频率为 f_{clk}，则 DDS 的输出频率为

$$f = (K/2^N) f_{clk} \qquad (9.5\text{-}1)$$

当 $K = 1$ 的时候，DDS 的频率分辨率为

$$\Delta f = (1/2^N) f_{clk} \qquad (9.5\text{-}2)$$

由于 DDS 输出的最大频率受到奈奎斯特抽样定理的限制，所以

$$f_{MAX} = f_{clk}/2 \qquad (9.5\text{-}3)$$

但在实际的 DDS 电路中，f_{MAX} 只能达到 f_{clk} 的 40%。由上式可知，为了达到足够小的频率分辨率，通常应将相位累加器的位数 N 取得较大。

取较大的 N 值，可以做到极高的频率分辨率，实际中取 $N=32$。如果 N 位全部用来寻址波形存储器，那么存储器的容量将需要 2^{32} 位。这是不现实的，实际应用中往往只取高的 A 位来寻址存储器，而舍去低 $B = N{-}A$ 位。这样相位截断就造成了的相位误差。受到波形存储器和 D/A 转换器的字长限制，存储在波形存储器中的波形数据字长也是有限的，从而产生了幅度量化误差或者叫做有限字长效应。

DDS 的结构表明，DDS 输出信号的频率分辨率是由相位累加器的位数决定；相位分辨率由 ROM 的寻址位数决定；幅值分辨率由 DAC 的位数决定。

9.5.2　定制所需的 MegaFunction 模块

本节以原理图设计实现，旨在帮助读者透彻理解 DDS 原理，需要提醒读者的是描述更多功能的函数/信号发生器的最优方法是利用 HDL，所以鼓励读者在学习完本章节后尝试用 HDL 描述一下更复杂的函数/信号发生器。

在 2.7 章节中提到用原理图方式可以调用参数可设置的 MegaFuctions 宏功能器件库，此模块库包含个性化的门电路、加法器、乘法器、ROM、RAM、FIFO 等众多设计模块，是对基本器件库的有力补充，用户可以通过 Quartus II 提供的 MegaWizard Plug-In Manager 向导方便地将它们集成到自己的设计中，可以说低复杂度的系统设计几乎都可以借助 MegaFuctions 宏功能器件库。本例所需的时钟管理 PLL 模块、相位累加器和波形存储器都可以在 MegaFuctions 宏功能器件库中找到，下面就介绍如何在原理图编辑器中插入它们。

首先使用"New Project Wizard"建立一个新工程，设置工程文件夹名称、工程名和顶层实体名均为 SIN_Signal_Generator，器件选择 Cyclone 系列的自动型号即可。

打开此工程，建立一个新的原理图文件，并将之作为顶层设计文件另存为 SIN_Signal_Generator.bdf。

1. 定制 PLL 模块

根据前面的介绍，我们知道正弦信号输出的最高频率由 DDS 内核工作时钟频率决定，所以为了尽量提高正弦信号输出频率，就不能直接将频率较低的外部时钟用作 DDS 内核工作时钟，可以用 FPGA 内提供的 PLL 锁相环模块先对外部时钟进行倍频。定制 PLL 的基本步骤如下：在新建的原理图文件中的空白处双击，打开 Symbol 对话框。点击左下方的"MegaWizard Plug-In Manager…"按钮打开 MegaFunction 插入管理器窗口，如图 9.5-2 所示。

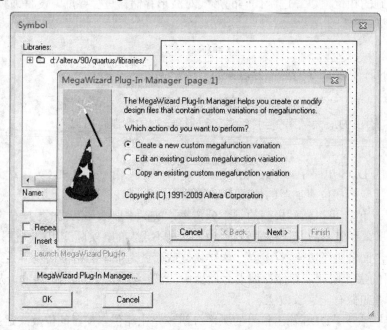

图 9.5-2　MegaFunction 插入管理器

在 MegaFunction 插入管理器窗口中选中"Create a new custom megafunction variation"后，点击"Next"按钮进行第二步。在图 9.5-3 所示的对话框中展开左侧的 I/O 子库器件列表，选择其中的"ALTPLL"，并在右侧选择当前器件所使用的描述语言为 Verilog HDL，输出文件名为 ALTPLL_SG。

提示：在选择器件对话框中左边的 MegaFunction 器件库中，又分为算术（Arthmetic）、通信（Communications）、数字信号处理（DSP）、逻辑门（Gates）、输入输出（I/O）以及接口（Interface）等类型。其中部分灰色的模块是由于当前器件以及软件授权的限制所致。

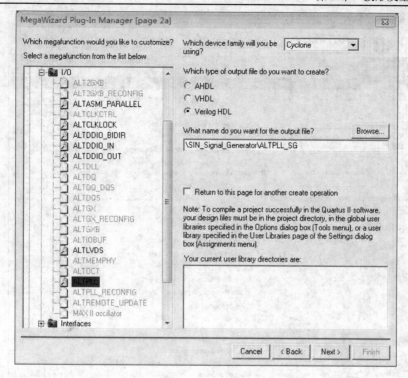

图 9.5-3　选择器件

点击"Next"按钮进入 PLL 的参数设置向导，如图 9.5-4 所示。在 Gereral 区域中将使用芯片的速度等级设置为 8，输入时钟设置为 50MHz。在 Operation Mode 区域中设置 PLL 的补偿模式，各选项解释如下：

（1）In Normal Mode：正常反馈模式，内部被补偿的时钟网络的末端相位与时钟输入信号相同。本节选择此模式。

（2）In Zero Delay Buffer Mode：零延时缓冲器反馈模式，PLL 外部的被补偿时钟专用输出管脚的相位与时钟输入信号相同。

（3）With No Compensation：无补偿模式。

设置完毕后点击"Next"按钮进入下一页，如图 9.5-5 所示，该页面主要用于设置 PLL 的控制端口。主要有以下几个：

（1）Pllena：PLL 使能信号。

（2）Areset：异步复位信号。

（3）Pfdena：相位/频率检测器的使能信号。

（4）Locked：PLL 的锁定信号输出。

本节取消以上四个控制端口。

点击"Next"按键进入 PLL 输出设置页，首先设置输出端 c0，如图 9.5-6 所示。在 Clock Tap Settings 区域中，可以采用直接编辑输出时钟频率值，或者编辑时钟分频、倍频系数两种方式来设定输出时钟的频率。这里采用第二种方式，将倍频系数设置为 10，分频系数设置为 3，即将 50MHz 的输入时钟倍频 10 倍后再分频 3 倍得到 166.67MHz 的输出时钟，这样正弦信号输出频率最高就能达到 66.668MHz（$F_{CLK} \times 40\%$）。另外，再将输出时钟的相位偏移（Clock Phase Shift）设置为 0 度，占空比（Clock Duty Cycle）设置为 50%。

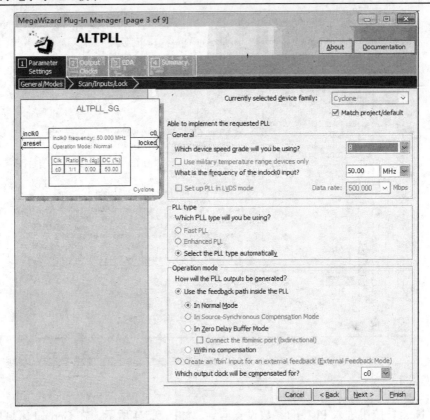

图 9.5-4　PLL 属性设置页 General/Modes

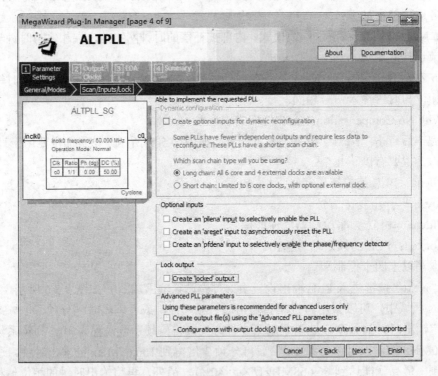

图 9.5-5　PLL 属性设置页 Scan/Inputs/Lock

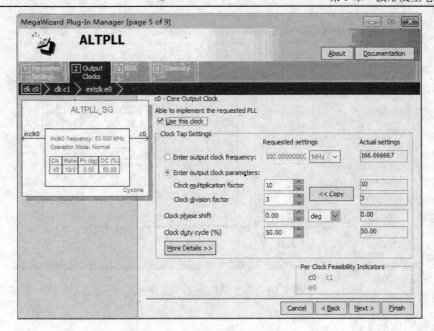

图 9.5-6　PLL 输出设置页 c0

由于在本例中只需要使用一个 PLL 输出时钟，所以跳过另外一个内部输出 c1 和一个外部输出 e0 的设置，直接点击"Finish"按键完成 PLL 的参数设置。此时 Quartus II 会给出一个所有设置的摘要及生成的文件信息，如图 9.5-7 所示，确认无误后再次点击"Finish"按键返回 Symbol 对话框。

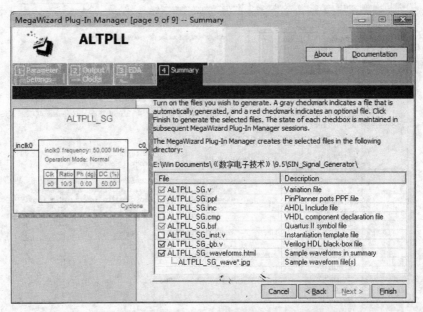

图 9.5-7　完成设置

在 Symbol 对话框中可以看到自动生成的 ALTPLL_SG 模块符号，如图 9.5-8 所示。点击"OK"按键将其放置到原理图中，至此就完成了 PLL 模块的设置和添加。此模块输出的时钟将会作为 DDS 内核的工作时钟。

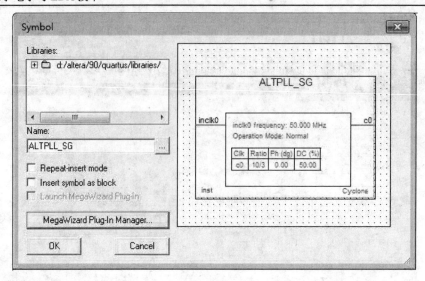

图 9.5-8　添加 ALTPLL_SG 符号

2．定制相位累加器

本节需要定制一个 32 位累加器作为 DDS 内核的相位累加器，基本步骤与前面的 PLL 模块一样，该器件在 MegaFunction 库中的数学子库（Arithmetic）中，名称是"ALTACCUMULATE"，如图 9.5-9 所示。

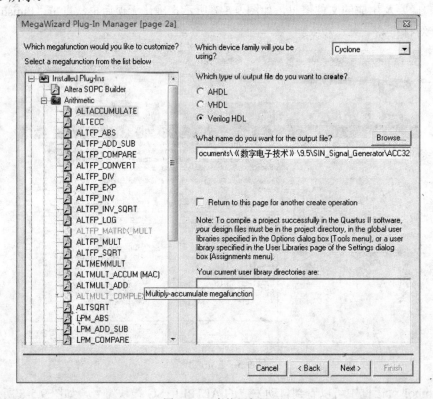

图 9.5-9　查找累加器

需要特别注意的是参数设置页，如图 9.5-10 所示。在 General 设置页面中，累加系数（Data）

和输出值(Result)均设置为 32 位,Data Representation 区域选择"unsigned"选项即可。Input/Output Option 页面为累加器控制信号设置，此页面不需要添加任何控制信号，可以跳过。

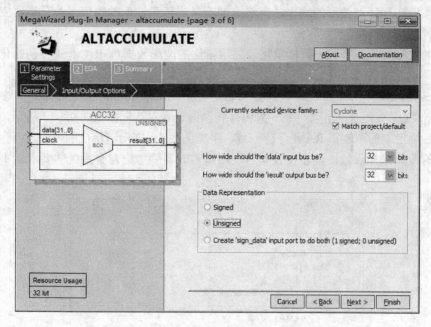

图 9.5-10　累加器参数设置

设置完参数之后点击对话框中的"Finish"按键结束即可，最后得到的 32 位累加器符号如图 9.5-11 所示。

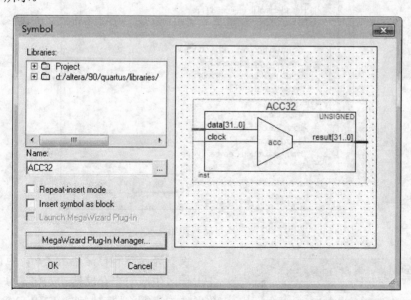

图 9.5-11　累加器符号

3. 定制波形存储器

通常 DDS 内核的波形存储器是用 ROM 实现，但是本例应用基于 RAM 查找表结构的 FPGA 来实现 DDS 内核，故使用其内部的双端口 RAM 来实现。双端口 RAM 拥有两套读写资源，可以同时进行读写操作而互相不受影响。这里使用双端口 RAM 来实现波形存储器的功能，可以方便地使用外部微控制器更改存储器中的内容，也就更改了输出波形的类型，从而可以简单地实现任意波形的输出，当然本例不考虑任意波形的输出，故只需要应用双端口 RAM 的读数据功能即可。

本例的波形数据需要预先采样量化，并用量化的波形数据对 RAM 进行初始化，具体操作如下：

在 Quartus II 软件中建立一个存储器初始化文件 "Memory Initialization File"，如图 9.5-12 所示。点击 "OK" 之后，出现一个字宽和存储容量设置对话框，如图 9.5-13 所示，这两项设置需要与后续定制的双端口 RAM 保持一致，字宽的大小取决于 DAC 的位数，而存储容量决定了波形的最高采样点数，读者在设置这两项内容时需要考虑自身系统的要求，不可盲目照搬照抄。

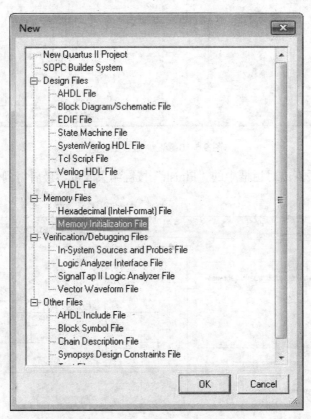

图 9.5-12　选择存储器初始化文件类型

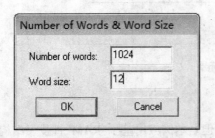

图 9.5-13　设置初始化文件的字宽和存储容量

设置完字宽和存储容量之后，点击 "OK" 可在工作区生成一个存储器初始化文件，此文件的数据结构遵循将要定制双端口 RAM 的格式，编辑它时就如同对 RAM 中的数据进行设置一样，它的数据初始值全为零，我们想要得到正弦波信号的采样量化值，需要借助 Matlab 软件的帮助，如图 9.5-14 所示，在 Matlab 软件的命令窗口输入命令：

$$x = \text{uint16}(2047*\sin([0{:}2*pi/(2\char`^10{-}1){:}2*pi]) +2048)$$

将生成一个含有 1024 个元素的一维矩阵，然后输入"dlmwrite('sin_LUT.txt',x,'delimiter','
','newline','pc')"命令，该命令用前面的一维矩阵生成一个名称为"sin_LUT.txt"的文本文件。有
关 Matlab 软件的使用方法和命令请读者参考相关书籍，在此不再赘述。

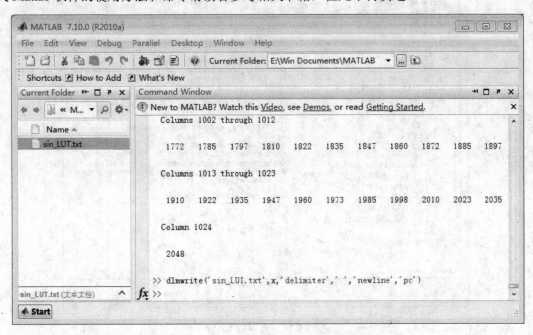

图 9.5-14　Matlab 环境下生成正弦波形采样数据

将"sin_LUT.txt"打开，复制其中的数据，然后回到 Quartus II 软件，将复制的波形数据粘
贴到存储器初始化文件中，如图 9.5-15 所示。将该文件另存为"RAM1024_12bit.mif"，以备后
续设置双端口 RAM 之用。

RAM1024_12bit.mif

Addr	+0	+1	+2	+3	+4	+5	+6	+7
216	4034	4037	4040	4043	4046	4049	4051	4054
224	4056	4059	4061	4063	4065	4067	4069	4071
232	4073	4075	4077	4078	4080	4081	4083	4084
240	4085	4087	4088	4089	4090	4091	4091	4092
248	4093	4093	4094	4094	4094	4095	4095	4095
256	4095	4095	4095	4095	4094	4094	4093	4093
264	4092	4092	4091	4090	4089	4088	4087	4086
272	4085	4084	4082	4081	4079	4078	4076	4074
280	4072	4070	4068	4066	4064	4062	4060	4057
288	4055	4052	4050	4047	4044	4042	4039	4036
296	4033	4030	4026	4023	4020	4016	4013	4009
304	4006	4002	3998	3994	3990	3986	3982	3978

图 9.5-15　编辑存储器初始化文件

双端口 RAM 可以在 MegaFunctions 库的 Memory Compiler 子库中找到，名称是 "RAM:2-PORT"，如图 9.5-16 所示。

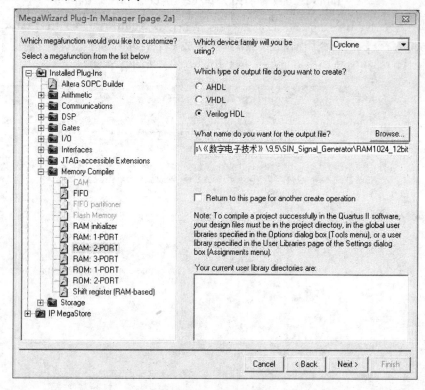

图 9.5-16　双端口 RAM

需要特别注意的是双端口 RAM 的参数设置页，其中，在 General 页面中设置读写端口数量为一套读写控制端口，设置存储容量的命名以 "字" 为基本单位，如图 9.5-17 所示。

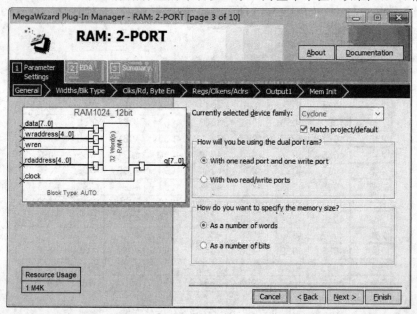

图 9.5-17　一般设置

在 Width/Blk Type 页面中设置 RAM 存储单元的"字"长度为 12 位，存储容量为 1024 个字，存储块类型选择自动配置(Auto)即可，如图 9.5-18 所示。

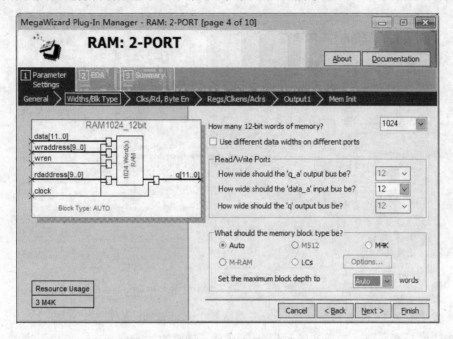

图 9.5-18　字宽、存储容量和块类型设置

在 Clks/Rd,Byte En 页面中设置时钟作用方式为单周期，设置取消读使能控制信号 rden，如图 9.5-19 所示。

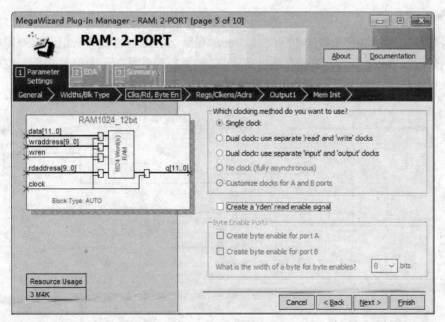

图 9.5-19　时钟方式和读使能设置

在 Regs/Clkens/Adrs 页面和 Output1 页面中使用默认设置，不需要进行改动，直接点击"Next"按键进入参数设置的最后一页——Mem Int 页面，此页面可设置存储器的初始化数据，

将 RAM 的初始化文件索引到前面创建的正弦波形文件即可，如图 9.5-20 所示。点击"Finish"生成定制好的双端口 RAM 符号，并将之放置在原理图中。

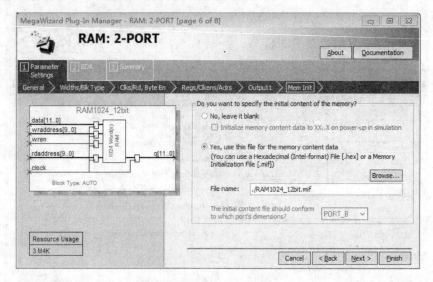

图 9.5-20　对 RAM 初始化

至此就完成了 DDS 内核所需器件的定制工作。不难发现，配置参数的操作决定了整个系统的某些技术指标，请读者在实践时根据自己系统需要的技术指标定夺。接下来的工作就是将这些器件进行连线，整合到一起形成完整的 DDS 内核。

9.5.3　顶层设计

以下介绍 DDS 内核的顶层设计。如图 9.5-21 所示，PLL 锁相环模块的输入端接外部晶振，倍频输出时钟作为相位累加器的工作时钟和波形存储器的读写时钟，而相位累加器的累加系数为来自微控制器接口的 32 位锁存数据，这 32 位数据决定了每一个时钟周期产生的相位步进值，换句话说也就是决定了输出波形的频率，故也称为频率控制字。

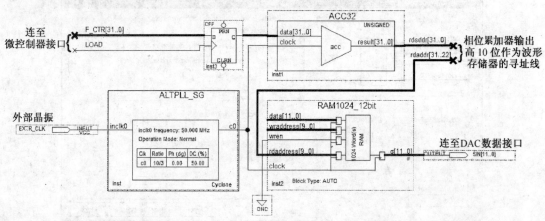

图 9.5-21　顶层设计

相位累加器的输出为 32 位数据，而地址空间为 1024 个字的双端口 RAM 的地址线宽度是 12 位，故不可直接连接二者，本例将累加器输出总线的高 12 位连接到双端口 RAM 的读地址线。然后将双端口 RAM 的写使能端口接地，将写控制总线屏蔽掉，这样波形存储器中的波形就保持为正弦波不变了，虽然 FPGA 在每次掉电之后 RAM 中的数据会丢失，但每次上电的时候又会由外部配置器件重新配置成一个正弦波波形存储器，所以此双端口 RAM 实际上相当于一个 ROM。

双端口 RAM 的输出端直接输出至 DAC 的数据接口，即可生成正弦信号了。本例中的微控制器接口部分可采用移位寄存器实现，而 DAC 的控制逻辑需要根据实际使用的 DAC 芯片专门设计，所以这两部分不做过多介绍。

9.5.4 Verilog HDL 信号发生器设计

以上给出的实例是利用原理图输入法和宏功能内核实现的简单 DDS 正弦波发生器。在实际生产当中，有时需要实现更复杂的功能，如任意波形的发生、幅度调节、相位调节、调频和条幅等等，对于这一类复杂的数字逻辑系统推荐使用 HDL 语言输入法去实现，原因是 HDL 输入法支持自顶向下的设计方法，更适合此类复杂系统设计。下面就给出一个典型的 DDS 信号发生器的 Verilog HDL 代码实例，供读者日后作参考。

整个系统可由几个模块组成：频率控制字输入模块、相位累加器模块、波形选择模块、占空比数据输入模块和比较器模块。按照 Verilog HDL 自顶向下的设计原则，系统顶层模块如下：

```verilog
module mydds(
    DATA,                //频率控制字
    WE_F,                //频率控制字写使能
    CLKP,                //时钟
    CE,                  //DDS 使能
    ACLR,                //复位
    SINE,                //正弦信号输出
    COSINE               //余弦信号输出
    );
    input [31 : 0] DATA;
    input WE_F;
    input CLKP;
    input CE;
    input ACLR;
    output [15 : 0] SINE;
    output [15 : 0] COSINE;

    parameter DATA_DEF=32'H51EB851;

    //ADD_A
    reg [31:0] ADD_A;
    reg [31:0] ADD_B;
    wire [31:0] DATA;
    always @(posedge CLKP, posedge ACLR) begin
        if(ACLR)    ADD_A<=DATA_DEF;
```

```
            else if(WE_F) ADD_A<=DATA;
        end
          //ADD_B
          always @(posedge CLKP, posedge ACLR) begin
              if(ACLR)  ADD_B<=0;
              else if(CE)  ADD_B<=ADD_B+ADD_A;
           end
       //COS
       wire [10:0] ROM_A;
       assign ROM_A=ADD_B[31:21];
       wire [15:0] COS_D;
       rom_cos cos(                        //余弦信号 ROM
            .addr(ROM_A),
          .clk(CLKP),
            .dout(COS_D),
          .en(CE)) ;

       reg [15:0] COS_DR;
       always @(posedge CLKP, posedge ACLR)begin
            if(ACLR)  COS_DR<=0;
            else if(CE) COS_DR<=COS_D;
       end
       assign COSINE=COS_DR;

       //SINE
       wire [15:0] SIN_D;
       rom_sin sin(                        //正弦信号 ROM
            .addr(ROM_A),
            .clk(CLKP),
            .dout(SIN_D),
         .en(CE)) ;

       reg [15:0] SIN_DR ;
       always @(posedge CLKP, posedge ACLR) begin //OLD CLKN
            if(ACLR)  SIN_DR<=0;
            else if(CE) SIN_DR<=SIN_D;
       end
       assign SINE=SIN_DR;
     endmodule
```

习题与思考题

9.1 试说明单稳态触发器的工作特点和主要用途。

9.2 如题 9.2 图所示是微分型单稳态触发器电路。已知 $R = 51\text{k}\Omega$ ， $C = 0.01\mu\text{F}$,电源电压 $V_{\text{DD}} = 10\text{V}$ ，试求在触发信号作用下输出脉冲的宽度和幅度。

9.3　题 9.3 图(a)是用两个集成单稳态触发器 MC14528 所组成的脉冲变换电路,外接电阻和外接电容参数如图中所示。试计算在输入触发信号 v_I 作用下 v_{O1}、v_{O2} 输出脉冲的宽度,并画出与 v_I 波形相对应的 v_{O1}、v_{O2} 的电压波形。v_I 的波形如题 9.3 图(b)所示。

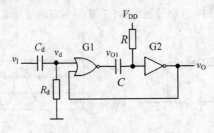

题 9.2 图

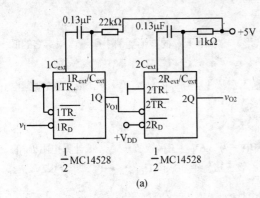

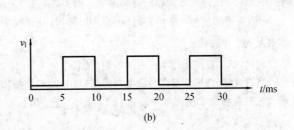

(a)

(b)

题 9.3 图

9.4　如题 9.4 图所示为由 CMOS 与非门及反相器构成的微分型单稳态触发器。已知输入 v_I 为狭脉冲波形。输入宽度 $t_{pi} = 3\mu s < t_W$ (输出脉冲宽度)。若电源电压为 V_{DD},而门电路的阈值电压均为 $1/2 \cdot V_{DD}$。

(1)　试分析电路的工作原理。

(2)　画出 v_I、v_{O1}、v_R 和 v_O 的波形,并标出稳态和暂稳态的期间。

(3)　计算输出脉冲宽度 t_W 的值(注:稳态时 $v_R=0$)。

(4)　试分析如果输入脉冲宽 $t_{pi} > t_W$,电路能否工作?为什么。

9.5　如题 9.5 所示为由 CMOS 反相器和非门构成的积分型单稳态触发器。已知,输入 v_I 为宽脉冲波形,其脉宽 $t_{pi} = 50\mu s$ (大于 t_W),门电路输出翻转条件与上题相同。

(1)　试分析电路的工作原理。

(2)　画出 v_I、v_{O1}、v_C 和 v_O 的波形。

(3)　计算输出脉冲宽度 t_W 的值。

(4)　试分析如果输入脉冲宽 $t_{pi} < t_W$,电路能否工作。

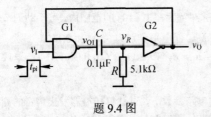

题 9.4 图

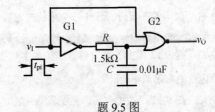

题 9.5 图

9.6 用施密特触发器能否寄存 1 位二值数据，说明理由。

9.7 在题 9.7 图(a)所示的施密特触发器电路中，已知 $R_1 = 10\text{k}\Omega$，$R_2 = 30\text{k}\Omega$，$V_{DD} = 15\text{V}$。

(1) 计算电路的正向阈值电压 V_{T+}、负向阈值电压 V_{T-} 和回差电压 ΔV_T。

(2) 若将题 9.7 图(b)中给出的电压信号加到题 9.7 图(a)电路的输入端，试画出输出电压的波形。

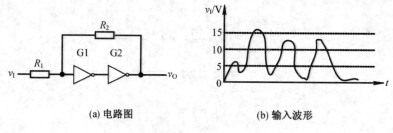

(a) 电路图   (b) 输入波形

题 9.7 图

9.8 在题 9.8 图整形电路中，试画出输出电压 v_O 的波形。输入电压 v_I 的波形如图中所示，假定它的低电平持续时间比 R、C 电路的时间常数大的多。

9.9 如题 9.9 图所示为继电器点动时间可控电路。在输入窄脉冲信号 v_I 的触发下，调节 R_W 可改变继电器 KA 的动作时间。

(1) 试计算继电器动作时间可调范围。

(2) 已知继电器线圈直流电阻为 24 Ω。定时器输出高电平为 3.6V，三极管 $\beta = 50$。试计算电阻 R_2 的最大值和三极管 T 的极限参数 I_{CM}、$U_{(BR)CEO}$ 至少应为多大？设三极管饱和压降 $U_{CE(sat)} \approx 0\text{V}$，$U_{BE} = 0.7\text{V}$，$R_2$ 值最大多少？

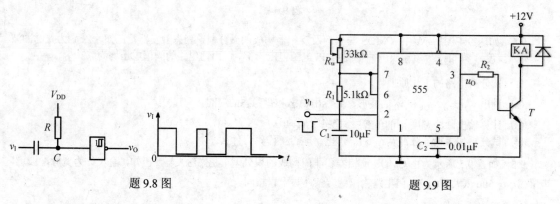

题 9.8 图   题 9.9 图

9.10 如题 9.10 图所示是由 555 定时器组成的简易延时门铃。设在引脚 4 复位端电压小于 0.4V 为 0，电源电压为 6V，根据电路参数计算：

(1) 当按一下按钮 SB 后，门铃响多长时间才停？

(2) 门铃声响的频率多大？

9.11 试用 555 定时器设计一个单稳态触发器，要求输出脉冲宽度在 1～10s 的范围内，可手动调节输出频率。给定 555 电路的电源为 15V，触发信号来自 TTL 电路，高、低电平分别为 3.4V 和 0.1V。

9.12 题 9.12 图由 555 定时器组成的多谐振荡器电路，若 $R_1 = R_2 = 5.1\text{k}\Omega$，$C = 0.01\mu\text{F}$，$V_{CC} = 12\text{V}$，试计算电路的振荡频率。

9.13 图 9.13 是救护车扬声器的发音电路。在图中给出的电路参数下，试计算扬声器发出声音的高、低频率以及持续时间。当 $V_{CC} = 12\text{V}$ 时，555 定时器输出的高低电平分别为 11V 和 0.2V，输出电阻小于 100 Ω。

9.14　试用原理图输入法设计一种正弦信号发生器内核，频率范围 0.001～25×10⁷Hz，频率分辨率 0.001Hz。

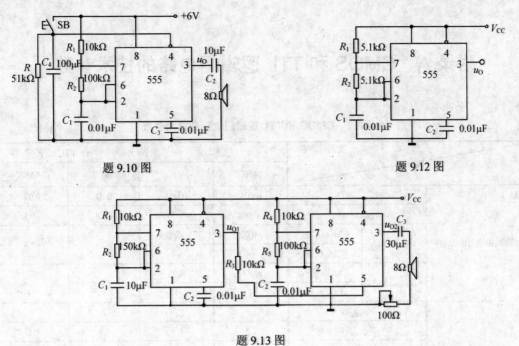

题 9.10 图　　　　　　　　　　　　　　　题 9.12 图

题 9.13 图

附录 A CMOS 和 TTL 逻辑门电路的技术参数

附表 A.1 CMOS 和 TTL 逻辑门电路的技术参数

名　称 / 参　数			CMOS		TTL	
			74HC	74HCT	74LS	74ALS
输入和输出电流	$I_{IH(max)}$/mA		0.001	0.001	0.02	0.02
	$I_{IL(max)}$/mA		−0.001	−0.001	−0.4	−0.1
	$I_{OH(max)}$/mA	CMOS 负载	−0.02	−0.02	−0.4	−0.4
		TTL 负载	−4	−4		
	$I_{OL(max)}$/mA	CMOS 负载	0.02	0.02	8	8
		TTL 负载	4	4		
输入和输出电压	$V_{IH(min)}$/V		3.5	2	2	2
	$V_{IL(max)}$/V		1.5	0.8	0.8	0.8
	$V_{OH(min)}$/V	CMOS 负载	4.9	4.9	2.7	3
		TTL 负载	3.84	3.84		
	$V_{OL(max)}$/V	CMOS 负载	0.1	0.1	0.5	0.5
		TTL 负载	0.33	0.33		
电源电压	V_{DD} 或 V_{CC}/V		2~6	4.5~5.5	4.75~5.25	
平均传输延迟时间	t_{pd}/ns		10	13	9	4
功耗	P_D/mW		0.56	0.39	2	1.2
扇出数	N_O**		≥20	≥20	20	20
噪声容限	V_{NH}/V		1.4	2.9	0.7	1
	V_{NL}/V		1.4	0.7	0.3	0.3

注：测试条件为 5V 电压，温度为 25℃，频率为 1MHz。

附录 B 74 系列门电路速查表

附表 B.1 74xx 系列集成电路

型号	功 能	型号	功 能
7400	4 重 2 输入与非门	7433	4 重 2 输入集电极开路输出或非门
7402	4 重 2 输入或非门	7437	4 重 2 输入与非门
7403	4 重 2 输入集电极开路输出与非门	7438	4 重 2 输入集电极开路输出与非门
7404	6 重非门	7439	4 重 2 输入集电极开路输出与非门
7405	6 重集电极开路输出非门	7440	2 重 4 输入与非门缓冲器
7406	6 重集电极开路输出非门	7442	4 线 BCD-10 线十进制译码器
7407	6 重集电极开路输出缓冲器	7445	4 线 BCD-10 线十进制译码器/驱动器
7408	4 重 2 输入与门	7447	BCD-7 段译码器/驱动器
7409	4 重 2 输入集电极开路输出与门	7451	2 重与或非门
7410	3 重 3 输入与非门	7454	4 组 2 输入与或非门
7411	3 重 3 输入与门	7455	2 组 4 输入与或非门
7412	3 重 3 输入集电极开路输出与非门	7469	2 重 4 位十进制/二进制计数器
7414	6 重施密特触发器反相器	7472	与输入 JK 触发器(附复位端和预置端)
7415	3 重 3 输入集电极开路输出与门	7473	2 重 JK 触发器(附复位端)
7416	6 重集电极开路输出反相器	7474	2 重边沿 D 触发器(附复位端和预置端)
7417	6 重集电极开路输出缓冲器	7475	4 位锁存器
7420	2 重 4 输入与非门	7476	2 重 JK 触发器(附复位端和预置端)
7421	2 重 4 输入与门	7477	4 位锁存器
7422	2 重 4 输入集电极开路输出与门	7478	2 重 JK 触发器(附预置、复位和公告时钟端)
7425	2 重 4 输入或非门(附选通端)	7486	4 重 2 输入异或门
7426	4 重 2 输入集电极开路输出与非门	7490	十进制计数器
7427	3 重 3 输入或非门	7491	8 位移位寄存器
7428	4 重 2 输入或非门	7492	十二进制计数器
7430	8 输入与非门	7493	4 位二进制计数器
7432	4 重 2 输入或门		

附表 B.2 741xx 系列集成电路

型号	功 能	型号	功 能
74107	2 重 JK 触发器(附复位端)	74125	4 重 3 态总线缓冲器
74109	2 重上升沿 JK 触发器(附复位、置位端)	74126	4 重 3 态总线缓冲器
74112	2 重 JK 触发器(附复、置位端)	74132	4 重 2 输入与非门施密特触发器
74113	2 重 JK 触发器(附置位端)	74133	13 输入与非门
74114	双 JK 触发器(附置位公共复位和时钟端)	74134	12 输入 3 态与非门
74116	2 重 4 位锁存器(附复位端)	74138	3-8 线译码器

续表

型号	功能	型号	功能
74139	2 重 2-4 线译码器	74164	8 位移位寄存器
74145	BCD-十进制译码驱动器	74165	8 位移位寄存器
74147	10-4 线优先编码器	74166	8 位移位寄存器
74148	8-3 线优先编码器	74169	二进制加/减计数器(附预置端)
74150	16-1 线数据选择器	74173	4 位寄存器(3 状态)
74151	8-1 线数据选择器	74174	6 重 D 触发器
74153	2 重 4-1 线数据选择器	74175	4 重 D 触发器
74154	4-16 线译码器	74181	算术逻辑单元
74155	双 2-4 线译码器	74190	BCD 加/减计数器(附预置端)
74156	双 2-4 线译码器	74191	二进制加/减计数器(附预置端)
74157	四 2-1 线数据选择器	74192	4 位加/减计数器
74158	四 2-1 线数据选择器	74194	4 位双向移位寄存器
74159	4-16 线译码器	74195	4 位移位寄存器
74160	BCD 计数器(附复位端和预置端)	74198	8 位移位寄存器
74162	BCD 计数器(附复位端和预置端)	74199	8 位移位寄存器
74163	二进制计数器(附复位端和预置端)		

附表 B.3　742xx 系列集成电路

型号	功能	型号	功能
74240	八进制 3 状态总线反相器	74258	4 重 3 状态 2-1 线数据选择器
74241	八进制 3 状态总线缓冲器	74273	8 重 D 触发器
74244	八进制 3 状态总线缓冲器	74280	9 位奇偶发生器/校验器
74251	3 状态 8-1 线数据选择器	74290	十进制计数器
74253	2 重 3 状态 4-1 线数据选择器	74293	二进制计数器
74257	4 重 3 状态 2-1 线数据选择器	74298	4 位二输入调制寄存器

附表 B.4　743xx 系列集成电路

型号	功能	型号	功能
74350	4 位 3 状态移位器	74373	八进制 3 状态 D 锁存器
74352	2 重 4-1 线数据选择器	74374	八进制 3 状态 D 触发器
74353	2 重 3 状态 4-1 线数据选择器	74375	4 位 D 锁存器
74365	6 重 3 状态总线缓冲器	74377	8 位 D 触发器
74367	6 重 3 状态总线缓冲器	74378	8 位 D 触发器
74368	6 重 3 状态总线反相器	74379	4 位 D 触发器

附录 C 可综合 Verilog HDL 语法速查表

语法结构或关键词	功能及说明
module <module name> (<port name>,…,<port name>); 　function <function name>; 　　input <name>, ∶∶∶, <name>; 　　<逻辑功能描述> 　endfunction 　　... 　function <function name>; 　　input <name>, ∶∶∶, <name>; 　　<逻辑功能描述> 　endfunction 　task <task name>; 　　input <name>, ∶∶∶, <name>; 　　<逻辑功能描述> 　endtask 　　... 　task <task name>; 　　input <name>, ∶∶∶, <name>; 　　<逻辑功能描述> 　endtask 　assign <wire name> = <表达式> 　　... 　assign <wire name> = <表达式> 　always <敏感信号列表> 　　... 　always <敏感信号列表> endmodule	Verilog HDL 的模块结构： 1. 任务(task)和函数(function)都是模块(mudule)的私有逻辑。可综合的任务和函数语句结构只能用来描述组合逻辑电路。 2. 任务的调用格式如下： 　　任务名(端口 1,端口 2,…,端口 n); 3. 函数的调用格式如下： 　　函数名(输入参数 1,输入参数 2,...); 4. input,output,inout 用于定义管脚信号的流向。 5. assign 引导并行语句；always@引导进程语句
begin　end	块语句。块语句 begin end 仅用于 always @引导的过程语句中，条件语句中，case 语句的条件语句中和循环语句中
0、1、z(或 Z)和 x(或 X)	四种不同逻辑状态的取值
<、>、<=、>=、==、!=	关系运算符。==和!==是不可综合的
?：	条件运算符
wire、tri、supply 和 supply1	Verilog HDL 可综合的 net 类型于类型除 J wire 型，还有 tri、supply0 和 supply1，共四种。wire 型最为常用。tri 型和 wire 型唯一的区别是名称书写上的不同，其功能、使用方法和综合结果完全相同。定义为 tri 型的目的仅仅是为了增强程序的可读性，表示该信号综合后的电路具有三态的功能。而 supply0 型和 supply1 型分别表示地线(逻辑 0)和电源线(逻辑 1)

语法结构或关键词	功能及说明
reg 和 integer	可综合的 variable 类型子类型有 reg 型和 integer 型两种。variable 类型变量必须放在过程语句中，在 always 语句结构中被赋值的变量也必须是 variable 类型。integer 型为有符号数，reg 型为无符号数。reg 型作为逻辑对象，而 integer 型变量多被用作循环变量
=、<=	Verilog HDL 有两类赋值方式，阻塞式赋值和非阻塞式赋值，操作符分别为 "=" 和 "<="
&、|、~、^、~^或^~	位运算符
&(与)、~&(与非)、|(或)、~|(或非)、^(异或)和~^(同或)	缩减操作符
<<(左移)、>>(右移)、 <<<(有符号数左移和>>>(有符号数右移)	左右移的操作符
&&(逻辑与)、||(逻辑或)和!(逻辑非)	逻辑运算符
<,>,<=,>=, ==,!=	关系运算符。==和!==是不可综合的
? :	条件运算符
{ }	并位运算符，{}将多个信号组合并位
case (表达式) 　　　对比值 1: begin 相应的逻辑功能描述;end 　　　对比值 2: begin 相应的逻辑功能描述;end 　　　... 　　　default:　begin 相应的逻辑功能描述;end endcase	case 语句的一般格式。有些 EDA 工具不能对 casez 和 casex 语句进行综合，所以不建议使用这两个语句
if(表达式)begin 相应的逻辑功能描述; end if(表达式)begin 相应的逻辑功能描述; end else begin 相应的逻辑功能描述; end if　(表达式 1)begin 相应的逻辑功能描述; end else if(表达式 2)begin 相应的逻辑功能描述; end else if(表达式 3)begin 相应的逻辑功能描述; end 　　… else begin 相关语句; end if　(表达式 1)begin 相应的逻辑功能描述; end else if(表达式 2)begin 相应的逻辑功能描述; end else if(表达式 3)begin 相应的逻辑功能描述; end 　　…	if 语句的 4 种形式
`define	宏定义。要注意，被定义后的宏名，调用时都以符号 "`" 开头。`define 从编译器读到这条指令开始到编译结束都有效，或者遇到`undef 命令使之失效
parameter	在 Verilog HDL 中，可以使用 parameter 来声明常量，作用于声明的那个文件。如声明一个数据总线的位宽及数据范围等
posedge、negedge	作为 always@语句的上升沿和下降沿敏感信号关键字
for(循环变量初始值设置表达式,循环控制条件表达式,循环控制变量增量表达式) begin 循环体语句结构　end	for 循环语句的一般格式
repeat(循环次数表达式) begin 循环体语句结构　end	repeat 循环语句的一般格式。与 for 语句不同，repeat 语句的循环次数在进入此语句之前就已经决定，无需循环次数控制增量表达式及其计算等
while(循环控制条件表达式) begin 循环体语句结构　end	while 循环语句

附录 D　常用逻辑符号对照表

附表 D.1　常用逻辑符号对照表

名称	国标符号	IEEE 符号	名称	国标符号	IEEE 符号
与门			基本 RS 存储器		
或门			D 锁存器		
非门					
与非					
			D 触发器	上升沿触发	上升沿触发
或非					
与或非				下降沿触发	下降沿触发
异或					
同或				上升沿触发	上升沿触发
			JK 触发器		
半加器					
全加器				下降沿触发	下降沿触发

参 考 文 献

Altera Corporation. 2010 Literature and Technical Documentation.

蔡惟铮. 集成电子技术. 北京：高等教育出版社，2004

褚振勇，翁木云. FPGA 设计及应用. 西安：电子科技大学出版社，2002

黄正瑾. 在系统编程技术及其应用. 南京：东南大学出版社，1997

康华光. 电子技术基础: 数字部分. 4 版. 北京：高等教育出版社，2000

李世雄，丁康源. 数字集成电子技术教程. 北京：高等教育出版社，1993

林时昌. 数字逻辑电路与实验. 北京：高等教育出版社，2003

潘松，黄继业. EDA 技术实用教程. 4 版. 北京：科学出版社，2010.7

渠云田. 电工电子技术. 北京：高等教育出版社，2003

童诗白，徐振英. 现代电子学及应用. 北京：高等教育出版社，1994

希金斯 R. J. 数字和模拟集成电路电子学. 赵良炳译. 北京：机械工业出版社，1988

阎石. 1998 数字电子技术基础. 4 版. 北京：高等教育出版社

杨颂华，冯毛官. 数字电子技术基础. 西安：电子科技大学出版社，2000

赵保经. 中国集成电路大全 TTL 集成电路分册：CMOS 集成电路分册. 北京：国防工业出版社，1985